Deutsche Einheitsverfahren zur Wasser-, Abwasser- und Schlammuntersuchung
109. Lieferung (2019)

Hinweise*) zum Einordnen der Blätter

Titel	Herausnehmen System Nr.	Seiten	aus Lieferung	Einfügen System Nr.	Seiten
Band I					
Titelblatt	–	I – II	108	–	I – II
Erläuterungen für den Benutzer	–	III – IV	108	–	III – IV
Inhaltsverzeichnis	–	V – XXI	108	–	V – XXI
Verzeichnis der Normen	–	XXII – XXV	108	–	XXII – XXV
Stichwortverzeichnis	–	XXVI – XXXIII	108	–	XXVI – XXXIII
		Band I enthält die Verfahren A 0-2 bis A 90			
Band II					
Titelblatt	–	I – II	108	–	I – II
Wasserbeschaffenheit – Bestimmung der Trübung	C 2	16	49	–	–
Hinweis C 21	C 21	2	106	–	–
Wasserbeschaffenheit – Bestimmung der Trübung – Teil 2: Semi-quantitative Verfahren zur Beurteilung der Lichtdurchlässigkeit	–	–	–	C 22	22
		Band II enthält die Verfahren A 100, B, C, D 1 bis D 29			
Band III					
Titelblatt	–	I – II	108	–	I – II
Wasserbeschaffenheit – Bestimmung von Orthophosphat und Gesamtphosphor mittels Fließanalytik (FIA und CFA) – Teil 2: Verfahren mittels kontinuierlicher Durchflussanalyse (CFA)	D 46	28	64	D 46	30
Hinweis D 46	D 46	2	82	–	–
		Band III enthält die Verfahren D 31 bis D 51 und E			
Band IV					
Titelblatt	–	I – II	108	–	I – II
		Band IV enthält die Verfahren F 1 bis F 29			
Band V					
Titelblatt	–	I – II	108	–	I – II

* Wir empfehlen, alle Hinweisblätter am Ende von Band V abzulegen.   Fortsetzung: bitte wenden

		Herausnehmen		Einfügen	
Titel	System Nr.	Seiten	aus Lieferung	System Nr.	Seiten

Band V enthält die Verfahren F 30 bis F 51

Band VI

Titelblatt	–	I – II	108	–	I – II
Wasserbeschaffenheit – Bestimmung von freiem Chlor und Gesamtchlor – Teil 2: Kolorimetrisches Verfahren mit N,N-Dialkyl-1,4-Phenylendiamin für Routinekontrollen	G 4-2	18	49	G 4-2	30
Berichtigung G 4-2	G 4-2	2	82	–	–
Wasseranalytik – Anleitungen zur Bestimmung des gesamten organischen Kohlenstoffs (TOC) und des gelösten organischen Kohlenstoffs (DOC)	H 3	14	40	H 3	20
Berichtigung H 3	H 3	2	55	–	–

Band VI enthält die Verfahren G und H

Band VII

Titelblatt	–	I – II	108	–	I – II

Band VII enthält die Verfahren K

Band VIII

Titelblatt	–	I – II	108	–	I – II
Wasserbeschaffenheit – Probenahme – Teil 16: Anleitung zur Probenahme und Durchführung biologischer Testverfahren	L 1	50	45	L 1	42

Band VIII enthält die Verfahren L

Band IX

Titelblatt	–	I – II	108	–	I – II

Band IX enthält die Verfahren M 1 bis M 48

Band X

Titelblatt	–	I – II	108	–	I – II
Schlamm und Sedimente (Gruppe S) – Teil 18: Bestimmung von adsorbierten, organisch gebundenen Halogenen in Schlamm und Sedimenten (AOX)	S 18	8	23	S 18	14

Band X enthält die Verfahren M 50 bis M 72, P, S u. T

DEV

Deutsche Einheitsverfahren zur Wasser-, Abwasser- und Schlamm-Untersuchung

Physikalische, chemische, biologische und mikrobiologische Verfahren

Herausgegeben von der
Wasserchemischen Gesellschaft –
Fachgruppe in der Gesellschaft
Deutscher Chemiker
in Gemeinschaft mit dem
Normenausschuss Wasserwesen
(NAW) im DIN Deutsches Institut
für Normung e. V.

Band 1

109. Lieferung (2019)
ISSN 0932-1004
ISBN: 978-3-527-34700-1 (Wiley-VCH)
ISBN: 978-3-410-29097-1 (Beuth)

WILEY-VCH
Verlag GmbH & Co. KGaA

Beuth
Berlin · Wien · Zürich

Wasserchemische Gesellschaft –
Fachgruppe in der GDCh
IWW Zentrum Wasser
Moritzstraße 26
45476 Mülheim an der Ruhr

Normenausschuss Wasserwesen (NAW)
im DIN Deutsches Institut für
Normung e.V.
Saatwinkler Damm 42/43
13627 Berlin

Gemeinschaftlich verlegt durch:
WILEY-VCH Verlag GmbH & Co. KGaA
Beuth Verlag GmbH

Das vorliegende Werk wurde sorgfältig erarbeitet. Dennoch übernehmen Autoren, Herausgeber und Verlag für die Richtigkeit von Angaben, Hinweisen und Ratschlägen sowie für eventuelle Druckfehler keine Haftung.

© 2019 WILEY-VCH Verlag GmbH & Co. KGaA, Weinheim
Alle Rechte, insbesondere die der Übersetzung in andere Sprachen, vorbehalten. Kein Teil dieses Buches darf ohne schriftliche Genehmigung des Verlages in irgendeiner Form - durch Photokopie, Mikrofilm oder irgendein anderes Verfahren - reproduziert oder in eine von Maschinen, insbesondere von Datenverarbeitungsmaschinen, verwendbare Sprache übertragen oder übersetzt werden.
All rights reserved (including those of translation into other languages).
Die Wiedergabe von Warenbezeichnungen, Handelsnamen oder sonstigen Kennzeichen in diesem Buch berechtigt nicht zu der Annahme, daß diese von jedermann frei benutzt werden dürfen. Vielmehr kann es sich auch dann um eingetragene Warenzeichen oder sonstige gesetzlich geschützte Kennzeichen handeln, wenn sie als solche nicht eigens markiert sind.
No part of this book may be reproduced in any form - by photoprint, microfilm, or any other means - nor transmitted or translated into a machine language without written permission from the publishers. Registered names, trademarks, etc. used in this book, even when not specifically marked as such, are not to be considered unprotected by law.
Druck: betz-druck GmbH, Darmstadt.
Printed in the Federal Republic of Germany.

Erläuterungen für den Benutzer

Zum Inhalt

Seit ihrer Gründung im Jahr 1926 war es eines der Ziele der Fachgruppe Wasserchemie, die Untersuchungsverfahren zur Beurteilung der Wasserbeschaffenheit zu vereinheitlichen. 1935 erschienen im Verlag Chemie erstmalig die „Physikalischen und Chemischen Einheitsverfahren", die 1953 unter dem Titel „Deutsche Einheitsverfahren zur Wasseruntersuchung" in überarbeiteter und erweiterter Auflage herausgegeben wurden. 1960 wurden die „Deutschen Einheitsverfahren zur Wasser-, Abwasser- und Schlammuntersuchung" als Loseblattsammlung herausgegeben, um die einzelnen Vorschriften bei Bedarf durch Neubearbeitungen ersetzen zu können.

Seit 1976 besteht eine Vereinbarung zwischen der Fachgruppe Wasserchemie in der Gesellschaft Deutscher Chemiker (jetzt: Wasserchemische Gesellschaft - eine Fachgruppe in der GDCh) und dem Deutschen Institut für Normung, der zufolge die Einheitsverfahren im Lauf der Zeit in DIN-Normen überführt und neue Einheitsverfahren von der Wasserchemischen Gesellschaft im Zusammenwirken mit dem Normenausschuss Wasserwesen erarbeitet werden. Alle auf den Einheitsverfahren beruhenden DIN-Normen werden auch im Rahmen der vorliegenden Sammlung veröffentlicht. Sie sind im Inhaltsverzeichnis durch einen kleinen schwarzen Kreis (●) hinter der System-Nummer gekennzeichnet.

Im Technischen Komitee 147 „Wasserbeschaffenheit" der Internationalen Organisation für Standardisierung (ISO) werden unter deutscher Federführung internationale Normen zur Wasserbeschaffenheit erarbeitet, die in manchen Fällen in Form von DIN-ISO-Normen in das deutsche Normenwerk überführt werden; sie werden dann ebenfalls in dieser Sammlung publiziert und sind, da sie den DIN-Normen gleichzusetzen sind, ebenfalls mit einem ● gekennzeichnet.

Im Comité Européen de Normalisation, CEN, werden im Technischen Komitee 230 unter deutscher Federführung die Europäischen Normen (EN) zur Wasseranalytik erarbeitet. Europäische Normen ersetzen in der Regel bestehende DIN-Normen. Europäische Normen zur Wasseranalytik werden ebenfalls in diese Loseblattsammlung übernommen und sind dann analog mit einem ● gekennzeichnet.

Vorschläge für neue Einheitsverfahren, die noch nicht genormt wurden, werden im Inhaltsverzeichnis mit einem auf der Spitze stehenden kleinen Viereck (♦) gekennzeichnet und auf blauem Papier gedruckt.

Zum Aufbau der Loseblattsammlung

Die Sammlung umfasst zehn Ringordner (Band I - X) und ist in die Gruppen A bis T gegliedert. Einzelheiten gehen aus dem *Inhaltsverzeichnis* hervor. Innerhalb der Gruppen sind die Verfahren fortlaufend nummeriert. Gruppenbezeichnung und laufende Nummer zusammen ergeben die *System-Nummer* eines Verfahrens (z. B. A 1). Diese bestimmt seinen Platz in der Sammlung und ist daher auch für die Einordnung neuer Blätter maßgebend.

Ist Ihnen zu einem Verfahren nur die DIN-, DIN-EN-, DIN-EN-ISO- oder DIN-ISO-Nummer bekannt, können Sie die System-Nummer im *Verzeichnis der Normen* nachschlagen. Im *Stichwortverzeichnis* finden Sie die System-Nummern, unter denen ein bestimmtes Stichwort behandelt wird.

Mit jeder Ergänzungslieferung erhalten Sie ein neues Titelblatt, auf dem vermerkt ist, mit welcher Lieferung sich die Sammlung auf dem neuesten Stand befindet, sowie ein Blatt mit Hinweisen, wie der Inhalt der Ergänzungslieferung einzuordnen ist. Sie sollten diese Blätter am Ende der Sammlung aufbewahren, weil sich aus ihnen ablesen lässt, wann eine Vorschrift zuletzt gegen eine überarbeitete Fassung ausgetauscht wurde. Da auf jeder Seite am unteren Rand vermerkt ist, zu welcher Lieferung sie gehört, kann man leicht feststellen, ob man es mit der neuesten Ausgabe zu tun hat.

Bitte beachten Sie, dass ab der 62. Ergänzungslieferung die nationalen Vorworte der DIN-EN-ISO-, DIN-EN- und DIN-ISO-Normen römische Seitenzahlen tragen.

Bitte teilen Sie Hinweise auf Fehler oder Vorschläge für Verbesserungen dem Vorsitzenden der Wasserchemischen Gesellschaft - Fachgruppe in der Gesellschaft Deutscher Chemiker mit (Adresse s. Impressum S. II).

Eine Service-Seite mit aktuellen Informationen finden Sie unter
www.wiley-vch.de/dev/home

Inhaltsverzeichnis zur 1. bis 109. Lieferung

Siehe auch die Erläuterungen (Seiten III und IV) und das alphabetisch geordnete Stichwortverzeichnis (Seiten XXVI bis XXXIII).

Band I

Verzeichnis der Normen.. XXII
Stichwortverzeichnis... XXVI

A Allgemeine Angaben

- A 0-2 Leitfaden zur primären Validierung von Analysenverfahren
- A 0-3 Strategien für die Wasseranalytik: Anleitung zur Durchführung von Ringversuchen zur Validierung von Analysenverfahren
- A 0-4 Abschätzung der Messunsicherheit beruhend auf Validierungs- und Kontrolldaten
- A 1 • Angabe von Analysenergebnissen
- A 4 • Anleitung zur Erstellung von Probenahmeprogrammen und Probenahmetechniken
- A 7 • Online-Sensoren/Analysengeräte für Wasser – Spezifikationen und Leistungsprüfungen
- A 8 • Leistungsanforderungen und Konformitätsprüfungen für Geräte zum Wassermonitoring – Automatische Probenahmegeräte für Wasser und Abwasser
- A 11 • Probenahme von Abwasser
- A 12 • Probenahme aus stehenden Gewässern
- A 13 • Probenahme aus Grundwasserleitern
- A 14 • Anleitung zur Probenahme von Trinkwasser aus Aufbereitungsanlagen und Rohrnetzsystemen
- A 15 • Probenahme aus Fließgewässern
- A 16 • Probenahme aus dem Meer
- A 17 • Probenahme von fallenden, nassen Niederschlägen in flüssigem Aggregatzustand (Vornorm)
- A 18 • Probenahme von Wasser aus Mineral- und Heilquellen
- A 19 • Probenahme von Schwimm- und Badebeckenwasser
- A 20 • Probenahme aus Tidegewässern
- A 21 • Konservierung und Handhabung von Wasserproben
- A 23 • Anleitung zur Probenahme mariner Sedimente
- A 24 • Anleitung zur Probenahme von Schwebstoffen
- A 25 • Anleitung zur Qualitätssicherung und Qualitätskontrolle bei der Entnahme und Handhabung von Wasserproben

---

• = Genormtes Verfahren   ♦ = Vorschlag für ein neues Verfahren

DEV – 109. Lieferung 2019

A 28 • Anleitung zur Anwendung von Passivsammlern in Oberflächengewässern
A 30 • Vorbehandlung, Homogenisierung und Teilung heterogener Wasserproben
A 31 • Aufschluss für die Bestimmung ausgewählter Elemente in Wasser – Teil 1: Königswasser-Aufschluss
A 32 • Aufschluss für die Bestimmung ausgewählter Elemente in Wasser – Teil 2: Salpetersäure-Aufschluss
A 42 • Ringversuche zur Verfahrensvalidierung, Auswertung
A 44 • Kalibrierung und Auswertung analytischer Verfahren und Beurteilung von Verfahrenskenndaten – nichtlineare Kalibrierfunktion
A 45 • Ringversuche zur Eignungsprüfung von Laboratorien
A 51 • Kalibrierung von Analysenverfahren – Lineare Kalibrierfunktion
A 60 • Analytische Qualitätssicherung für die chemische und physikalisch-chemische Wasseruntersuchung
A 61 • Anleitung zur Validierung von physikalisch-chemischen Analysenverfahren
A 62 • Plausibilitätskontrolle von Analysendaten durch Ionenbilanzierung
A 71 • Gleichwertigkeit zweier Analysenverfahren aufgrund des Vergleichs der Untersuchungsergebnisse an der gleichen Probe (gleiche Matrix)
A 80   Anwendung der Clusteranalyse für Wasseruntersuchungen
A 90   Die Berechnung von Frachten in fließenden Wässern

Band II

A   Allgemeine Angaben (Forts.)

A 100 • Prüfung auf Grenzwertverletzung unter Berücksichtigung der Messunsicherheit mittels statistischer und empirischer Methoden

B   Geruch und Geschmack

B 1/2   Prüfung auf Geruch und Geschmack
B 3 • Bestimmung des Geruchsschwellenwerts (TON) und des Geschmacksschwellenwerts (TFN)

C   Physikalische und physikalisch-chemische Kenngrößen

C 1 • Untersuchung und Bestimmung der Färbung
C 3 • Bestimmung der Absorption im Bereich der UV-Strahlung
C 4 • Bestimmung der Temperatur

• = Genormtes Verfahren   ◆ = Vorschlag für ein neues Verfahren

Inhaltsverzeichnis VII

C 5 • Bestimmung des pH-Werts
C 6 • Bestimmung der Redox-Spannung
C 8 • Bestimmung der elektrischen Leitfähigkeit
C 9 Bestimmung der Dichte
C 10 • Berechnung der Calcitsättigung eines Wassers
C 13 • Bestimmung der Aktivitätskonzentration von Tritium
C 15 • Bestimmung der Rest-Beta-Aktivitätskonzentration ($c_{A,Rß}$) in Trink-, Grund-, Oberflächen- und Abwasser
C 16 • Bestimmung von Radionukliden in Trink-, Grund-, Oberflächen- und Abwasser mittels Gammaspektrometrie
C 18 • Bestimmung der Radium-226-Aktivitätskonzentration in Trink-, Grund-, Oberflächen- und Abwasser
C 21 • Bestimmung der Trübung – Teil 1: Quantitative Verfahren
C 22 • Bestimmung der Trübung – Teil 2: Semi-quantitative Verfahren zur Beurteilung der Lichtdurchlässigkeit
C 23 • Bestimmung der gesamten und der zusammengesetzten Alkalinität
C 24 • Bestimmung der Carbonatalkalinität
C 25 • Radium-226 – Teil 1: Verfahren mit dem Flüssigszintillationszähler
C 28 • Strontium 90 und Strontium 89 – Verfahren mittels Flüssigszintillationszählung oder Proportionalzählung
C 29 • Bestimmung der Aktivitätskonzentration von Polonium-210 in Wasser mittels Alphaspektrometrie
C 30 • Bestimmung der Aktivität von Kohlenstoff-14 – Verfahren mit dem Flüssigszintillationszähler
C 31 • Bestimmung der Gesamt-Alpha- und der Gesamt-Beta-Aktivität in nicht-salzhaltigem Wasser – Dünnschichtverfahren
C 32 • Bestimmung der Gesamt-Alpha- und Gesamt-Beta-Aktivität in nicht-salzhaltigem Wasser – Verfahren mit dem Flüssigszintillationszähler
C 33 • Gesamt-Alpha-Aktivität – Dickschichtverfahren

D Anionen

D 1 • Bestimmung der Chlorid-Ionen
D 2 • Bestimmung von Gesamtcyanid und freiem Cyanid mittels Fließanalytik (FIA und CFA) – Teil 1: Verfahren mittels Fließinjektionsanalyse (FIA)
D 3 • Bestimmung von Gesamtcyanid und freiem Cyanid mittels Fließanalytik (FIA und CFA) – Teil 2: Verfahren mittels kontinuierlicher Durchflussanalyse (CFA)
D 4 • Bestimmung von Fluorid
D 5 • Bestimmung der Sulfat-Ionen
D 7 • Bestimmung von Cyaniden in gering belastetem Wasser mit Ionenchromatographie oder potentiometrischer Titration
D 8 Berechnung des gelösten Kohlendioxids, des Carbonat- und Hydrogencarbonat-Ions

---

• = Genormtes Verfahren   ♦ = Vorschlag für ein neues Verfahren

D 9 • Photometrische Bestimmung von Nitrat
D 10 • Bestimmung von Nitrit – Spektrometrisches Verfahren
D 11 • Bestimmung von Phosphor – Photometrisches Verfahren mittels Ammoniummolybdat
D 13 • Bestimmung von Cyaniden
D 17 • Bestimmung von Borat-Ionen
D 18 • Bestimmung von Arsen – Atomabsorptionsspektrometrisches Verfahren (Hydridverfahren)
D 20 • Bestimmung von gelösten Anionen mittels Flüssigkeits-Ionenchromatographie – Teil 1: Bestimmung von Bromid, Chlorid, Fluorid, Nitrat, Nitrit, Phosphat und Sulfat
D 21 • Photometrische Bestimmung von gelöster Kieselsäure
D 22 • Bestimmung der gelösten Anionen Chromat, Iodid, Sulfit, Thiocyanat und Thiosulfat mittels Ionenchromatographie
D 23 • Bestimmung von Selen mittels Atomabsorptionsspektrometrie
D 24 • Photometrische Bestimmung von Chrom(VI) mittels 1,5-Diphenylcarbazid
D 25 • Bestimmung von gelösten Anionen mittels Ionenchromatographie – Bestimmung von Chlorat, Chlorid und Chlorit in gering belastetem Wasser
D 27 • Bestimmung von Sulfid durch Gasextraktion
D 28 • Bestimmung von Nitritstickstoff, Nitratstickstoff und der Summe von beiden mit der Fließanalytik
D 29 • Photometrische Bestimmung von Nitrat mit Sulfosalizylsäure

Band III

D   Anionen (Forts.)

D 31 • Bestimmung von Chlorid mittels Fließanalyse und photometrischer und potentiometrischer Detektion
D 32 • Bestimmung von Antimon mittels Atomabsorptionsspektrometrie (AAS)
D 33 • Bestimmung von Iodid mittels Photometrie
D 34 • Bestimmung von gelöstem Bromat
D 35 • Bestimmung von Arsen mittels Graphitrohrofen-Atomabsorptionsspektrometrie (GF-AAS)
D 40 • Bestimmung von Chrom(VI) – Photometrisches Verfahren für gering belastetes Wasser
D 41 • Bestimmung von Chrom(VI) – Verfahren mittels Fließanalytik (FIA und CFA) und spektrometrischer Detektion
D 44 • Bestimmung von Sulfat – Verfahren mittels kontinuierlicher Fließanalytik (CFA)

• = Genormtes Verfahren   ♦ = Vorschlag für ein neues Verfahren

D 45 • Bestimmung von Orthophosphat und Gesamtphosphor mittels Fließanalytik (FIA und CFA) – Teil 1: Verfahren mittels Fließinjektionsanalyse (FIA)

D 46 • Bestimmung von Orthophosphat und Gesamtphosphor mittels Fließanalytik (FIA und CFA) – Teil 2: Verfahren mittels kontinuierlicher Durchflussanalyse (CFA)

D 48 • Bestimmung von gelöstem Bromat – Verfahren mittels Ionenchromatographie (IC) und Nachsäulenreaktion (PCR)

D 49 • Bestimmung von ausgewählten Parametern mittels Einzelanalysensystemen – Teil 1: Ammonium, Nitrat, Nitrit, Chlorid, Orthophosphat, Sulfat und Silikat durch photometrische Detektion

D 51 • Bestimmung von gelöstem Perchlorat – Verfahren mittels Ionenchromatographie (IC)

E Kationen

E 1 • Bestimmung von Eisen, photometrisches Verfahren
E 2 • Bestimmung von Mangan, photometrisches Verfahren
E 3 • Bestimmung von Calcium und Magnesium, komplexometrisches Verfahren
E 3a • Bestimmung von Calcium und Magnesium, Verfahren mittels Atomabsorptionsspektrometrie (AAS)
E 4 • Bestimmung von Spurenelementen mittels Atomabsorptionsspektrometrie mit dem Graphitrohr-Verfahren
E 5 • Bestimmung des Ammonium-Stickstoffs
E 6 • Bestimmung von Blei mittels Atomabsorptionsspektrometrie (AAS)
E 7 • Bestimmung von Kupfer mittels Atomabsorptionsspektrometrie (AAS)
E 8 • Bestimmung von Zink: Verfahren mittels Atomabsorptionsspektrometrie (AAS) in der Luft-Ethin-Flamme
E 10 • Bestimmung von Chrom: Verfahren mittels Atomabsorptionsspektrometrie (AAS)
E 11 • Bestimmung von Nickel mittels Atomabsorptionsspektrometrie (AAS)
E 12 • Bestimmung von Quecksilber – Verfahren mittels Atomabsorptionsspektrometrie (AAS) mit und ohne Anreicherung
E 13 • Bestimmung von Kalium mittels Atomabsorptionsspektrometrie (AAS) in der Luft-Acetylen-Flamme
E 14 • Bestimmung von Natrium mittels Atomabsorptionsspektrometrie (AAS) in der Luft-Acetylen-Flamme
E 16 • Bestimmung von 7 Metallen (Zink, Cadmium, Blei, Kupfer, Thallium, Nickel, Cobalt) mittels Voltammetrie
E 17 • Bestimmung von Uran – Verfahren mittels adsorptiver Stripping-Voltammetrie in Grund-, Roh- und Trinkwässern
E 18 • Bestimmung des gelösten Silbers durch Atomabsorptionsspektrometrie im Graphitrohofen

• = Genormtes Verfahren   ♦ = Vorschlag für ein neues Verfahren

E 19 • Bestimmung von Cadmium durch Atomabsorptionsspektrometrie
E 22 • Bestimmung von ausgewählten Elementen durch induktiv gekoppelte Plasma-Atom-Emissionsspektrometrie (ICP-OES)
E 23 • Bestimmung von Ammoniumstickstoff – Verfahren mittels Fließanalyse (CFA und FIA) und spektrometrischer Detektion
E 24 • Bestimmung von Cobalt mittels Atomabsorptionsspektrometrie (AAS)
E 25 • Bestimmung von Aluminium mittels Atomabsorptionsspektrometrie (AAS)
E 26 • Bestimmung von Thallium mittels Atomabsorptionsspektrometrie (AAS) im Graphitrohrofen
E 27 • Bestimmung von Natrium und Kalium mittels Flammenphotometrie
E 29 • Anwendung der induktiv gekoppelten Plasma-Massenspektrometrie (ICP-MS) – Teil 2: Bestimmung von ausgewählten Elementen einschließlich Uran-Isotope
E 30 • Bestimmung von Aluminium – Photometrisches Verfahren mittels Brenzcatechinviolett
E 32 • Bestimmung von Eisen mittels Atomabsorptionsspektrometrie (AAS)
E 33 • Bestimmung von Mangan mittels Atomabsorptionsspektrometrie (AAS)
E 34 • Bestimmung der gelösten Kationen Li^+, Na^+, NH_4^+, K^+, Mn^{2+}, Ca^{2+}, Mg^{2+}, Sr^{2+} und Ba^{2+} mittels Ionenchromatographie
E 35 • Bestimmung von Quecksilber mittels Atomfluoreszenzspektrometrie
E 36 • Anwendung der induktiv gekoppelten Plasma-Massenspektrometrie (ICP-MS) – Teil 1: Allgemeine Anleitung

Band IV

F Gemeinsam erfassbare Stoffgruppen

F 1 • Bestimmung von Organochlorinsektiziden
F 2 • Gaschromatographische Bestimmung von schwerflüchtigen Halogenkohlenwasserstoffen
F 3 • Gaschromatographische Bestimmung von polychlorierten Biphenylen
F 4 • Bestimmung leichtflüchtiger halogenierter Kohlenwasserstoffe (LHKW)
F 6 • Bestimmung ausgewählter organischer Stickstoff- und Phosphorverbindungen mittels Gaschromatographie
F 11 • Bestimmung ausgewählter organischer Pflanzenbehandlungsmittel mittels Automated-Multiple-Development (AMD)-Technik (Vornorm)
F 12 • Bestimmung ausgewählter Pflanzenbehandlungsmittel mit der HPLC
F 13 • Bestimmung von ausgewählten Organozinnverbindungen – Verfahren mittels Gaschromatographie
F 15 • Gaschromatographische Bestimmung einiger ausgewählter Chlorphenole in Wasser
F 16 • Bestimmung von Anilin-Derivaten mittels Gaschromatographie

---

• = Genormtes Verfahren   ♦ = Vorschlag für ein neues Verfahren

F 17 • Bestimmung ausgewählter nitroaromatischer Verbindungen mittels Gaschromatographie
F 18 • Bestimmung von 15 polycyclischen aromatischen Kohlenwasserstoffen (PAK) durch Hochleistungs-Flüssigkeitschromatographie (HPLC) mit Fluoreszenzdetektion
F 19 • Gaschromatographische Bestimmung einer Anzahl monocyclischer aromatischer Kohlenwasserstoffe, Naphthalin und einiger chlorierter Substanzen mittels Purge- und -Trap-Anreicherung und thermischer Desorption
F 20 • Bestimmung von ausgewählten Phenylalkancarbonsäure-Herbiziden, einschließlich Bentazon und Hydroxynitrilen mittels Gaschromatographie und massenspektrometrischer Detektion nach Fest-Flüssig-Extraktion und Derivatisierung
F 21 • Bestimmung ausgewählter Explosivstoffe und verwandter Verbindungen – Verfahren mittels Hochleistungs-Flüssigkeitschromatographie (HPLC) mit UV-Detektion
F 22 • Bestimmung von Glyphosat und Aminomethylphosphonsäure durch HPLC, Nachsäulenderivatisierung und Fluoreszenzdetektion
F 23 • Bestimmung ausgewählter Nitrophenole – Verfahren mittels Festphasenanreicherung und Gaschromatographie mit massenspektrometrischer Detektion
F 24 • Bestimmung von Parathion, Parathion-methyl und einigen anderen Organophosphor-Verbindungen mittels Dichlormethan-Extraktion und gaschromatographischer Analyse
F 25 • Bestimmung von Dalapon, Trichloressigsäure und ausgewählten weiteren Halogenessigsäuren mittels Gaschromatographie (GC-ECD und/oder GC-MS-Detektion) nach Flüssig-Flüssig-Extraktion und Derivatisierung
F 26 • Bestimmung ausgewählter Phthalate mittels Gaschromatographie/Massenspektrometrie
F 27 • Bestimmung ausgewählter Phenole in Grund- und Bodensickerwasser, wässrigen Eluaten und Perkolaten
F 28 • Bestimmung ausgewählter polybromierter Diphenylether in Sediment und Klärschlamm – Verfahren mittels Extraktion und Gaschromatographie/Massenspektrometrie
F 29 • Bestimmung von Mikrocystinen – Verfahren mittels Festphasenextraktion (SPE) und HLPC mit UV-Detektion

Band V
F Gemeinsam erfassbare Stoffgruppen (Forts.)

F 30 • Bestimmung von Trihalogenmethanen (THM) in Schwimm- und Badebeckenwasser mit Headspace-Gaschromatographie

---

• = Genormtes Verfahren   ♦ = Vorschlag für ein neues Verfahren

F 31 • Bestimmung ausgewählter Alkylphenole – Teil 1: Verfahren für nicht filtrierte Proben mittels Flüssig-Flüssig-Extraktion und Gaschromatographie mit massenselektiver Detektion

F 32 • Bestimmung ausgewählter Alkylphenole – Teil 2: Gaschromatographisch-massenspektrometrische Bestimmung von Alkylphenolen, deren Ethoxylaten und Bisphenol A für nichtfiltrierte Proben unter Verwendung der Festphasenextraktion und Derivatisierung

F 33 ◆ Bestimmung von polychlorierten Dibenzodioxinen (PCDD) und polychlorierten Dibenzofuranen (PCDF) (Vorschlag)

F 34 • Bestimmung ausgewählter Pflanzenschutzmittel und Biozidprodukte – Verfahren mittels Festphasenmikroextraktion (SPME) gefolgt von der Gaschromatographie und Massenspektrometrie (GC-MS)

F 35 • Bestimmung ausgewählter Phenoxyalkancarbonsäuren und weiterer acider Pflanzenschutzmittelwirkstoffe – Verfahren mittels HPLC-MS/MS

F 36 • Bestimmung ausgewählter Pflanzenschutzmittelwirkstoffe und anderer organischer Stoffe in Wasser – Verfahren mittels Hochleistungs-Flüssigkeitschromatographie und massenspektrometrischer Detektion (HPLC-MS/MS bzw. -HRMS) nach Direktinjektion

F 37 • Bestimmung von Organochlorpestiziden, Polychlorbiphenylen und Chlorbenzolen in Wasser – Verfahren mittels Gaschromatographie und massenspektrometrischer Detektion (GC-MS) nach Flüssig-Flüssig-Extraktion

F 39 • Bestimmung ausgewählter polycyclischer aromatischer Kohlenwasserstoffe (PAK) – Verfahren mittels Gaschromatographie und massenspektrometrischer Detektion (GC-MS)

F 40 • Bestimmung von 16 polycyclischen aromatischen Kohlenwasserstoffen (PAK) in Wasser – Verfahren mittels Gaschromatographie und massenspektrometrischer Detektion (GC-MS)

F 41 • Bestimmung flüchtiger organischer Verbindungen in Wasser – Verfahren mittels Headspace-Festphasenmikroextraktion (HS-SPME) gefolgt von der Gaschromatographie und Massenspektrometrie (GC-MS)

F 42 • Bestimmung ausgewählter polyfluorierter Verbindungen (PFC) in Wasser – Verfahren mittels Hochleistungs-Flüssigkeitschromatographie und HPLC-MS/MS nach Fest-Flüssig-Extraktion

F 43 • Bestimmung ausgewählter leichtflüchtiger organischer Verbindungen in Wasser – Verfahren mittels Gaschromatographie und Massenspektrometrie nach statischer Headspacetechnik (HS-GC-MS)

F 44 • Bestimmung ausgewählter heterocyclischer aromatischer Kohlenwasserstoffe (NSO-Heterocyclen) in Wasser – Verfahren mittels Gaschromatographie und massenspektrometrischer Detektion (GC/MS) nach Fest-Flüssig-Extraktion (SPE)

F 45 • Bestimmung von Glyphosat und AMPA – Verfahren mittels Hochleistungsflüssigkeitschromatographie (HPLC) mit tandem-massenspektrometrischer Detektion

---

• = Genormtes Verfahren   ◆ = Vorschlag für ein neues Verfahren

Inhaltsverzeichnis XIII

F 46 • Bestimmung polychlorierter Naphthaline (PCN) – Verfahren mittels Gaschromatographie (GC) und Massenspektrometrie (MS)
F 47 • Bestimmung ausgewählter Arzneimittelwirkstoffe und weiterer organischer Stoffe in Wasser und Abwasser – Verfahren mittels Hochleistungs-Flüssigkeitschromatographie und massenspektrometrischer Detektion (HPLC-MS/MS oder -HRMS) nach Direktinjektion
F 48 • Bestimmung von ausgewählten polybromierten Diphenylethern (PBDE) in Gesamtwasserproben – Verfahren mittels Festphasenextraktion (SPE) mit SPE-Disks in Verbindung mit Gaschromatographie-Massenspektrometrie (GC-MS)
F 49 • Bestimmung von Tributylzinn (TBT) in Gesamtwasserproben – Verfahren mittels Festphasenextraktion (SPE) mit SPE-Disks und Gaschromatographie mit Triple-Quadrupol-Massenspektrometrie (DIN SPEC)
F 50 • Bestimmung von ausgewählten polycyclischen aromatischen Kohlenwasserstoffen (PAK) in Gesamtwasserproben – Verfahren mittels Festphasenextraktion (SPE) mit SPE-Disks in Verbindung mit Gaschromatographie-Massenspektrometrie (GC-MS)
F 51 • Bestimmung von Organochlorpestiziden (OCP) in Gesamtwasserproben – Verfahren mittels Festphasenextraktion (SPE) mit SPE-Disks in Verbindung mit Gaschromatographie-Massenspektrometrie (GC-MS)

Band VI

G Gasförmige Bestandteile

G 1   Bestimmung der Summe des gelösten Kohlendioxids
G 3 • Bestimmung von Ozon
G4-1 • Bestimmung von freiem Chlor und Gesamtchlor. Teil 1: Titrimetrisches Verfahren mit N,N-Diethyl-1,4-Phenylendiamin
G4-2 • Bestimmung von freiem Chlor und Gesamtchlor. Teil 2: Kolorimetrisches Verfahren mit N,N-Dialkyl-1,4-Phenylendiamin für Routinekontrollen
G4-3 • Bestimmung von freiem Chlor und Gesamtchlor. Teil 1: Iodometrisches Verfahren zur Bestimmung von Gesamtchlor
G 5 • Bestimmung von Chlordioxid
G 21 • Bestimmung des gelösten Sauerstoffs – Iodometrisches Verfahren
G 22 • Bestimmung des gelösten Sauerstoffs – Elektrochemisches Verfahren
G 23 • Bestimmung des Sauerstoffsättigungsindex
G 24 ♦ Bestimmung der spontanen Sauerstoffzehrung (Vornorm)
G 25 • Bestimmung des gelösten Sauerstoffs – Optisches Sensorverfahren

• = Genormtes Verfahren   ♦ = Vorschlag für ein neues Verfahren

DEV – 109. Lieferung 2019

H Summarische Wirkungs- und Stoffkenngrößen

- H 1 • Bestimmung des Gesamttrockenrückstandes, des Filtrattrockenrückstandes und des Glührückstandes
- H 2 • Bestimmung der abfiltrierbaren Stoffe und des Glührückstandes
- H 3 • Anleitung zur Bestimmung des gesamten organischen Kohlenstoffs (TOC) und des gelösten organischen Kohlenstoffs (DOC)
- H 5 • Bestimmung des Permanganat-Index
- H 6 • Härte eines Wassers
- H 7 • Bestimmung der Säure- und Basekapazität
- H 8 • Bestimmung der extrahierbaren organisch gebundenen Halogene (EOX)
- H 9 • Bestimmung des Volumenanteils der absetzbaren Stoffe im Wasser und Abwasser
- H 10 • Bestimmung der Massenkonzentration der absetzbaren Stoffe in Wasser und Abwasser
- H 11 • Bestimmung des Kjeldahl-Stickstoffs
- H 12   Berechnung des Gesamtstickstoffs
- H 14 • Bestimmung adsorbierbarer organisch gebundener Halogene (AOX)
- H 15 • Bestimmung von Wasserstoffperoxid (Dihydrogenperoxid) und seinen Addukten
- H 16 • Bestimmung des Phenol-Index
- H 23 • Bestimmung der bismutaktiven Substanzen
- H 24 • Bestimmung von anionischen oberflächenaktiven Stoffen durch Messung des Methylenblau-Index MBAS
- H 25 ♦ Bestimmung der ausblasbaren, organisch gebundenen Halogene (POX) (Vorschlag)
- H 27 • Bestimmung des gesamten gebundenen Stickstoffs (TN_b)
- H 28 • Bestimmung von gebundenem Stickstoff – Verfahren nach Reduktion mit Devardascher Legierung und katalytischem Aufschluß
- H 29 ♦ Bestimmung von leicht freisetzbarem Sulfid- und Mercaptanschwefel (Vorschlag)
- H 31 ♦ Photometrische Bestimmung des Sulfid- und Mercaptan-Schwefels (Vorschlag)
- H 33 • Bestimmung suspendierter Stoffe – Verfahren durch Abtrennung mittels Glasfaserfilter
- H 34 • Bestimmung von Stickstoff – Bestimmung von gebundenem Stickstoff (TN_b) nach Oxidation zu Stickstoffoxiden
- H 36 • Bestimmung von Stickstoff nach oxidativem Aufschluß mit Peroxodisulfat
- H 37 • Bestimmung des Phenolindex mit der Fließanalytik (FIA und CFA)
- H 41 • Bestimmung des Chemischen Sauerstoffbedarfs (CSB) im Bereich über 15 mg/l
- H 44 • Bestimmung des Chemischen Sauerstoffbedarfs (CSB) im Bereich 5 bis 50 mg/l
- H 45 • Bestimmung des Chemischen Sauerstoffbedarfs (ST-CSB) Küvettentest
- H 46 • Bestimmung des ausblasbaren organischen Kohlenstoffs (POC)

• = Genormtes Verfahren   ♦ = Vorschlag für ein neues Verfahren

H 47 ●	Bestimmung von kurzkettigen Chloralkanen (SCCP) in Wasser – Verfahren mittels Gaschromatographie-Massenspektrometrie (GC-MS) und negativer chemischer Ionisation (NCI)
H 48 ●	Bestimmung kurzkettiger polychlorierter Alkane (SCCP) in Sediment, Klärschlamm und Schwebstoff – Gaschromatographisch-massenspektrometrisches Verfahren (GC-MS) unter Anwendung negativer chemischer Ionisation und Elektroneneinfang (ECNI)
H 51 ●	Bestimmung des Biochemischen Sauerstoffbedarfs nach n Tagen (BSB_n). Verdünnungs- und Impfverfahren nach Zugabe von Allylthioharnstoff
H 52 ●	Bestimmung des Biochemischen Sauerstoffbedarfs nach n Tagen (BSB_n). Verfahren für unverdünnte Proben
H 53 ●	Bestimmung des Kohlenwasserstoffindex – Teil 2: Verfahren nach Lösemittelextraktion und Gaschromatographie
H 55 ◆	Bestimmung des Biochemischen Sauerstoffbedarfs nach n Tagen (BSB_n) in einem Respirometer (Vorschlag)
H 56 ●	Bestimmung von schwerflüchtigen lipophilen Stoffen – Gravimetrisches Verfahren
H 57 ●	Bestimmung löslicher Silicate mittels Fließanalytik (FIA und CFA) und photometrischer Detektion
H 58 ●	Bestimmung des Indexes von methylenblauaktiven Substanzen (MBAS) – Verfahren mittels kontinuierlicher Durchflussanalyse (CFA)

Band VII

K Mikrobiologische Verfahren

K 2 ●	Anforderungen zur Bestimmung von Leistungsmerkmalen von quantitativen mikrobiologischen Verfahren
K 3 ●	Nachweis humaner Enteroviren mit dem Monolayer-Plaque Verfahren
K 4 ●	Anforderungen für den Vergleich der relativen Wiederfindung von Mikroorganismen durch zwei quantitative Verfahren
K 5 ●	Quantitative Bestimmung der kultivierbaren Mikroorganismen – Bestimmung der Koloniezahl durch Einimpfen in ein Nähragarmedium
K 6-1 ●	Zählung von *Escherichia coli* und coliformen Bakterien – Teil 2: Verfahren zur Bestimmung der wahrscheinlichsten Keimzahl
K 7 ●	Nachweis und Zählung der Sporen sulfitreduzierender Anaerobier (Clostridien)
K 8 ●	Nachweis von Pseudomonas aeruginosa
K 10 ●	Bestimmung von in-vivo-Alanin-Aminopeptidasen-Aktivitäten (Vornorm)
K 11 ●	Nachweis und Zählung von Pseudomonas aeruginosa durch Membranfiltration
K 12 ●	Zählung von *Escherichia coli* und coliformen Bakterien – Teil 1: Membranfiltrationsverfahren für Wässer mit niedriger Begleitflora

● = Genormtes Verfahren   ◆ = Vorschlag für ein neues Verfahren

K 13 • Nachweis und Zählung von *Escherichia coli* und coliformen Bakterien in Oberflächenwasser und Abwasser. Teil 3: Miniaturisiertes Verfahren durch Animpfen in Flüssigmedium (MPN-Verfahren)
K 14 • Nachweis und Zählung von intestinalen Enterokokken in Oberflächenwasser und Abwasser. Teil 1: Miniaturisiertes Verfahren durch Animpfen in Flüssigmedium (MPN-Verfahren)
K 15 • Nachweis und Zählung von intestinalen Enterokokken. Teil 2: Verfahren durch Membranfiltration
K 16 • Nachweis und Zählung von Bakteriophagen. Teil 1: Zählung von F-spezifischen RNA-Bakteriophagen
K 17 • Nachweis und Zählung von Bakteriophagen. Teil 2: Zählung von somatischen Coliphagen
K 18 • Bestimmung von *Salmonella* spp.
K 19 • Probenahme für mikrobiologische Untersuchungen
K 20 • Allgemeine Anleitung zur Zählung von Mikroorganismen durch Kulturverfahren
K 23 • Zählung von Legionellen
K 24 • Zählung von Clostridium perfringens – Verfahren mittels Membranfiltration
K 30 • Mikrobiologie von Lebensmitteln, Futtermitteln und Wasser – Vorbereitung, Herstellung, Lagerung und Leistungsprüfung von Nährmedien

Band VIII

L Testverfahren mit Wasserorganismen

L 0-1 • Auswahl von Prüfverfahren für die biologische Abbaubarkeit (DIN SPEC)
L 1 • Anleitung zur Probenahme und Durchführung biologischer Testverfahren
L 3 • Toxizitätstest zur Bestimmung der Dehydrogenaseaktivitätshemmung in Belebtschlamm
L 8 • Pseudomonas putida Wachstumshemmtest (Pseudomonas-Zellvermehrungshemmtest)
L 9 • Süßwasseralgen-Wachstumshemmtest mit einzelligen Grünalgen
L 13 • Bestimmung von Sauerstoffproduktion und Sauerstoffverbrauch im Gewässer mit der Hell-Dunkelflaschen-Methode *SPG* und *SVG* (Biogene Belüftungsrate)
L 14 • Bestimmung der Sauerstoffproduktion mit der Hell-Dunkelflaschen-Methode unter Laborbedingungen *SPL* (Sauerstoff-Produktionspotential)
L 16 • Bestimmung des Chlorophyll-a-Gehaltes von Oberflächenwasser
L 17 • Bestimmung der vollständigen biologischen Abbaubarkeit organischer Substanzen im wässrigen Medium: Verfahren mittels Bestimmung des anorganischen Kohlenstoffs in geschlossenen Flaschen (CO_2-Headspace-Test)

• = Genormtes Verfahren   ♦ = Vorschlag für ein neues Verfahren

L 19 •	Anleitung für die Vorbereitung und Behandlung von in Wasser schwer löslichen organischen Verbindungen für die nachfolgende Bestimmung ihrer biologischen Abbaubarkeit in einem wäßrigen Medium
L 22 •	Bestimmung der vollständigen aeroben biologischen Abbaubarkeit organischer Stoffe im wäßrigen Medium über die Bestimmung des Sauerstoffbedarfs in einem geschlossenen Respirometer
L 23 •	Bestimmung der vollständigen aeroben biologischen Abbaubarkeit organischer Stoffe im wäßrigen Medium. Verfahren mit Kohlenstoffdioxidmessung
L 25 •	Bestimmung der aeroben biologischen Abbaubarkeit organischer Stoffe im wäßrigen Medium. Statischer Test (Zahn-Wellens-Test)
L 26 •	Abbau- und Eliminations-Test für Tenside zur Simulation kommunaler Kläranlagen
L 27 •	Bestimmung der Hemmwirkung von Abwasser auf den Sauerstoffverbrauch von Pseudomonas putida (Pseudomonas-Sauerstoffverbrauchshemmtest)
L 28 •	Bestimmung der aeroben biologischen Abbaubarkeit organischer Stoffe im wäßrigen Medium – Halbkontinuierlicher Belebtschlammtest (SCAS)
L 29 •	Bestimmung der „leichten", „vollständigen" aeroben biologischen Abbaubarkeit organischer Stoffe in einem wässrigen Medium – Verfahren mittels Analyse des gelösten organischen Kohlenstoffs (DOC)
L 30 •	Bestimmung der nicht akut giftigen Wirkung von Abwasser gegenüber Daphnien über Verdünnungsstufen
L 33 •	Bestimmung der nicht giftigen Wirkung von Abwasser gegenüber Grünalgen (Scenedesmus-Chlorophyll-Fluoreszenztest) über Verdünnungsstufen
L 37 •	Bestimmung der Hemmwirkung von Wasser auf das Wachstum von Bakterien (Photobacterium phosphoreum – Zellvermehrungs-Hemmtest)
L 38 •	Toxizitätstest zur Bestimmung der Nitrifikationshemmung in Belebtschlamm
L 39 •	Bestimmung der Hemmung des Sauerstoffverbrauchs von Belebtschlamm nach Kohlenstoff- und Ammonium-Oxidation
L 40 •	Bestimmung der Hemmung der Beweglichkeit von *Daphnia magna* Straus (Cladocera, Crustacea) – Akuter Toxizitäts-Test
L 41 •	Bestimmung der Elimination und der biologischen Abbaubarkeit organischer Verbindungen in einem wässrigen Medium – Belebtschlamm-Simulationstest
L 42 •	Bestimmung der akuten letalen Toxizität von Substanzen gegenüber einem Süßwasserfisch – Teil 1: Statisches Verfahren
L 43 •	Teil 2: Semistatisches Verfahren
L 44 •	Teil 3: Durchflußverfahren
L 45 •	Wachstumshemmtest mit marinen Algen *Skeletonema* sp. und *Phaeodactylum tricornutum*
L 46 •	Bestimmung der vollständigen aeroben biologischen Abbaubarkeit organischer Stoffe in einem wäßrigen Medium

• = Genormtes Verfahren   ♦ = Vorschlag für ein neues Verfahren

L 47 • Bestimmung der „vollständigen" anaeroben biologischen Abbaubarkeit organischer Verbindungen im Faulschlamm – Verfahren durch Messung der Biogasproduktion
L 48 • *Arthrobacter globiformis*-Kontakttest für kontaminierte Feststoffe
L 49 • Bestimmung der toxischen Wirkung von Wasserinhaltsstoffen und Abwasser gegenüber Wasserlinsen (*Lemna minor*) – Wasserlinsen-Wachstumshemmtest
L 50 • Bestimmung der akuten Toxizität mariner Sedimente oder von Sedimenten aus Flussmündungsgebieten gegenüber Amphipoden
L 51 • Bestimmung der Hemmwirkung von Wasserproben auf die Lichtemisson von *Vibrio fischeri* (Leuchtbakterientest) – Teil 1: Verfahren mit frisch gezüchteten Bakterien
L 52 • Bestimmung der Hemmwirkung von Wasserproben auf die Lichtemission von *Vibrio fischeri* (Leuchtbakterientest) – Teil 2: Verfahren mit flüssig getrockneten Bakterien
L 53 • Bestimmung der Hemmwirkung von Wasserproben auf die Lichtemission von *Vibrio fischeri* (Leuchtbakterientest) – Teil 3: Verfahren mit gefriergetrockneten Bakterien
L 55 • Bestimmung der toxischen Wirkung von Sediment- und Bodenproben auf Wachstum, Fertilität und Reproduktion von *Caenorhabditis elegans* (Nematoda)
L 56 • Bestimmung der Wachstumshemmung auf die marine und ästuarine Makroalge *Ceramium tenuicorne*

Band IX

M   Verfahren der biologisch-ökologischen Untersuchung

M 1 • Bestimmung des Saprobienindex in Fließgewässern
M12 • Biologische Klassifizierung von Flüssen
M13 • Anleitung zur Probenahme und Probenaufbereitung von benthischen Kieselalgen aus Fließgewässern und Seen
M14 • Anleitung zur Bestimmung und Zählung von benthischen Kieselalgen in Fließgewässern und Seen
M15 • Anleitung zur Probenahme und Behandlung von Exuvien von Chironomidae-Larven (Diptera) zur ökologischen Untersuchung
M16 • Anleitung zur Probenahme von Zooplankton aus stehenden Gewässern
M20 • Probenahme von Fisch mittels Elektrizität
M21 • Probenahme von Fischen mittels Multi-Maschen-Kiemennetzen
M22 • Anleitung zur Anwendung und Auswahl von Verfahren zur Probenahme von Fischen
M23 • Anleitung zur Abschätzung der Fischabundanz mit mobilen hydroakustischen Verfahren

---

• = Genormtes Verfahren   ♦ = Vorschlag für ein neues Verfahren

Inhaltsverzeichnis XIX

M30 • Anleitung für die Untersuchung aquatischer Makrophyten in Fließgewässern
M31 • Anleitung zur Erfassung von Makrophyten in Seen
M32 • Anleitung zur Beobachtung, Probenahme und Laboranalyse von Phytobenthos in flachen Fließgewässern
M33 • Anleitung zur Auswahl von Probenahmeverfahren und -geräten für benthische Makro-Invertebraten in Binnengewässern
M36 • Anleitung für die quantitative und qualitative Untersuchung von marinem Phytoplankton
M37 • Anleitung zur Abschätzung des Phytoplankton-Biovolumens
M38 • Anleitung für die quantitative und qualitative Probenahme von Phytoplankton aus Binnengewässern
M39 • Anleitung für die Anwendung der in-vivo-Absorption zur Abschätzung der Chlorophyll a-Konzentration in Meer- und Süßwasser
M40 • Anleitung zur Beurteilung hydromorphologischer Eigenschaften von Fließgewässern
M41 • Anleitung für die Zählung von Phytoplankton mittels der Umkehrmikroskopie (Utermöhl-Technik)
M42 • Anleitung zur Qualitätssicherung biologischer und ökologischer Untersuchungsverfahren in der aquatischen Umwelt
M43 • Anleitung zur Beurteilung von Veränderungen der hydromorphologischen Eigenschaften von Fließgewässern
M44 • Anleitung zur Beurteilung hydromorphologischer Eigenschaften von Standgewässern
M45 • Anleitung für Vergleichsprüfungen zwischen Laboratorien für ökologische Untersuchungen
M46 • Anleitung zur Gestaltung und Auswahl von taxonomischen Bestimmungsschlüsseln
M47 • Anforderungen an die Nomenklatur für Aufzeichnungen über Biodiversitätsdaten, taxonomische Checklisten und Bestimmungsschlüssel
M48 • Anleitung zur Beurteilung der hydromorphologischen Merkmale der Übergangs- und Küstengewässer

Band X

M Verfahren der biologisch-ökologischen Untersuchung (Forts.)

M50 • Anleitung für die quantitative Probenahme und Probenbearbeitung mariner Weichboden-Makrofauna
M51 • Anleitung für meeresbiologische Untersuchungen von Hartsubstratgemeinschaften

• = Genormtes Verfahren ♦ = Vorschlag für ein neues Verfahren

DEV – 109. Lieferung 2019

M52 • Visuelle Meeresbodenuntersuchungen mittels ferngesteuerter Geräte und/oder Schleppgeräten zur Erhebung von Umweltdaten
M70 • Anleitung für die pro-rata Multi-Habitat-Probenahme benthischer Makroinvertebraten in Flüssen geringer Tiefe (watbar)
M71 • Anleitung zur Planung und Erstellung Multimetrischer Indices (DIN SPEC)
M72 • Anleitung für Verfahren zur Probenahme von Invertebraten in der hyporheischen Zone von Flüssen

P Einzelkomponenten

P 1 • Bestimmung von Hydrazin
P 6 • Bestimmung von Acrylamid – Verfahren mittels Hochleistungs-Flüssigkeitschromatographie und massenspektrometrischer Detektion (HPLC-MS/MS)
P 8 • Bestimmung der gelösten Komplexbildner Nitrilotriessigsäure (NTA), Ethylendinitrilotetraessigsäure (EDTA) und Diethylentrinitrilopentaessigsäure (DTPA) mit der Flüssigchromatographie (LC)
P 9 • Bestimmung von Epichlorhydrin
P 10 • Bestimmung von sechs Komplexbildnern – Gaschromatographisches Verfahren

S Schlamm und Sedimente

S   Vorbemerkungen zur Gruppe S
S 1 •   Anleitung zur Probenahme von Schlämmen
S 2 •   Bestimmung des Wassergehaltes und des Trockenrückstandes bzw. der Trockensubstanz
S 2a • Bestimmung des Trockenrückstandes und des Wassergehalts
S 4 •   Bestimmung der Eluierbarkeit mit Wasser
S 5 •   Bestimmung des pH-Werts
S 6 •   Bestimmung der Sauerstoffverbrauchsrate
S 7 •   Aufschluß mit Königswasser zur nachfolgenden Bestimmung des säurelöslichen Anteils von Metallen
S 7a • Bestimmung von Spurenelementen und Phosphor
S 8 •   Bestimmung des Faulverhaltens
S 9 •   Bestimmung des Chemischen Sauerstoffbedarfs (CSB)
S 10 • Bestimmung der Absetzbarkeit (Bestimmung des Schlammvolumens und des Schlammvolumenindexes)
S 11 • Probenahme von Sedimenten
S 12 • Bestimmung von Phosphor in Schlämmen und Sedimenten
S 13 • Nachweis von Salmonellen in entseuchten Klärschlämmen
S 14 • Bestimmung ausgewählter polyfluorierter Verbindungen (PFC) in Schlamm, Kompost und Boden – Verfahren mittels HPLC-MS/MS

• = Genormtes Verfahren   ♦ = Vorschlag für ein neues Verfahren

S 15 •	Bestimmung der spezifischen Rest-Beta-Aktivität $a_{Rß}$ in Schlamm, Sediment und Schwebstoffen
S 16 •	Anleitung zur Konservierung und Handhabung von Schlamm- und Sedimentproben
S 17 •	Bestimmung von extrahierbaren organisch gebundenen Halogenen (EOX)
S 18 •	Bestimmung von adsorbierten, organisch gebundenen Halogenen in Schlamm und Sedimenten (AOX)
S 19 •	Bestimmung von wasserdampfflüchtigen organischen Säuren
S 20 •	Bestimmung von 6 polychlorierten Biphenylen (PCB)
S 22 •	Bestimmung des Gefriertrockenrückstandes und Herstellung der Gefriertrockenmasse eines Schlammes
S 23 •	Bestimmung von 15 polycyclischen aromatischen Kohlenwasserstoffen (PAK) durch Hochleistungs-Flüssigkeitschromatographie (HPLC) und Fluoreszenzdetektion
S 24 •	Bestimmung von polychlorierten Dibenzodioxinen (PCDD) und polychlorierten Dibenzofuranen (PCDF)
S 25 •	Bestimmung der Eindickbarkeit
S 26 •	Bestimmung der kapillaren Fließzeit
S 27 •	Bestimmung des spezifischen Filtrationswiderstands
S 28 •	Bestimmung der Kompressibilität
S 29 •	Bestimmung der Entwässerbarkeit geflockter Schlämme
S 30 •	Bestimmung des gesamten organischen Kohlenstoffs (TOC) in Abfall, Schlämmen und Sedimenten
S 31 •	Charakterisierung von Schlämmen – Bestimmung von Gesamtphosphor
S 32 •	Bestimmung von Elementen mittels Massenspektrometrie mit induktiv gekoppeltem Plasma (ICP-MS)
S 33 •	Bestimmung des Glühverlusts

T Suborganismische Testverfahren

T 1 •	Bestimmung von Cholinesterase-hemmenden Organophosphat- und Carbamat-Pestiziden (Cholinesterase-Hemmtest)
T 2 •	Leitlinien für selektive Immunoassays zur Bestimmung von Pflanzenbehandlungs- und Schädlingsbekämpfungsmitteln
T 3 •	Bestimmung des erbgutverändernden Potentials von Wasser mit dem umu-Test
T 4 •	Bestimmung des erbgutverändernden Potentials mit dem Salmonella-Mikrosomen-Test (Ames-Test)
T 5 •	Bestimmung der Gentoxizität mit dem In-vitro-Mikrokerntest – Teil 2: Verwendung einer nicht-synchronisierten V79-Zellkulturlinie
T 6 •	Bestimmung der akuten Toxizität von Abwasser auf Zebrafisch-Eier (*Danio rerio*)

• = Genormtes Verfahren   ◆ = Vorschlag für ein neues Verfahren

Verzeichnis der DIN-Normen und der DIN-EN(ISO)-Normen

DIN	
1164 .... (DIN SPEC) L0-1	
38 402 T 1 ....A 1	
38 402 T 11 ....A 11	
38 402 T 12 ....A 12	
38 402 T 13 ....A 13	
38 402 T 16 ....A 16	
38 402 T 17 .... (Vornorm) A 17	
38 402 T 18 ....A 18	
38 402 T 20 ....A 20	
38 402 T 24 ....A 24	
38 402 T 30 ....A 30	
38 402 T 42 ....A 42	
38 402 T 45 ....A 45	
38 402 T 51 ....A 51	
38 402 T 60 ....A 60	
38 402 T 61 .... (DIN SPEC) A 61	
38 402 T 62 ....A 62	
38 402 T 71 ....A 71	
38 402 T100 .... (DIN SPEC) A 100	
38 404 T 3 ....C 3	
38 404 T 4 ....C 4	
38 404 T 6 ....C 6	
38 404 T 10 ....C 10	
38 404 T 15 ....C 15	
38 404 T 16 ....C 16	
38 404 T 18 ....C 18	
38 405 T 1 .... D 1	
38 405 T 4 .... D 4	
38 405 T 5 .... D 5	
38 405 T 7 .... D 7	
38 405 T 9 .... D 9	
38 405 T 13 .... D 13	
38 405 T 17 .... D 17	
38 405 T 21 .... D 21	
38 405 T 23 .... D 23	
38 405 T 24 .... D 24	
38 405 T 27 .... D 27	
38 405 T 29 .... D 29	
38 405 T 32 .... D 32	
38 405 T 33 .... D 33	
38 405 T 35 .... D 35	
38 406 T 1 ....E 1	
38 406 T 2 ....E 2	
38 406 T 3 ....E 3	
38 406 T 5 ....E 5	
38 406 T 6 ....E 6	
38 406 T 7 ....E 7	
38 406 T 8 ....E 8	
38 406 T 11 ....E 11	
38 406 T 13 ....E 13	
38 406 T 14 ....E 14	
38 406 T 16 ....E 16	
38 406 T 17 ....E 17	
38 406 T 18 ....E 18	
38 406 T 24 ....E 24	
38 406 T 26 ....E 26	
38 406 T 32 ....E 32	
38 406 T 33 ....E 33	
38 407 T 2 ....F 2	
38 407 T 3 ....F 3	
38 407 T 11 .... (Vornorm) F 11	
38 407 T 16 .... F 16	
38 407 T 17 .... F 17	
38 407 T 22 .... F 22	
38 407 T 27 .... F 27	
38 407 T 30 .... F 30	
38 407 T 35 .... F 35	
38 407 T 36 .... F 36	
38 407 T 37 .... F 37	
39 407 T 39 .... F 39	
38 407 T 42 .... F 42	
38 407 T 43 .... F 43	
38 407 T 44 .... F 44	
38 407 T 46 ....(DIN SPEC) F 46	
38 407 T 47 .... F 47	
38 407 T 49 ....(DIN SPEC) F 49	

Verzeichnis der Normen

38 408 T 3	G 3	38 414 T 12	S 12
38 408 T 5	G 5	38 414 T 13	S 13
38 408 T 23	G 23	38 414 T 14	S 14
38 408 T 24	(Vornorm) G 24	38 414 T 15	S 15
		38 414 T 17	S 17
38 409 T 1	H 1	38 414 T 18	S 18
38 409 T 2	H 2	38 414 T 19	S 19
38 409 T 6	H 6	38 414 T 20	S 20
38 409 T 7	H 7	38 414 T 22	S 22
38 409 T 8	H 8	38 414 T 23	S 23
38 409 T 9	H 9	38 414 T 24	S 24
38 409 T 10	H 10		
38 409 T 15	H 15	38 415 T 1	T 1
38 409 T 16	H 16	38 415 T 3	T 3
38 409 T 23	H 23	38 415 T 4	T 4
38 409 T 27	H 27		
38 409 T 28	H 28	DIN-EN – (ISO)	
38 409 T 41	H 41	872	H 33
38 409 T 44	H 44	903	H 24
38 409 T 46	H 46	1 233	E 10
		1 484	H 3
38 410 T 1	M 1	1 622	B 3
38 410 T 71	(DIN SPEC) M 71	1 899 T 1	H 51
		1 899 T 2	H 52
38 411 T 10	(Vornorm) K 10	5 667 T 1	A 4
		5 667 T 3	A 21
38 412 T 3	L 3	5 667 T 5	A 14
38 412 T 13	L 13	5 667 T 6	A 15
38 412 T 14	L 14	5 667 T 13	S 1
38 412 T 16	L 16	5 667 T 14	A 25
38 412 T 26	L 26	5 667 T 15	S 16
38 412 T 27	L 27	5 667 T 16	L 1
38 412 T 30	L 30	5 667 T 19	A 23
38 412 T 33	L 33	5 667 T 23	A 28
38 412 T 37	L 37	5 814	G 22
38 412 T 48	L 48	5 961	E 19
		6 222	K 5
38 413 T 1	P 1	6 341	L 40
38 413 T 6	P 6	6 468	F 1
38 413 T 8	P 8	6 878	D 11
		7 027-1	C 21
38 414 T 2	S 2	7 027-2	C 22
38 414 T 4	S 4	7 346 T 1	L 42
38 414 T 6	S 6	7 346 T 2	L 43
38 414 T 8	S 8	7 346 T 3	L 44
38 414 T 9	S 9	7 393 T 1	G 4-1
38 414 T 11	S 11	7 393 T 2	G 4-2

7 393 T 3	G 4-3	11 206	D 48
7 827	L 29	11 348 T 1	L 51
7 887	C 1	11 348 T 2	L 52
7 899 T 1	K 14	11 348 T 3	L 53
7 899 T 2	K 15	11 349	H 56
7 980	E 3a	11 352	A 0-4
8 192	L 39	11 369	F 12
8 199	K 20	11 704	C 32
8 466 T 2	A 44	11 731	K 23
8 467	H 5	11 732	E 23
8 689 T 1	M 12	11 733	L 41
8 689 T 2	M 12	11 734	L 47
8 692	L 9	11 885	E 22
9 308 T 1/A1	K 12	11 905 T 1	H 36
9 308 T 2	K6-1	11 969	D 18
9 308 T 3	K 13	12 010	H 47
9 377 T 2	H 53	12 020	E 25
9 408	L 22	12 260	H 34
9 439	L 23	12 673	F 15
9 509	L 38	12 846	E 12
9 562	H 14	12 880	S 2a
9 698	C 13	12 918	F 24
9 887	L 28	13 137	S 30
9 888	L 25	13 160	C 28
9 963 T 1	C 23	13 161	C 29
9 963 T 2	C 24	13 162	C 30
9 964 T 3	E 27	13 165 T 1	C 25
9 696	C 33	13 346	S 7
10 253	L 45	13 395	D 28
10 301	F 4	13 530	A 60
10 304 T 1	D 20	13 843	K 2
10 304 T 3	D 22	13 946	M 13
10 304 T 4	D 25	14 011	M 20
10 523	C 5	14 184	M 30
10 566	E 30	14 189	K 24
10 634	L 19	14 207	P 9
10 695	F 6	14 402	H 37
10 704	C 31	14 403 T 1	D 2
10 705 T 1	K 16	14 403 T 2	D 3
10 705 T 2	K 17	14 407	M 14
10 707	L 46	14 486	K 3
10 710	L 56	14 593	L 17
10 712	L 8	14 614	M 40
10 870	M 33	14 672	S 31
10 872	L 55	14 701 T 1	S 26
11 133	K 30	14 701 T 2	S 27

Verzeichnis der Normen

14 701 T 3	S 28	16 503	M 48
14 701 T 4	S 29	16 588	P 10
14 702 T 1	S 10	16 665	M 50
14 702 T 2	S 25	16 691	F 50
14 757	M 21	16 692	(CEN/TS) F 49
14 911	E 34	16 693	F 51
14 962	M 22	16 694	F 48
14 996	M 42	16 695	M 37
15 061	D 34	16 698	M 38
15 088	T 6	16 712	L 50
15 089	T 2	16 772	M 72
15 110	M 16	16 780	(ISO/TS) F 46
15 196	M 15	16 800	(CEN/TS) A 61
15 204	M 41	17 289	G 25
15 460	M 31	17 294 T 1	E 36
15 462	(ISO/TR) L 0-1	17 294 T 2	E 29
15 586	E 4	17 353	F 13
15 587 T 1	A 31	17 495	F 23
15 587 T 2	A 32	17 852	E 35
15 680	F 19	17 943	F 41
15 681 T 1	D 45	17 993	F 18
15 681 T 2	D 46	17 994	K 4
15 682	D 31	18 412	D 40
15 705	H 45	18 635	H 48
15 708	M 32	18 856	F 26
15 839	A 7	18 857 T 1	F 31
15 843	M 43	18 857 T 2	F 32
15 910	M 23	19 250	K 18
15 913	F 20	19 340	D 51
15 923	D 49	19 458	K 19
15 933	S 5	19 493	M 51
15 935	S 33	20 079	L 49
15 972	M 36	20 179	F 29
16 039	M 44	21 427 T 2	T 5
16 101	M 45	22 032	F 28
16 150	M 70	22 478	F 21
16 151	(CEN/TR) M 71	22 743	D 44
16 161	M 39	23 631	F 25
16 164	M 46	23 913	D 41
16 171	S 32	25 663	H 11
16 260	M 52	25 813	G 21
16 264	H 57	26 461 T 1	K 7
16 265	H 58	26 461 T 2	K 7
16 266	K 11	26 777	D 10
16 308	F 45	27 108	F 34
16 479	A 8	27 888	C 8
16 493	M 47	28 540	F 40

Stichwortverzeichnis zu den Lieferungen 1 – 109

Abbaubarkeit, biologische L0-1, L17, L19, L22, L23, L25, L28, L29, L41, L46, L47
Abfiltrierbare Stoffe H2
Absetzbare Stoffe H9, H10
Absetzbarkeit S10, S25
Absorption, UV-Strahlung C3
Abwasser, Probenahme A11
Acrylamid P6
Adsorbierbare organisch gebundene Halogene (AOX) H14
Adsorbierte, organisch gebundene Halogene (AOX) S18
Aktivitätskonzentration,
 Gesamt-Alpha C31, C32, C33
 Gesamt-Beta C31, C32
 Rest-Beta C15
 Polonium-210 .... C29
Akuter Toxizitäts-Test L40, L50
Algen M37, M38
Algenwachstumshemmtest ... L9, L45, L56
Alkalinität C23, C24
Alkylphenole F31, F32
Alphaspektrometrie C29
Alpha-Strahler C31, C32, C33
Aluminium E4, E22, E25, E29, E30, S32
Ames Test T4
Aminomethylphosphonsäure
 .... F22, F45
Aminopeptidasen K10
Ammoniumion D49, E34
Ammoniummolybdat, Bestimmung von Phosphor D11
Ammonium-Stickstoff E5, E23
AMPA F22, F45
Amphipoden L50
Anaerobier, sulfitreduzierende K7
Analysenergebnisse A1
Anilin-Derivate, GC F16
Antimon D32, E4, E22, S32
AOX H14, S18
Aquatische Makrophyten ... M30, M31

Arsen D18, D35, E4, E22, E29, S32
Arzneimittelwirkstoffe F47
Atomabsorptionsspektrometrie (AAS)
 D18, D23, D32, E4, E6, E7, E8, E10, E11, E12, E13, E14, E18, E19, E24, E25, E26, E32, E33
Atomemissionsspektrometrie
 (ICP-OES) E22
Atomfluoreszenzspektrometrie E35
Aufschluss, Königswasser A31, S7
Aufschluss, Salpetersäure A32
Ausblasbare, organisch gebundene Halogene (POX) H25
Ausblasbarer organischer Kohlenstoff (POC) H46
Auswertung von Analysenergebnissen A44, A51
Automated-Multiple-Development (AMD)-Technik F11
Automatische Probenahmegeräte A8

Bakteriophagen K16, K17
Barium E22, E29, E34, S32
Basekapazität H7
Belebtschlamm, Dehydrogenaseaktivität L3
Belebtschlamm, Hemmung des Sauerstoffverbrauchs L39
Belebtschlamm, Nitrifikationshemmung L38
Belebtschlamm-Simulationstest L41
Belebtschlammtest L28
Bentazon F20
Benthische Kieselalgen M13, M14
Benthische Makro-Invertebraten
 .... M12, M33, M70
Benzol und Derivate
 nach HS-SPME F41
Beryllium E22, E29, S32
Bestimmungsschlüssel M46, M47
Beta-Aktivität C15, C31, C32
Biochemischer Sauerstoffbedarf,
 BSB_n H51, H52

Biodiversität	M47
Biogene Belüftungsrate	L13
Biologische Abbaubarkeit	L0-1, L17, L19, L22, L23, L25, L28, L29, L41, L46, L47
Biologische Klassifizierung von Flüssen	M12
Biologische Testverfahren, allgem.	L1
Biol.-ökol. Untersuchung v. Fließgewässern	M1
Biovolumen	M37
Biozidprodukte	F34
Bismut	E22, E29
Bismutaktive Substanzen	H23
Bisphenol A	F32
Blei	E4, E6, E16, E22, E29, S32
Bor	E22, E29, S32
Borat	D17
Bromat	D34, D48
Bromid	D20
Bromoxynil	F20
BSB	H51, H52
Cadmium	E4, E16, E19, E22, E29, S32
Caenorhabditis elegans	L55
Caesium	E29, S32
Calcitsättigung	C10
Calcium	E3, E3a, E22, E29, E34, S32
Carbonat	D8
Carbonatalkalinität	C24
Cer	E29, S32
Ceramium tenuicorne	L56
Chemischer Sauerstoffbedarf (CSB)	H41, H44, H45, S9
Chemolumineszenz-Detektion, Bestimmung von Stickstoff	H34
Chironomidae-Larven	M15
Chlor, frei und Gesamt-	G4-1, G4-2, G4-3
Chlorat	D25
Chloralkane, kurzkettige (SCCP)	H47, H48
Chlorbenzol	F37
Chlordioxid	G5
Chlorethen	F41
Chlorid	D1, D20, D25, D31, D49
Chlorit	D25
Chlorophyll-a	L16, M39
Chlorphenole, GC	F15
Cholinesterase-Hemmtest	T1
Chrom	E4, E10, E22, E29, S32
Chrom(VI)	D22, D24, D40, D41
Cladocera	L40
Clostridien	K7, K24
Clusteranalyse	A80
Cobalt	E4, E16, E22, E24, E29, S32
Coliforme Keime	K6-1
Crustacea	L40
CSB	H41, H44, H45, S9
Cyanide	D2, D3, D7, D13
Dalapon	F25
Daphnia magna Straus	L30, L40
Dehydrogenasenaktivitätshemmung	L3
Desmodesmus subspicatus	L9
Devardasche Legierung	H28
Diatomeen	M13, M14
Dichte	C9
Dickschichtverfahren	C33
Diethylentrinitrilopentaessigsäure (DTPA)	P8
Dioxine	F33
Diptera	M15
Diphenylether, polybromiert	F28, F48
Direktinjektion	F36, F47
DOC	H3, L29
Dünnschichtverfahren	C31
Dysprosium	E29, S32
EDTA	P8, P10
Eignungsprüfung	A45
Eindickbarkeit	S25
Einzelanalysensystem	D49
Eisen	E1, E4, E22, E32, S32
Elektrische Leitfähigkeit	C8
Eluierbarkeit	S4
Emissionsspektrometrie	E22
Enterokokken	K14, K15
Enteroviren, humane	K3

Entwässerbarkeit (Schlamm) S29
EOX H8, S17
Epichlorhydrin P9
Erbium E29, S32
Escherichia coli K6-1, K12, K13
Ethylendinitrilotetraessigsäure
 (EDTA) P8, P10
Europium E29, S32
Explosivstoffe F21
Extrahierbare organische
 Halogenverbindung H8, S17
Exuvien M15

Färbung C1
Faulverhalten (von Schlamm) S8
Ferngesteuertes Fahrzeug M52
Festphasenextraktion (SPE), Bestimmung von Microcystinen F29
Festphasenextraktion (SPE),
 SPE-Disks F48, F49, F50, F51
Festphasenmikroextraktion
 .... F34, F41
Feststoffe, Kontakttest L48
Feststoffe, suspendierte H33
Filtratglührückstand H1
Filtrationseigenschaften von
 Schlämmen S26-S29
Filtrationswiderstand (Schlamm) .. S27
Filtrattrockenrückstand H1
Fischabundanz, Abschätzung M23
Fische, Probenahme M21, M22
Fischeitest T6
Fischtest L42, L43, L44
Fließanalytik (FIA und CFA) .. D2, D3,
 D28, D31, D 41, D44, D45, D46,
 E23, H37, H57, H58
Fließgewässer, Frachtberechnung
 .... A90
Fließgewässer, hydromorphologische
 Eigenschaften M40, M43
Fließzeit, kapillare S26
Flüssig-Flüssig-Extraktion F37
Flüssigszintillationszähler ... C13, C25,
 C28, C30, C32
Fluorid D4, D20
Flußmündungsgebiet L50

Frachtberechnung A90

Gadolinium E29, S32
Gallium E29, S32
Gammaspektrometrie C16
Gasextraktion D27
GC-MS-Verfahren F37, F46, F48,
 F50, F51
Gefriertrockenmasse S22
Gefriertrockenrückstand S22
Gentoxizität T3, T4, T5
Germanium E29, S32
Geruch B1/2
Geruchsschwellenwert B3
Gesamt-Alpha-Aktivitätskonzentration C31, C32, C33
Gesamt-Beta-Aktivitätskonzentration C31, C32
Gesamtchlor G4-1, G4-2, G4-3
Gesamtcyanid D6
Gesamtglührückstand H1
Gesamtphosphor D45, D46, S31
Gesamtstickstoff H12
Gesamttrockenrückstand H1
Gesamtwasserprobe F48, F49, F50,
 F51
Geschmack B1/2
Geschmacksschwellenwert B3
Gewässer, stehende M16
Glasfaserfilter H33
Gleichwertigkeit A71, K4
Glühmasse H2
Glührückstand H1, H2, S33
Glühverlust H2, S33
Gluphosinat F45
Glyphosat .... F22 , F45
Gold E29, S32
Grünalgen, Hemmwirkung auf L9

Hafnium E29, S32
Halogene (adsorbierbare) H14, S18
Halogene (extrahierbare) H8, S17
Halogenessigsäuren F25
Halogenkohlenwasserstoffe,
 leichtflüchtige F4, F30, F41, F43

Halogenkohlenwasserstoffe, schwer-
 flüchtige (SHKW) F2
Härte eines Wassers H6
Hartsubstratgemeinschaften M51
Headspace-Festphasen-
 mikroextraktion F41
Headspace-Test, CO_2 .... L17
Hell-Dunkelflaschen-
 Methode L13, L14
Hemmung der Beweglichkeit,
 Daphnia magna Straus L40
Heterocyclische aromatische Kohlen-
 wasserstoffe F44
Holmium E29, S32
Homogenisierung, Wasserproben
 .... A30
HRMS F36, F47
HS-SPME F41
Hydrazin P1
Hydridverfahren D18
Hydroakustisches Verfahren M23
Hydrogencarbonat D8
Hydrogenperoxid H15
Hydromorphologie M40, M43,
 M44, M48
Hyporheische Zone M72

ICP-MS E29, E36, S32
ICP-OES E22
Immunoassays T2
Index, multimetrischer M71
Indium E29, S32
Invertebraten M72
In-vitro-Mikrokerntest T5
in-vivo-Alanin-Aminopepdidasen-
 Aktivitäten K10
Iodid D22, D33
Iodometrisches Verfahren .. G4-3, G21
Ionenbilanzierung A1, A62
Ionenchromatographie (IC) .. D7, D20,
 D22, D25, D48, D51, E34
Iridium E29

Kalibrierung A44, A51
Kalium E13, E22, E29, E34, S32
Kapillare Fließzeit S26

Keime, pathogene S13
Kieselalgen, benthische M13, M14
Kieselsäure, gelöst D21
Kjeldahl-Stickstoff H11
Klärschlämme, entseuchte S13
Kohlenstoff, ausblasbarer organischer
 (POC) H46
Kohlenstoff, gelöster organischer
 (DOC) H3, L29
Kohlenstoff, org. gebunden
 (TOC) H3, S30
Kohlenstoff-14 .... C30
Kohlenstoffdioxid D8, G1
 -Headspace Test L17
Kohlenwasserstoffe (PAK), HPLC
 mit Fluoreszenzdetektion F18
Kohlenwasserstoffindex H53
Koloniezahl K5
Kolorimetrisches Verfahren G4-2
Komplexbildner P8, P10
Kompressibilität (Schlamm) S28
Konformitätsprüfung A8
Konservierung von Proben .. A21, S16
Königswasser-Aufschluss A31
Kupfer E4, E7, E16, E22, E29, S32
Küstengewässer L50, M48

Laboratorien für ökologische
 Untersuchungen M45
Lanthan E29, S32
Legionellen K23
Leichtflüchtige HKW F4, F18, F30,
 F41, F43
Leistungsanforderungen A8
Lemna minor L49
Leuchtbakterientest L51, L52, L53
Lichtdurchlässigkeit C22
Lineare Kalibrierfunktion A51
Lithium E22, E29, E34, S32
Lutetium E29, S32

Magnesium E3, E3a, E22, E29,
 E34, S32
Makroalge, marine und ästuarine ... L56
Makro-Invertebraten M33, M70

Makrophyten in Fließgewässern M30
Makrophyten in Seen M31
Mangan E2, E4, E22, E29, E33, E34, S32
Marine Algen L45
Marine Sedimente L50
Marine Weichboden-Makrofauna M50
Marines Phytoplankton M36
Meeresbiol. Unters. v. Hartsubstratgemeinschaften.....................M51
Meeresbodenuntersuchungen, visuelle M52
Membranfilterverf. f. mikrobiol. Untersuchungen........K7, K11, K12, K23, K24
Mercaptan-Schwefel H29, H31
Messunsicherheit..................... A0-4
Methylenblauaktive Substanzen H23, H58
Methylenblau-Index MBAS........ H24, H58
Metric.......................... M71
Mikrobiol. Untersuchungen, Probenahme...................... K19
Mikrobiol. Untersuchungen, Nährmedium..................... K30
Mikrobiol. Verfahren, Gleichwertigkeit................. K4
Mikrobiol. Verfahren, Validierung K2
Microcystine F29
Mikrokerntest.........................T5
Mikroorganismen............K4, K5, K30
Mikroorganismen, Zählung......... K20
Molybdän...............E4, E22, E29, S32
Monitoring A8
Monolayer-Plaque-Verfahren........ K3
MPN-Verfahren...................K13, K14
Multi-Habitat-Probenahme M70
Multimetrischer Index.................M71

Nachsäulenreaktion (PCR)........... D48
Nährmedium K30
Naphthalin F18, F19, F39, F40, F43
Naphthaline, polychlorierte.......... F46

Natrium E14, E22, E29, E34, S32
Neodym....................E29, S32
Nichtlineare Kalibrierfunktion..... A44
Nickel.... E4, E11, E16, E22, E29, S32
Nitrat D9, D20, D29, D49
Nitratstickstoff D28
Nitrifikationshemmung................L38
Nitrilotriessigsäure (NTA) P8, P10
Nitrit D10, D20, D49
Nitritstickstoff............................ D28
Nitroaromaten F17, F23
Nitrophenole F23
Nonylphenol....................F31, F32
NSO-Heterocyclen.................... F44

Oberflächenaktive Stoffe, anionische........................H23, H24
OCP.................... F51
ökologische Untersuchungen, Vergleichsprüfungen............... M45
Online-Sensoren....................... A7
Organische Säuren, mit Wasserdampf flüchtig.............. S19
Organische Verbindungen, leichtflüchtig F41, F43
Organische Verbindungen, schwer löslich.......................L19
Organochlorinsektizide F1
Organochlorpestizide F2, F37, F51
Organophosphor-Verbindungen.... F24
Organozinnverbindungen......F13, F49
Ozon..................... G3

PAK............. F18, F39, F40, F50, S23
Palladium E29, S32
Parathion F24
Passivsammler....................... A28
PCB F3, S20
Permanganat-Index H5
Pestizide....................F2
Perchlorat D51
Pflanzenbehandlungsmittel....F6, F11, F12, F34, F35, F36, T2
PFOA....................F42, S14
PFOS F42, S14
Pharmaka..................... F47

Phenole............................ F27
Phenol-Index....................H16, H37
Phenoxyalkancarbonsäuren...F20, F35
pH-Wert.........................C5, C55
Phosphat, ortho-.................D11, D20, D45, D46, D49
Phosphor in Schlämmen......S12, S31, S32
Phosphor, mit AES........................E22
Photometrische Detektion............ D49
Phthalate.................................F26
Phytoplankton................... M36, M37, M38, M41
Phytobenthos..........................M32
Platin.............................E29, S32
Plausibilitätskontrolle.................. A62
POC......................................H46
Polonium-210........................ C29
Polybromierte Diphenylether (PBDE), mit SPE und GC-MS................. F48
Polychlorbiphenyle F37
Polychlorierte Biphenyle........F3, S20
Polychlorierte Dibenzodioxine (PCDD)...............F33, S24
Polychlorierte Dibenzofurane (PCDF)................F33, S24
Polychlorierte Naphthaline (PCN) F46
Polycyclische aromatische Kohlenwasserstoffe, mit GC-MS F39, F40, F50
Polycyclische aromatische Kohlenwasserstoffe, mit HPLC S23
Polyfluorierte Verbindungen (PFC) in Schlamm und Boden S14
Polyfluorierte Verbindungen (PFC) in Wasser F42
Potentiometrische Titration............ D7
POX......................................H25
Praseodym.........................E29, S32
pro-rata Multi-Habitat-Probenahme......................... M70
Probenahme aus Aufbereitungsanlagen A14
Probenahme aus dem Meer......... A16

Probenahme aus Fließgewässern....................... A15
Probenahme aus Grundwasserleitern................. A13
Probenahme aus Kühlsystemen A11
Probenahme aus Mineral- und Heilquellen........................ A18
Probenahme aus Rohrnetzsystem A14
Probenahme aus stehenden Gewässern........................ A12
Probenahme aus Tidegewässern .. A20
Probenahme benthischer Invertebraten................. M33, M70
Probenahme benthischer Kieselalgen........................M13
Probenahme für biologische Testverfahren........................L1
Probenahme für mikrobiologische Untersuchungen..................... K19
Probenahme mariner Sedimente .. A23
Probenahme mariner Weichboden-Makrofauna M50
Probenahme Qualitätssicherung .. A25
Probenahme von Abwasser..........A11
Probenahme von Exuvien...........M15
Probenahme von Fischen M20, M21, M22
Probenahme Invertebraten hyporheische Zone von Flüssen.......M72
Probenahme von Makro-Invertebraten................. M33, M70
Probenahme von nassen Niederschlägen..................... A17
Probenahme von Phytobenthos....M32
Probenahme von Phytoplankton M38
Probenahme von Schlämmen.........S1
Probenahme von Schwebstoffen.. A24
Probenahme von Sedimenten........ S11
Probenahme von Zooplankton M16
Probenahmegeräte für benthische Makro-Invertebraten M33
Probenahmegeräte für Wasser und Abwasser, automatische............ A8
Probenahmeprogramme................ A4
Probenahmetechniken................ A4

Probenhandhabung.....A0-3, A21, A25
Probenkonservierung........ A0-3, A21
Proportionalzählung.....................C28
Pseudokirchneriella subcapitata......L9
Pseudomonas aeruginosa..............K11
Pseudomonas putida Wachstumshemmtest...............L8
Pseudomonas-Sauerstoffverbrauchshemmtest................L27
Purge- und -Trap-Anreicherung....F19

Qualitätskontrolle........................ A25
Qualitätssicherung............ A0-2, A25, A60, M42
Quecksilber................. E12, E35, S32

Radioaktivität......C15, C31, C32, C33
Radionuklide.......C16, C18, C25, C29
Radium-226.........................C18, C25
Redox-Spannung...........................C6
Referenzverfahren..................... A71
Respirometer....................... H55, L22
Rest-Beta-Aktivität in Schlamm S15
Rest-Beta-Aktivitätskonzentration......................C15
Rhenium.............................E29, S32
Rhodium..............................E29, S32
Ringversuch.............A42, A45, A0-3
ROV (ferngesteuertes Fahrzeug) M52
Rubidium............................E29, S32
Ruthenium..........................E29, S32

Salmonella spp............................ K18
Salmonellen.................... S13, K18
Salpetersäure-Aufschluss............ A32
Samarium.........................E29, S32
Saprobienindex.....................M1
Sauerstoff...................G21, G22, G25
Sauerstoffbedarf, biochemischer........H51, H52, H55
Sauerstoffbedarf, chemischer H41, H44, H45, S9
Sauerstoffproduktionspotential............. L13, L14

Sauerstoffsättigungsindex........... G23
Sauerstoffverbrauchshemmung L27, L39
Sauerstoffverbrauchsrate............. S6
Sauerstoffzehrung in *n* Tagen....... H52
Sauerstoffzehrung, spontane........ G24
Säurekapazität............................ H7
Säuren, wasserdampfflüchtige org..................................... S19
Scandium............................E29, S32
SCCP...............................H47, H48
Scenedesmus-Chlorophyll-Fluoreszenztest.......L33
Scenedesmus-Zellvermehrungs-Hemmtest........L9
Schädlingsbekämpfungsmittel........T2
Schlamm, Eindickbarkeit............. S31
Schlamm, Filtrationseigenschaften S26-S29
Schlamm, Gefriertrockenrückstand und Gefriertrockenmasse......... S22
Schlamm, Konservierung............. S16
Schlamm, pH-Wert.........................S5
Schlamm, Probenahme S1
Schlammaufschluss................ S7, S7a
Schlammindex s. Schlammvolumenindex
Schlammvolumen....................... S10
Schlammvolumenanteil s. Schlammvolumen
Schlammvolumenindex................ S10
Schwebstoffe, Probenahme.......... A24
Schwefel............................E22, S32
Schwerflüchtige HKW..............F1, F2
Schwerflüchtige lipophile Stoffe........................... H56
Selen.............D23, E4, E22, E29, S32
Sedimente, akute Toxizität... L50, L55
Sedimentprobe, Konservierung.....S16
SHKW...F2
Sichtscheibe................................ C22
Silber............. E4, E18, E22, E29, S32
Silicat................................ D49, H57
Silicium............................E22, S32
Simulation kommunaler Kläranlagen........................L26

SPE-Disk............ F48, F49, F50, F51
Spektraler Absorptionskoeffizient
....C3
Sporenbildende Anaerobier............ K7
Standgewässer, hydromorphologische
    Eigenschaften........................ M44
Stickstoff, Bestimmung nach
    oxidativem Aufschluss mit
    Peroxodisulfat........................ H36
Stickstoff, gebunden............ H28, H34
Stickstoff, gesamter gebundener.. H27
Stickstoff, org. geb................. F6, H11
Stripping-Voltammetrie................E17
Strontium..... C28, E22, E29, E34, S32
Sulfat...................D5, D20, D44, D49
Sulfid.. D27
Sulfid-Schwefel............................ H31
Sulfid- und Mercaptanschwefel... H29
Sulfit... D22
Sulfitreduzierende Anaerobier....... K7
Süßwasseralgen.............................L9

Taxonomische Bestimmungs-
    schlüssel.................. M46 , M47
TBT..F49
Teilung von Wasserproben........... A30
Tellur.....................................E29, S32
Temperatur....................................C4
Tenside..L26
Terbium.................................E29, S32
Thallium........ E4, E16, E26, E29, S32
Thiocyanat.................................... D22
Thiosulfat..................................... D22
Thorium.................................E29, S32
Thulium.................................E29, S32
Titan............................ E22, E29, S32
TOC.................................... H3, S30
Toxizitätstest, akuter.....L3, L40, L42,
    L43, L44, L50, L55, T6
Transparenz.................................. C22
Tributylzinn (TBT)...................... F49
Trichloressigsäure....................... F25
Trihalogenmethane in Schwimm-
    und Badebeckenwasser........... F30
Tritium...C13
Trockenrückstand................... S2, S2a
Trockenmasse....................... H1, H2
Trübung...............................C21, C22

TTC-Test..L3
Übergangsgewässer.....................M48
Umkehrmikroskopie....................M41
umu-Test......................................T3
Uran..................... E17, E29, S32
Utermöhl-Technik.......................M41
UV-Strahlung...............................C3

Validierung......................... A0-2, A61
Vanadium...............E4, E22, E29, S32
Verdünnungs-BSB_n..................... H51
Verfahrensentwicklung..... A0-2, A0-3
Vergleichsprüfungen zwischen
    Laboratorien........................ M45
Vergleichsverfahren..................... A71
Vibrio fischeri.............. L51, L52, L53
Vinylchlorid................................F41
Visuelle Meeresbodenuntersuchung
    .... M52
Voltammetrie...................... E16, E17
Vorbehandlung von
    Wasserproben........................ A30

Wachstumshemmtest.......L8, L9, L45,
    L49, L56
Wassergehalt (von Schlamm).. S2, S2a
Wasserlinsen, Wachstums-
    hemmtest...............................L49
Wasserstoffperoxid..................... H15
Weichboden-Makrofauna...........M50
Wolfram..................... E22, E29, S32

Ytterbium..............................E29, S32
Yttrium.................................E29, S32

Zählung von Mikroorganismen.... K20
Zellvermehrungshemmtest.......L8, L9,
    L37, L45
Zink........E4, E8, E16, E22, E29, S32
Zinn........................ E22, E29, S32
Zinnorganische Verbindungen
    ....F13, F49
Zirconium................. E22, E29, S32

DEV

Deutsche Einheitsverfahren zur Wasser-, Abwasser- und Schlamm-Untersuchung

Physikalische, chemische, biologische und mikrobiologische Verfahren

Herausgegeben von der
Wasserchemischen Gesellschaft –
Fachgruppe in der Gesellschaft
Deutscher Chemiker
in Gemeinschaft mit dem
Normenausschuss Wasserwesen
(NAW) im DIN Deutsches Institut
für Normung e. V.

Band 2

109. Lieferung (2019)
ISSN 0932-1004
ISBN: 978-3-527-34700-1 (Wiley-VCH)
ISBN: 978-3-410-29097-1 (Beuth)

WILEY-VCH
Verlag GmbH & Co. KGaA

Beuth
Berlin · Wien · Zürich

Wasserchemische Gesellschaft –
Fachgruppe in der GDCh
IWW Zentrum Wasser
Moritzstraße 26
45476 Mülheim an der Ruhr

Normenausschuss Wasserwesen (NAW)
im DIN Deutsches Institut für
Normung e.V.
Saatwinkler Damm 42/43
13627 Berlin

Gemeinschaftlich verlegt durch:
WILEY-VCH Verlag GmbH & Co. KGaA
Beuth Verlag GmbH

Das vorliegende Werk wurde sorgfältig erarbeitet. Dennoch übernehmen Autoren, Herausgeber und Verlag für die Richtigkeit von Angaben, Hinweisen und Ratschlägen sowie für eventuelle Druckfehler keine Haftung.

© 2019 WILEY-VCH Verlag GmbH & Co. KGaA, Weinheim
Alle Rechte, insbesondere die der Übersetzung in andere Sprachen, vorbehalten. Kein Teil dieses Buches darf ohne schriftliche Genehmigung des Verlages in irgendeiner Form - durch Photokopie, Mikrofilm oder irgendein anderes Verfahren - reproduziert oder in eine von Maschinen, insbesondere von Datenverarbeitungsmaschinen, verwendbare Sprache übertragen oder übersetzt werden.
All rights reserved (including those of translation into other languages).
Die Wiedergabe von Warenbezeichnungen, Handelsnamen oder sonstigen Kennzeichen in diesem Buch berechtigt nicht zu der Annahme, daß diese von jedermann frei benutzt werden dürfen. Vielmehr kann es sich auch dann um eingetragene Warenzeichen oder sonstige gesetzlich geschützte Kennzeichen handeln, wenn sie als solche nicht eigens markiert sind.
No part of this book may be reproduced in any form - by photoprint, microfilm, or any other means - nor transmitted or translated into a machine language without written permission from the publishers. Registered names, trademarks, etc. used in this book, even when not specifically marked as such, are not to be considered unprotected by law.
Druck: betz-druck GmbH, Darmstadt.
Printed in the Federal Republic of Germany.

DEUTSCHE NORM — Juni 2019

DIN EN ISO 7027-2

ICS 13.060.60

Mit DIN EN ISO 7027-1:2016-11
Ersatz für
DIN EN ISO 7027:2000-04

Wasserbeschaffenheit –
Bestimmung der Trübung –
Teil 2: Semi-quantitative Verfahren zur Beurteilung der
Lichtdurchlässigkeit (ISO 7027-2:2019);
Deutsche Fassung EN ISO 7027-2:2019

Water quality –
Determination of turbidity –
Part 2: Semi-quantitative methods for the assessment of transparency of waters
(ISO 7027-2:2019);
German version EN ISO 7027-2:2019

Qualité de l'eau –
Détermination de la turbidité –
Partie 2: Méthodes semi-quantitatives pour l'évaluation de la transparence des eaux
(ISO 7027-2:2019);
Version allemande EN ISO 7027-2:2019

Gesamtumfang 21 Seiten

DIN-Normenausschuss Wasserwesen (NAW)

| C 22 | Bestimmung der Trübung – Teil 2: Semi-quantitative Verfahren zur Beurteilung der Lichtdurchlässigkeit | II |

DIN EN ISO 7027-2:2019-06

Nationales Vorwort

Dieses Dokument (EN ISO 7027-2:2019) wurde vom Technischen Komitee ISO/TC 147 „Water quality" in Zusammenarbeit mit dem Technischen Komitee CEN/TC 230 „Wasseranalytik" erarbeitet, dessen Sekretariat von DIN (Deutschland) gehalten wird.

Das zuständige deutsche Gremium ist der Arbeitskreis NA 119-01-03-05-06 AK „Biologisch-ökologische Gewässeruntersuchung" des Arbeitsausschusses NA 119-01-03 AA „Wasseruntersuchung" im DIN-Normenausschuss Wasserwesen (NAW).

ISO 7027 besteht aus folgenden Teilen mit dem Haupttitel *Water quality — Determination of turbidity*:

— *Part 1: Quantitative methods*

— *Part 2: Semi-quantitative methods for the assessment of transparency of waters*

Bezeichnung des Verfahrens:

Bestimmung der Trübung — Teil 2: Semi-quantitative Verfahren zur Beurteilung der Lichtdurchlässigkeit (C 22):

Verfahren DIN EN ISO 7027-2 — C 22

Für die in diesem Dokument zitierten internationalen Dokumente wird im Folgenden auf die entsprechenden deutschen Dokumente hingewiesen:

ISO 5725-2:1994   siehe   DIN ISO 5725-2:2002-12

III	Bestimmung der Trübung – Teil 2: Semi-quantitative Verfahren zur Beurteilung der Lichtdurchlässigkeit	**C 22**

DIN EN ISO 7027-2:2019-06

Es ist erforderlich, bei den Untersuchungen nach dieser Norm Fachleute oder Facheinrichtungen einzuschalten und bestehende Sicherheitsvorschriften zu beachten.

Bei Anwendung der Norm ist im Einzelfall je nach Aufgabenstellung zu prüfen, ob und inwieweit die Festlegung von zusätzlichen Randbedingungen erforderlich ist.

Die vorliegende Norm enthält das vom DIN-Normenausschuss Wasserwesen (NAW) und von der Wasserchemischen Gesellschaft — Fachgruppe in der Gesellschaft Deutscher Chemiker (GDCh) — gemeinsam erarbeitete Deutsche Einheitsverfahren zur Wasser-, Abwasser- und Schlammuntersuchung:

> Bestimmung der Trübung — Teil 2: Semi-quantitative Verfahren zur Beurteilung
> der Lichtdurchlässigkeit (C 22).

Die als DIN-Normen veröffentlichten Deutschen Einheitsverfahren sind bei der Beuth Verlag GmbH einzeln oder zusammengefasst erhältlich. Außerdem werden die genormten Deutschen Einheitsverfahren in der Loseblattsammlung „Deutsche Einheitsverfahren zur Wasser-, Abwasser- und Schlammuntersuchung" gemeinsam von der Beuth Verlag GmbH und der Wiley-VCH Verlag GmbH & Co. KGaA publiziert.

Normen oder Norm-Entwürfe mit dem Gruppentitel *Deutsche Einheitsverfahren zur Wasser-, Abwasser- und Schlammuntersuchung* sind in folgende Gebiete (Haupttitel) aufgeteilt:

Allgemeine Angaben (Gruppe A)

Sensorische Verfahren (Gruppe B)

Physikalische und physikalisch-chemische Kenngrößen (Gruppe C)

Anionen (Gruppe D)

Kationen (Gruppe E)

Gemeinsam erfassbare Stoffgruppen (Gruppe F)

Gasförmige Bestandteile (Gruppe G)

Summarische Wirkungs- und Stoffkenngrößen (Gruppe H)

Mikrobiologische Verfahren (Gruppe K)

Testverfahren mit Wasserorganismen (Gruppe L)

Biologisch-ökologische Gewässeruntersuchung (Gruppe M)

Einzelkomponenten (Gruppe P)

Schlamm und Sedimente (Gruppe S)

Suborganismische Testverfahren (Gruppe T)

Über die bisher erschienenen Teile dieser Normen gibt die Geschäftsstelle des Normenausschusses Wasserwesen (NAW) im DIN Deutsches Institut für Normung e. V., Telefon 030 2601–2448, oder die Beuth Verlag GmbH, 10772 Berlin, Auskunft.

DEV – 109. Lieferung 2019

C 22 Bestimmung der Trübung – Teil 2: Semi-quantitative Verfahren zur Beurteilung der Lichtdurchlässigkeit IV

DIN EN ISO 7027-2:2019-06

Änderungen

Gegenüber DIN EN ISO 7027:2000-04 wurden folgende Änderungen vorgenommen:

a) der Titel wurde an die in diesem Teil von DIN EN ISO 7027 enthaltenen Verfahren angepasst;

b) die quantitativen Verfahren wurden unter Verwendung von optischen Trübungsmessgeräten oder Nephelometern in DIN EN ISO 7027-1 überführt;

c) die Norm wurde redaktionell und fachlich überarbeitet, um sie an die technischen Entwicklungen anzupassen.

d) Verfahrenskenndaten und Validierungsbericht wurden aufgenommen.

Frühere Ausgaben

DIN 38404-2: 1976-12, 1990-10
DIN EN 27027: 1994-03
DIN EN ISO 7027: 2000-04

Nationaler Anhang NA
(informativ)

Literaturhinweise

DIN ISO 5725-2:2002-12, *Genauigkeit (Richtigkeit und Präzision) von Messverfahren und Messergebnissen — Teil 2: Grundlegende Methode für die Ermittlung der Wiederhol- und Vergleichpräzision eines vereinheitlichten Messverfahrens (ISO 5725-2:1994 einschließlich Technisches Korrigendum 1:2002)*

Schilling, P.; Dienemann, H.; Köhler, A. & Saule, J. (2018): Feldstudie 2017 — Bestimmung der Sichttiefe/ Field study 2017 — Comparability of measurements of depth of transparency, Bund/Länder-Messprogramm für die Meeresumwelt von Nord- und Ostsee (BLMP) — Berichte der Qualitätssicherungsstelle 2018/9, Deutschland/Umweltbundesamt, Dessau-Roßlau [u. a.], 68 S.

EUROPÄISCHE NORM
EUROPEAN STANDARD
NORME EUROPÉENNE

EN ISO 7027-2

Februar 2019

ICS 13.060.60   Ersatz für EN ISO 7027:1999

Deutsche Fassung

Wasserbeschaffenheit — Bestimmung der Trübung — Teil 2: Semi-quantitative Verfahren zur Beurteilung der Lichtdurchlässigkeit (ISO 7027-2:2019)

Water quality —
Determination of turbidity —
Part 2: Semi-quantitative methods for
the assessment of transparency of waters
(ISO 7027-2:2019)

Qualité de l'eau —
Détermination de la turbidité —
Partie 2: Méthodes semi-quantitatives pour
l'évaluation de la transparence des eaux
(ISO 7027-2:2019)

Diese Europäische Norm wurde vom CEN am 6. Januar 2019 angenommen.

Die CEN-Mitglieder sind gehalten, die CEN/CENELEC-Geschäftsordnung zu erfüllen, in der die Bedingungen festgelegt sind, unter denen dieser Europäischen Norm ohne jede Änderung der Status einer nationalen Norm zu geben ist. Auf dem letzten Stand befindliche Listen dieser nationalen Normen mit ihren bibliographischen Angaben sind beim CEN-CENELEC-Management-Zentrum oder bei jedem CEN-Mitglied auf Anfrage erhältlich.

Diese Europäische Norm besteht in drei offiziellen Fassungen (Deutsch, Englisch, Französisch). Eine Fassung in einer anderen Sprache, die von einem CEN-Mitglied in eigener Verantwortung durch Übersetzung in seine Landessprache gemacht und dem Management-Zentrum mitgeteilt worden ist, hat den gleichen Status wie die offiziellen Fassungen.

CEN-Mitglieder sind die nationalen Normungsinstitute von Belgien, Bulgarien, Dänemark, Deutschland, der ehemaligen jugoslawischen Republik Mazedonien, Estland, Finnland, Frankreich, Griechenland, Irland, Island, Italien, Kroatien, Lettland, Litauen, Luxemburg, Malta, den Niederlanden, Norwegen, Österreich, Polen, Portugal, Rumänien, Schweden, der Schweiz, Serbien, der Slowakei, Slowenien, Spanien, der Tschechischen Republik, der Türkei, Ungarn, dem Vereinigten Königreich und Zypern.

EUROPÄISCHES KOMITEE FÜR NORMUNG
EUROPEAN COMMITTEE FOR STANDARDIZATION
COMITÉ EUROPÉEN DE NORMALISATION

CEN-CENELEC Management-Zentrum: Rue de la Science 23, B-1040 Brüssel

© 2019 CEN   Alle Rechte der Verwertung, gleich in welcher Form und in welchem Verfahren, sind weltweit den nationalen Mitgliedern von CEN vorbehalten.   Ref. Nr. EN ISO 7027-2:2019 D

DEV – 109. Lieferung 2019

C 22   Bestimmung der Trübung – Teil 2:
Semi-quantitative Verfahren zur Beurteilung der Lichtdurchlässigkeit

DIN EN ISO 7027-2:2019-06
EN ISO 7027-2:2019 (D)

Inhalt

Seite

Europäisches Vorwort 3
Vorwort 4
Einleitung 5
1 Anwendungsbereich 6
2 Normative Verweisungen 6
3 Begriffe 6
4 Labor 7
4.1 Allgemeines 7
4.2 Messung mit einem Transparenzprüfröhrchen 7
4.2.1 Geräte 7
4.2.2 Probenahme und Proben 7
4.2.3 Durchführung 8
4.2.4 Angabe der Ergebnisse 8
5 Vor-Ort-Verfahren (Feldverfahren) 8
5.1 Allgemeines 8
5.2 Messung mit einer Sichtscheibe 8
5.2.1 Geräte 8
5.2.2 Durchführung 9
5.2.3 Angabe der Ergebnisse 10
5.2.4 Schätzung des Attenuationskoeffizienten (im marinen Umfeld) 11
5.3 Messung der Sichtweite durch Taucher 11
5.3.1 Geräte 11
5.3.2 Durchführung 11
5.3.3 Angabe der Ergebnisse 11
6 Analysenbericht 12
Anhang A (informativ) Geräte 13
A.1 Beispiele für Sichtscheiben 13
A.2 Beispiele für Sichtrohre 14
Anhang B (informativ) Ringversuchsergebnisse einer Feldstudie 15
Literaturhinweise 17

DIN EN ISO 7027-2:2019-06
EN ISO 7027-2:2019 (D)

Europäisches Vorwort

Dieses Dokument (EN ISO 7027-2:2019) wurde vom Technischen Komitee ISO/TC 147 „Water quality" in Zusammenarbeit mit dem Technischen Komitee CEN/TC 230 „Wasseranalytik" erarbeitet, dessen Sekretariat von DIN gehalten wird.

Diese Europäische Norm muss den Status einer nationalen Norm erhalten, entweder durch Veröffentlichung eines identischen Textes oder durch Anerkennung bis August 2019, und etwaige entgegenstehende nationale Normen müssen bis August 2019 zurückgezogen werden.

Es wird auf die Möglichkeit hingewiesen, dass einige Elemente dieses Dokuments Patentrechte berühren können. CEN [und/oder CENELEC] ist/sind nicht dafür verantwortlich, einige oder alle diesbezüglichen Patentrechte zu identifizieren.

Dieses Dokument ersetzt EN ISO 7027:1999.

Entsprechend der CEN-CENELEC-Geschäftsordnung sind die nationalen Normungsinstitute der folgenden Länder gehalten, diese Europäische Norm zu übernehmen: Belgien, Bulgarien, Dänemark, Deutschland, die ehemalige jugoslawische Republik Mazedonien, Estland, Finnland, Frankreich, Griechenland, Irland, Island, Italien, Kroatien, Lettland, Litauen, Luxemburg, Malta, Niederlande, Norwegen, Österreich, Polen, Portugal, Rumänien, Schweden, Schweiz, Serbien, Slowakei, Slowenien, Spanien, Tschechische Republik, Türkei, Ungarn, Vereinigtes Königreich und Zypern.

Anerkennungsnotiz

Der Text von ISO 7027-2:2019 wurde von CEN als EN ISO 7027-2:2019 ohne irgendeine Abänderung genehmigt.

DIN EN ISO 7027-2:2019-06
EN ISO 7027-2:2019 (D)

Vorwort

ISO (die Internationale Organisation für Normung) ist eine weltweite Vereinigung nationaler Normungsorganisationen (ISO-Mitgliedsorganisationen). Die Erstellung von Internationalen Normen wird üblicherweise von Technischen Komitees von ISO durchgeführt. Jede Mitgliedsorganisation, die Interesse an einem Thema hat, für welches ein Technisches Komitee gegründet wurde, hat das Recht, in diesem Komitee vertreten zu sein. Internationale staatliche und nichtstaatliche Organisationen, die in engem Kontakt mit ISO stehen, nehmen ebenfalls an der Arbeit teil. ISO arbeitet bei allen elektrotechnischen Themen eng mit der Internationalen Elektrotechnischen Kommission (IEC) zusammen.

Die Verfahren, die bei der Entwicklung dieses Dokuments angewendet wurden und die für die weitere Pflege vorgesehen sind, werden in den ISO/IEC-Direktiven, Teil 1 beschrieben. Es sollten insbesondere die unterschiedlichen Annahmekriterien für die verschiedenen ISO-Dokumentenarten beachtet werden. Dieses Dokument wurde in Übereinstimmung mit den Gestaltungsregeln der ISO/IEC-Direktiven, Teil 2 erarbeitet (siehe www.iso.org/directives).

Es wird auf die Möglichkeit hingewiesen, dass einige Elemente dieses Dokuments Patentrechte berühren können. ISO ist nicht dafür verantwortlich, einige oder alle diesbezüglichen Patentrechte zu identifizieren. Details zu allen während der Entwicklung des Dokuments identifizierten Patentrechten finden sich in der Einleitung und/oder in der ISO-Liste der erhaltenen Patenterklärungen (siehe www.iso.org/patents).

Jeder in diesem Dokument verwendete Handelsname dient nur zur Unterrichtung der Anwender und bedeutet keine Anerkennung.

Für eine Erläuterung des freiwilligen Charakters von Normen, der Bedeutung ISO-spezifischer Begriffe und Ausdrücke in Bezug auf Konformitätsbewertungen sowie Informationen darüber, wie ISO die Grundsätze der Welthandelsorganisation (WTO, en: World Trade Organization) hinsichtlich technischer Handelshemmnisse (TBT, en: Technical Barriers to Trade) berücksichtigt, siehe www.iso.org/iso/foreword.html.

Dieses Dokument wurde vom Technischen Komitee ISO/TC 147, *Water quality*, Unterkomitee SC 2, *Physical, chemical and biochemical methods*, erarbeitet.

Rückmeldungen oder Fragen zu diesem Dokument sollten an das jeweilige nationale Normungsinstitut des Anwenders gerichtet werden. Eine vollständige Auflistung dieser Institute ist unter www.iso.org/members.html zu finden.

Diese erste Ausgabe von ISO 7027-2 ersetzt zusammen mit ISO 7027-1:2016 die ISO 7027:1999, die technisch überarbeitet wurde.

Eine Auflistung aller Teile der Normenreihe ISO 7027 ist auf der ISO-Internetseite abrufbar.

| 5 | Bestimmung der Trübung – Teil 2:
Semi-quantitative Verfahren zur Beurteilung der Lichtdurchlässigkeit | C 22 |

DIN EN ISO 7027-2:2019-06
EN ISO 7027-2:2019 (D)

Einleitung

Die Trübung in Gewässern wird durch vorhandene ungelöste und/oder kolloidale Stoffe und kleine Organismen (zum Beispiel Bakterien, Phyto- und Zooplankton) im Wasser verursacht. Trübung verändert die Lichtbedingungen in Oberflächengewässern durch Absorption und Brechung des Lichts und beeinflusst somit den trophischen Zustand dieser Gewässer. Für die indikative Beurteilung der Lichtbedingungen von Gewässern oder der Transparenz des Wassers können semi-quantitative Verfahren angewendet werden [2].

Sichttiefenmessungen können durch die Anwesenheit gelöster lichtabsorbierender Substanzen (Substanzen, die Farbe verleihen) sowie Partikel (wie etwa Sedimente) beeinflusst werden.

Bei semi-quantitativen Verfahren wie etwa der Bestimmung der Sichttiefe mithilfe der Secchi-Scheibe können Reflexionen auf der Wasseroberfläche zu Störungen führen. Diese sind oftmals von den Licht- und Windbedingungen abhängig.

ANMERKUNG   Ergebnisse einer Feldstudie für die Validierung dieses Dokuments sind in Anhang B enthalten.

C 22   Bestimmung der Trübung – Teil 2:
Semi-quantitative Verfahren zur Beurteilung der Lichtdurchlässigkeit   6

DIN EN ISO 7027-2:2019-06
EN ISO 7027-2:2019 (D)

WARNUNG — Arbeiten in oder an Gewässern sind grundsätzlich gefährlich. Anwender dieses Dokuments sollten mit der üblichen Laborpraxis vertraut sein. Dieses Dokument gibt nicht vor, alle unter Umständen mit der Anwendung des Verfahrens verbundenen Sicherheitsaspekte anzusprechen. Es liegt in der Verantwortung des Arbeitgebers, angemessene Sicherheits- und Schutzmaßnahmen zu treffen.

WICHTIG — Es ist erforderlich, bei den Untersuchungen nach diesem Dokument Fachleute oder Facheinrichtungen einzuschalten.

1 Anwendungsbereich

Dieses Dokument legt die folgenden semi-quantitativen Verfahren für die Beurteilung der Transparenz von Gewässern fest:

a) Messung der Sichtweite mithilfe des Transparenzprüfröhrchens (anwendbar für klares und leicht getrübtes Wasser), siehe Abschnitt 4;

b) Messung der Sichtweite der oberen Wasserschichten mithilfe der Sichtscheibe (speziell anwendbar für Oberflächengewässer, Badegewässer, Abwässer und oftmals in der Überwachung im maritimen Bereich), siehe 5.1;

c) Messung der Sichtweite mittels Sichtscheibe durch Taucher in einer vorgesehenen Tiefe, siehe 5.2.

ANMERKUNG Die quantitativen Verfahren unter Verwendung optischer Trübungsmessgeräte oder Nephelometer sind in ISO 7027-1 beschrieben.

2 Normative Verweisungen

Die folgenden Dokumente werden im Text in solcher Weise in Bezug genommen, dass einige Teile davon oder ihr gesamter Inhalt Anforderungen des vorliegenden Dokuments darstellen. Bei datierten Verweisungen gilt nur die in Bezug genommene Ausgabe. Bei undatierten Verweisungen gilt die letzte Ausgabe des in Bezug genommenen Dokuments (einschließlich Änderungen).

CIE S 017/E, *ILV: International Lighting Vocabulary*

3 Begriffe

Für die Anwendung dieses Dokuments gelten die Begriffe nach CIE S 017 und die folgenden Begriffe.

ISO und IEC stellen terminologische Datenbanken für die Verwendung in der Normung unter den folgenden Adressen bereit:

— ISO Online Browsing Platform: verfügbar unter http://www.iso.org/obp

— IEC Electropedia: verfügbar unter http://www.electropedia.org/

3.1
Transparenz
Durchlässigkeit gegenüber elektromagnetischen Wellen, hier insbesondere von Licht

Anmerkung 1 zum Begriff: In diesem Dokument wird Transparenz im Sinne von Sichtweite bzw. Durchsichtigkeit im Wasser verwendet.

Bestimmung der Trübung – Teil 2: Semi-quantitative Verfahren zur Beurteilung der Lichtdurchlässigkeit

C 22

DIN EN ISO 7027-2:2019-06
EN ISO 7027-2:2019 (D)

3.2
Trübung
Verringerung der Durchsichtigkeit einer Flüssigkeit, verursacht durch die Anwesenheit ungelöster und/oder kolloidaler Stoffe sowie kleiner Organismen

3.3
Attenuationskoeffizient
Anteil eines einfallenden Lichtstrahls, der an einer Schichtdickeneinheit des absorbierenden Mediums absorbiert oder gebrochen wird

Anmerkung 1 zum Begriff: Ein hoher Attenuationskoeffizient bedeutet, dass der Lichtstrahl beim Durchgang durch das Medium schnell „abgeschwächt" wird. Ein niedriger Attenuationskoeffizient bedeutet, dass das Medium für den Lichtstrahl relativ durchlässig ist. Die SI-Einheit für den Attenuatioskoeffizienten ist das Reziproke von Meter (m^{-1}).

4 Labor

4.1 Allgemeines

Wenn Messungen nicht vor Ort vorgenommen werden können, dürfen diese optional im Labor anhand des in 4.2 festgelegten Verfahrens durchgeführt werden.

4.2 Messung mit einem Transparenzprüfröhrchen

4.2.1 Geräte

4.2.1.1   Transparenzprüfröhrchen, bestehend aus einem farblosen Glasröhrchen mit einer Länge von 600 mm ± 10 mm und einem Innendurchmesser von 25 mm ± 1 mm, graduiert in 10-mm-Schritten. Typischerweise hat das Transparenzprüfröhrchen am Boden eine Öffnung oder einen geeigneten Auslass, um den Wasserstand im Röhrchen zu senken.

4.2.1.2   Abschirmung, dicht abschließend, zum Schutz des Transparenzprüfröhrchens vor seitlichem Lichteinfall.

4.2.1.3   Druckmuster, zur Platzierung unter dem Röhrchen (4.2.1.1), bestehend aus schwarzem Aufdruck auf weißem Hintergrund (Linienstärke 3,5 mm, Zeilenbreite 0,35 mm) oder einer Prüfmarkierung (z. B. ein schwarzes Kreuz auf weißem Papier), das dem Gerät beiliegt.

4.2.1.4   Konstante Lichtquelle, Niederspannungs-Glühlampe (3 W), zur Beleuchtung des Druckmusters oder der Prüfmarkierung (4.2.1.3).

4.2.2 Probenahme und Proben

Alle Probeflaschen müssen sauber sein. Im Bedarfsfall müssen die Flaschen vor dem Gebrauch mit Salzsäure (z. B. 1 mol/l) oder einer oberflächenaktiven Reinigungslösung gewaschen werden.

Die Proben werden mittels Glas- oder Kunststoffflaschen entnommen und die Messungen möglichst bald nach der Probenahme durchgeführt. Die Flaschen sind vollständig (blasenfrei) zu füllen. Lässt sich eine Aufbewahrung nicht vermeiden, werden die Proben in einem kühlen dunklen Raum (10 ± 5) °C, jedoch nicht länger als 24 h aufbewahrt. Kühl gelagerte Proben werden vor der Messung auf Raumtemperatur erwärmt. Der Kontakt zwischen Probe und Luft und unnötige Temperaturänderungen der Probe sind zu vermeiden.

Die Transparenzprüfröhrchen sollten sauber und nicht trüb sein. Die optischen Eigenschaften der einzelnen Röhrchen sollten identisch sein.

C 22 Bestimmung der Trübung – Teil 2: Semi-quantitative Verfahren zur Beurteilung der Lichtdurchlässigkeit

DIN EN ISO 7027-2:2019-06
EN ISO 7027-2:2019 (D)

4.2.3 Durchführung

Die Probe sollte von Hand, ohne Blasen und Wirbel zu erzeugen, gemischt und anschließend in das Transparenzprüfröhrchen überführt werden (4.2.1.1). Die Füllhöhe der Probe wird gleichmäßig reduziert, bis das Druckmuster oder die Prüfmarkierung (4.2.1.3) von oben eindeutig zu erkennen ist. Die Flüssigkeitshöhe wird an der Gradeinteilung des Röhrchens abgelesen.

Wird dieser Vorgang wiederholt, ist der Mittelwert aus allen Messungen zu berechnen und als Sichttiefe anzugeben.

4.2.4 Angabe der Ergebnisse

Die gemessene Flüssigkeitshöhe wird auf 10 mm genau zusammen mit dem verwendeten Gerät (Name des Herstellers) angegeben.

5 Vor-Ort-Verfahren (Feldverfahren)

5.1 Allgemeines

Die Vor-Ort-Verfahren werden durchgeführt, wie in 5.2 bis 5.3 festgelegt.

5.2 Messung mit einer Sichtscheibe

Die Tiefe, in der eine mattweiße runde Scheibe (5.2.1.1) nicht mehr sichtbar ist, wird als Messwert für die Sichttiefe von Oberflächengewässern genommen. Die Ergebnisse liefern keinen genauen Messwert der Sichttiefe, da sie z. B. durch Sonnenlichteffekte auf dem Wasser, Wasserströmung und/oder das individuell unterschiedliche Sehvermögen der Prüfer beeinflusst werden.

ANMERKUNG 1   Dieses Verfahren wurde ursprünglich von A. Secchi (1865) [4] entwickelt, und von George C. Whipple (1899) [5] modifiziert, und ist allgemein als Secchi-Tiefe bekannt.

ANMERKUNG 2   Für Beurteilungen in Verbindung mit Phytoplankton-Untersuchungen werden üblicherweise die Sichttiefen verwendet.

ANMERKUNG 3   In stark tide-beeinflussten Küstengewässern oder Stauseen mit Trübungsströmungen (z. B. aus Nebenflüssen) sind die Ergebnisse in Bezug auf Phytoplankton nicht sehr aussagekräftig, weil die Ergebnisse durch hohe Konzentrationen mineralischer Schwebstoffe beeinflusst werden. Huminstoffe können die Sichttiefe erheblich reduzieren.

5.2.1 Geräte

5.2.1.1   Sichtscheibe, standardisierte runde mattweiße Prüfscheibe, zur Bestimmung der Sichttiefe, die durch ihre Dichte und ihr Gewicht sinkt (z. B. 1,7 kg).

Diese Scheibe hängt so an einem Maßband oder Seil (5.2.1.2), dass sie genau horizontal ausgerichtet ist. Um die horizontale Ausrichtung der Scheibe zu erleichtern, können sechs große Löcher [siehe Bild A.1 a)] hilfreich sein.

Für die Messung der Sichttiefe müssen die Scheiben sauber und frei von Kratzern sein; sie müssen gewartet werden, um Verluste der ursprünglichen Farbe zu begrenzen.

Die folgenden Durchmesser werden empfohlen:

a) für Binnengewässer: 20 cm, z. B. mit sechs Löchern oder schwarzen und weißen Sektoren (siehe A.1);

b) für marine Gewässer: 30 cm, z. B. ohne Löcher und Sektoren (siehe A.1).

Bestimmung der Trübung – Teil 2:
Semi-quantitative Verfahren zur Beurteilung der Lichtdurchlässigkeit C 22

DIN EN ISO 7027-2:2019-06
EN ISO 7027-2:2019 (D)

ANMERKUNG Je nach Anforderung des Probenahmeprogramms könnten auch andere Durchmesser der Scheiben geeignet sein (z. B. Scheiben mit einem Durchmesser von 10 cm, die an Limnos-Wasserschöpfern befestigt sind, siehe Bild A.2).

Werden andere Typen von Prüfscheiben verwendet, ist die Vergleichbarkeit der Ergebnisse nicht gegeben. Wenn es beispielsweise erforderlich ist, individuell angefertigte Prüfscheiben zu verwenden, muss sichergestellt sein, dass innerhalb einer Überwachungsstudie oder eines Überwachungszeitraums und für die festgelegten Überwachungsstationen immer derselbe Gerätetyp verwendet wird. Darüber hinaus wird empfohlen, die Messungen nach Möglichkeit immer von demselben Personal durchführen zu lassen.

5.2.1.2 Maßband mit Zentimeterskala (cm) **oder Seil** mit Markierungen alle 10 cm (Meter und halbe Meter können mittels verschiedenfarbiger Markierungen identifiziert werden) oder mit Windentiefenanzeige (üblicherweise mit einer Länge von mindestens 10 m, in oligotrophen Gewässern länger).

Die Genauigkeit der angezeigten Länge des Seils oder des Maßbands muss regelmäßig geprüft werden. Dies wird mit einem Standard mit rückführbarer Länge wie einem Maßband oder einem Gliedermaßstab verglichen.

5.2.1.3 Stange, optional, für Fließgewässer oder Gewässer mit Wasserströmung.

5.2.1.4 Gewicht, optional, für Fließgewässer oder Gewässer mit Wasserströmung, das in der Mitte der Unterseite der Scheibe befestigt ist, um das Absenken der Scheibe in die Wassersäule zu erleichtern oder um sie leichter in Fließgewässern oder bei Strömungen zu stabilisieren.

5.2.1.5 Optionale Geräte zur Unterdrückung von Reflexionen, z. B. Sichtrohre (Beispiele für Sichtrohre enthält Anhang A, Bild A.3).

5.2.2 Durchführung

Die Sichttiefe kann am einfachsten und zuverlässigsten durch einen Blick aus kurzer Entfernung über der Wasseroberfläche in das Wasser gemessen werden. Es wird dringend empfohlen, die Schattenseite des Boots, Stegs oder der Fußgängerbrücke zu nutzen, um direkte Sonnenlichtreflexionen auf der Wasseroberfläche zu vermeiden. Es ist wichtig, dass kein direktes Sonnenlicht vorhanden ist. Der Zeitraum für die besten Ergebnisse liegt zwischen 10 Uhr und 14 Uhr. Es muss ein ausreichender Zeitraum für die Betrachtung der Scheibe kurz vor dem Punkt des Verschwindens vorgesehen werden, damit sich die Augen vollständig an die aktuellen Beleuchtungsverhältnisse anpassen können.

Die Scheibe (5.2.1.1) wird in das Gewässer abgesenkt und langsam sinken gelassen. Der Punkt, an dem die Oberfläche der Scheibe gerade noch sichtbar ist, wird bestimmt. Gegebenenfalls wird die Scheibe mehrmals langsam aufwärts und abwärts bewegt, um den Mittelwert aus Verschwinden und Wiedererscheinen zu bilden. Es ist sicherzustellen, dass die Sichtlinie senkrecht zur Wasseroberfläche verläuft.

ANMERKUNG Das langsame Bewegen der Scheibe verhindert, dass Sediment aufgewirbelt wird.

Die Tiefe der Scheibe unter der Wasseroberfläche wird am Maßband oder Seil (5.2.1.2) abgelesen.

Wenn die Prüfung wiederholt wird, ist der Mittelwert aller Wiederholungen zu berechnen und als Sichttiefe anzugeben.

Die Wassertiefe sollte nach Möglichkeit die Secchi-Tiefe um mindestens 50 % überschreiten, damit die Scheibe vor dem Wasserhintergrund und nicht vor dem am Boden reflektierten Licht betrachtet werden kann (siehe [3]).

In Fließgewässern oder Gewässern mit Wasserströmungen kann ein zusätzliches Gewicht (5.2.1.4) oder eine Stange (5.2.1.3) erforderlich sein, um Schaukelbewegungen zu unterbinden und die Messung zu erleichtern.

C 22 Bestimmung der Trübung – Teil 2:
Semi-quantitative Verfahren zur Beurteilung der Lichtdurchlässigkeit

DIN EN ISO 7027-2:2019-06
EN ISO 7027-2:2019 (D)

Um Störungen durch Reflexion an der Wasseroberfläche zu minimieren, kann ein Sichtglas (zum Beispiel Sichtrohr, siehe A.2) hilfreich sein. Mit einem Sichtrohr kann die Sonnenseite des Boots genutzt werden (siehe [3]). Der Anwender dieses Dokuments muss validieren und demonstrieren, ob das Sichtrohr die Untersuchung unterstützt oder nicht.

Es sollte beachtet werden, dass eine beträchtliche Lichtmenge absorbiert wird, wenn Polarisationsgläser verwendet werden. Dies kann die Bestimmung der Sichttiefe beeinflussen.

Die Sichttiefe hängt von den folgenden Faktoren ab (siehe [6]):

a) dem abschwächenden Material zwischen der Wasseroberfläche und der Scheibe;

b) dem optischen Zustand der Wasseroberfläche;

c) der Reflexion der Lichtverhältnisse des Himmels auf der Wasseroberfläche;

d) der Reflexion des Wasserkörpers;

e) der reflektierenden Oberfläche der Scheibe;

f) dem Durchmesser der Scheibe;

g) dem Sonnenstand und der Bewölkung;

h) der Windstärke und der resultierenden Wellenhöhe;

i) dem Abstand des Beobachters von der Wasseroberfläche;

j) der Anpassung des Auges des Beobachters;

k) dem Schatten des Boots oder der Brücke, von dem/der die Beobachtung erfolgt.

5.2.3 Angabe der Ergebnisse

Die Sichttiefe wird in Meter (m) angegeben. Werden Wiederholungsmessungen durchgeführt, ist der Mittelwert anzugeben. Durchmesser und Typ der Scheibe sollten dokumentiert werden.

Die Ergebnisse sind wie folgt anzugeben:

Die gemessenen Daten müssen auf 0,1 m gerundet werden. Bei Tiefen von weniger als 0,5 m sind die Ergebnisse auf 0,05 m zu runden.

BEISPIEL

a) Sichttiefe: 4,6 m (Ø 20 cm/sechs Löcher);

b) Sichttiefe: 0,45 m (Ø 30 cm/reinweiß);

c) Sichttiefe: 0,65 m (Ø 20 cm/schwarze und weiße Sektoren).

5.2.4 Schätzung des Attenuationskoeffizienten (im marinen Umfeld)

Secchi-Tiefenwerte können in Fällen verwendet werden, in denen ein vertikaler Attenuationskoeffizient (Extinktion) nicht direkt gemessen werden kann. In diesen Fällen muss die folgende Gleichung zur Schätzung des Attenuationskoeffizienten angewendet werden:

Attenuationskoeffizient = x/Secchi-Tiefe (m).

Der Faktor x verändert sich je nach Meeresbereich und erhöht sich bei abnehmender Salinität.

Die folgenden Werte werden empfohlen: 1,7 (siehe [7]), 1,84 (siehe [8]) oder 2,3 (siehe [9]).

5.3 Messung der Sichtweite durch Taucher

5.3.1 Geräte

5.3.1.1 Sichtscheibe, 25 cm, weiß.

Für die Messung der Sichtweite muss die Scheibe sauber und frei von Kratzern sein.

Wenn eine andere Scheibe verwendet wird, ist der Durchmesser wie folgt anzugeben:

Sichtweite$_{N(5)}$ = Sichtweite bei 5 m mit der standardisierten Scheibe;

Sichtweite$_{D30(5)}$ = Sichtweite bei 5 m mit einer Scheibe mit einem Durchmesser von 30 cm.

5.3.1.2 Maßband oder Seil, mit Zentimeter-Skale.

5.3.1.3 Tiefenmesser mit Temperaturmessgerät.

5.3.1.4 Tauchkompass.

5.3.1.5 Taucherausrüstung für zwei Personen.

5.3.1.6 Unterwasser-Schreibmaterial.

5.3.2 Durchführung

Die Messungen werden von mindestens zwei Tauchern durchgeführt. Vor dem Beginn der Unterwassermessungen müssen das Wetter und die Lichtverhältnisse beurteilt und dokumentiert werden. Nach dem Abtauchen auf eine geeignete Tiefe (z. B. werden für oligotrophe Seen drei Tiefen empfohlen: 2 m, 5 m und 10 m) muss die Wassertemperatur ebenfalls aufgezeichnet werden. Während der Messung der Sichtweite bleibt ein Taucher an der Untersuchungsstelle mit der weißen Scheibe und der zweite Taucher schwimmt mit dem an der Scheibe befestigten Maßband horizontal in alle vier Himmelsrichtungen, bis der Beobachter die Scheibe gerade noch erkennen kann. Der Abstand in jede Richtung wird gemessen und dokumentiert.

Es ist äußerst wichtig, die Messungen immer zur gleichen Zeit durchzuführen.

5.3.3 Angabe der Ergebnisse

Die Ergebnisse werden als Einzelwerte wie folgt angegeben:

Die gemessenen Daten müssen auf 0,1 m gerundet werden.

DIN EN ISO 7027-2:2019-06
EN ISO 7027-2:2019 (D)

6 Analysenbericht

Der Analysenbericht muss mindestens die folgenden Angaben enthalten:

a) eine Verweisung auf dieses Dokument, d. h. ISO 7027-2:2019;

b) Name des Gewässers und des Probenahmestandorts;

c) Datum und Zeitpunkt der Messung;

d) Art des angewandten Verfahrens;

e) Typ des verwendeten Geräts (z. B. Form und Durchmesser der Prüfscheibe);

f) Name der Person, die die Messung vorgenommen hat (individuelles Sehvermögen);

g) Lichtbedingungen (z. B. Sonnenschein — ja/nein);

h) Wetterbedingungen (Wind);

i) das Ergebnis, angegeben in Übereinstimmung mit 4.2.4, 5.2.3 oder 5.3.3, je nach verwendetem Verfahren;

j) Angabe aller Umstände, die das Ergebnis beeinflusst haben könnten.

Optional sollten die folgenden Informationen angegeben werden:

k) Färbung des Wassers (z. B. Braunfärbung durch Huminstoffe);

l) Algenblüten auf der Gewässeroberfläche;

m) Pollenschleier;

n) Position des Metalimnions, falls vorhanden.

Bestimmung der Trübung – Teil 2:
Semi-quantitative Verfahren zur Beurteilung der Lichtdurchlässigkeit **C 22**

DIN EN ISO 7027-2:2019-06
EN ISO 7027-2:2019 (D)

Anhang A
(informativ)

Geräte

A.1 Beispiele für Sichtscheiben

a) weiße Scheibe mit sechs großen Löchern

b) Scheibe mit schwarzen und weißen Sektoren

c) glatte weiße Scheibe

ANMERKUNG Wiedergabe mit Genehmigung des Copyright-Inhabers.

Bild A.1 — Beispiele für Sichtscheiben

ANMERKUNG Wiedergabe mit Genehmigung des Copyright-Inhabers.

Bild A.2 — Beispiel eines Limnos-Wasserschöpfers mit einer 10-cm-Sichtscheibe

DEV – 109. Lieferung 2019

A.2 Beispiele für Sichtrohre

Die Verwendung eines Sichtrohrs ist eine gute Methode, um Reflexionen auf der Wasseroberfläche zu vermeiden. Hierbei handelt es sich um ein Rohr mit einem ungefähren Durchmesser von 15 cm bis 18 cm (Kopfende). Ein Ende ist leckdicht mit transparentem Plexiglas[1] verschlossen und am anderen Ende ist die Kontur eines menschlichen Gesichts geformt, um Störungen durch Lichtreflexionen neben dem Kopf des Beobachters zu vermeiden.

ANMERKUNG Das Sichtrohr ist nur bei geringem Abstand zum Wasseroberfläche und ruhigen Wetterbedingungen geeignet.

ANMERKUNG Wiedergabe mit Genehmigung des Copyright-Inhabers.

Bild A.3 — Beispiel für ein Sichtrohr

---

1 Diese Angabe dient ausschließlich der Unterrichtung der Anwender dieses Dokuments und stellt keine Anerkennung des Produkts durch ISO dar.

DIN EN ISO 7027-2:2019-06
EN ISO 7027-2:2019 (D)

Anhang B
(informativ)

Ringversuchsergebnisse einer Feldstudie

Die in Tabelle B.1 enthaltenen Verfahrenskenndaten wurden im Rahmen eines im August 2017 mit 10 Teilnehmern durchgeführten europäischen Ringversuchs zur Validierung (Feldstudie) ermittelt. Ein Fluss (Spree) sowie drei verschiedene Stationen in Binnengewässern (in Tabelle B.1 enthalten) wurden von den Teilnehmern besucht. Alle Standorte befinden sich in Berlin, Deutschland. An jeder Station wurden vier verschiedene Typen von Secchi-Scheiben verglichen:

— Typ 1: 20 cm, weiße Scheibe mit sechs Löchern, Maßband [siehe Bild A.1 a)];

— Typ 2: 20 cm, Scheibe mit schwarzen und weißen Sektoren, Maßband [siehe Bild A.1 b)];

— Typ 3: 20 cm, glatte weiße Scheibe, Maßband [siehe Bild A.1 c)];

— Typ 4: 30 cm, glatte weiße Scheibe mit Gewicht, Seil mit Markierungen.

Die Auswertung aller Daten erfolgte nach ISO 5725-2 [1].

C 22   Bestimmung der Trübung – Teil 2: Semi-quantitative Verfahren zur Beurteilung der Lichtdurchlässigkeit

DIN EN ISO 7027-2:2019-06
EN ISO 7027-2:2019 (D)

Tabelle B.1 — Verfahrenskenndaten der Laborvergleich-Feldstudie

Station	Scheiben-typ	l	n	o	$\bar{\bar{x}}$	X	s_R	$C_{V,R}$	s_r	$C_{V,r}$
				%	cm	cm	cm	%	cm	%
Spree, Baumschulenweg	1	10	50	0	72,7	72,7	6,0	8,22	1,8	2,51
	2	9	45	10	72,0	72,0	6,5	9,01	1,4	2,00
	3	8	40	0	78,6	78,6	4,3	5,43	1,1	1,42
	4	9	45	10	83,7	83,7	8,0	9,62	1,6	1,87
Großer Müggelsee	1	10	50	0	139,9	139,9	13,9	9,94	3,3	2,35
	2	9	45	0	144,3	144,3	13,3	9,23	3,1	2,14
	3	10	50	0	153,6	153,6	15,5	10,11	2,2	1,42
	4	9	45	10	169,1	169,1	10,8	6,39	3,2	1,91
Kleiner Müggelsee	1	10	50	0	158,0	158,0	16,6	10,48	5,2	3,29
	2	9	45	10	154,5	154,5	15,5	10,01	3,1	2,03
	3	10	50	0	164,8	164,8	12,7	7,73	3,8	2,30
	4	10	50	0	171,1	171,1	16,5	9,63	4,2	2,47
Dämeritzsee	1	10	50	0	96,0	96,0	8,6	8,98	3,5	3,70
	2	10	50	0	98,9	98,9	7,9	7,98	1,9	1,94
	3	10	50	0	105,0	105,0	6,8	6,49	2,4	2,30
	4	10	50	0	107,5	107,5	9,8	9,17	2,2	2,09

l	Anzahl der nach Ausreißereliminierung verbleibenden Labore
n	Anzahl der nach Ausreißereliminierung verbleibenden einzelnen Prüfergebnisse
o	Anteil der Ausreißer
X	Zugewiesener Wert
$\bar{\bar{x}}$	Gesamtmittelwert der Ergebnisse
s_R	Vergleichstandardabweichung
$C_{V,R}$	Vergleichsvariationskoeffizient
s_r	Wiederholstandardabweichung
$C_{V,r}$	Wiederholvariationskoeffizient

Literaturhinweise

[1] ISO 5725-2:1994, *Accuracy (trueness and precision) of measurement methods and results — Part 2: Basic method for the determination of repeatability and reproducibility of a standard measurement method*

[2] LEGELER, Ch.: *Chemische, physikalisch-chemische und physikalische Methoden.* — Reprint of. Ausgewählte Methoden der Wasseruntersuchung. G. Fischer, Jena, Band 1, zweite Auflage, 1988, 518 p

[3] DAVIES-COLLEY, R.J., VANT, W.N., SMITH, D.G.: *Colour and Clarity of Natural Waters.* The Blackburn Press, 2003, 310 p

[4] CIALDI, M. & SECCHI, P.A. : Sur la Transparence de la Mer. *Comptes Rendu de l'Acadamie des Sciences.* 1865, **61** pp. 100-104

[5] WHIPPLE, G.C.: *The Microscopy of Drinking-Water.* John Wiley & Sons, New York, 1899, pp. 73-5

[6] PEISENDORFER, R.W. (1986): Secchi disk science: Visual optics of natural waters. *L & O* **31**: pp. 909-926

[7] RAYMONT, J.E.G. *Plankton and Productivity in the Oceans.* Pergamon Press, Oxford, 1967

[8] EDLER, L. (1997): In: Report of the ICES/HELCOM Workshop on Quality Assurance of pelagic biological measurements in the Baltic Sea. ICES CM 1997/E:5

[9] AERTEBJERG, G. & BRESTA, A.M., eds. (1984): Guidelines for the Measurement of Phytoplankton Primary Production. Baltic Marine Biologists Publication No. 1. 2nd edition

C 22
Bestimmung der Trübung – Teil 2:
Semi-quantitative Verfahren zur Beurteilung der Lichtdurchlässigkeit

DEV

Deutsche Einheitsverfahren zur Wasser-, Abwasser- und Schlamm-Untersuchung

Physikalische, chemische, biologische und mikrobiologische Verfahren

Herausgegeben von der Wasserchemischen Gesellschaft – Fachgruppe in der Gesellschaft Deutscher Chemiker in Gemeinschaft mit dem Normenausschuss Wasserwesen (NAW) im DIN Deutsches Institut für Normung e. V.

Band 3

109. Lieferung (2019)
ISSN 0932-1004
ISBN: 978-3-527-34700-1 (Wiley-VCH)
ISBN: 978-3-410-29097-1 (Beuth)

WILEY-VCH Verlag GmbH & Co. KGaA

Beuth Berlin · Wien · Zürich

Wasserchemische Gesellschaft –
Fachgruppe in der GDCh
IWW Zentrum Wasser
Moritzstraße 26
45476 Mülheim an der Ruhr

Normenausschuss Wasserwesen (NAW)
im DIN Deutsches Institut für
Normung e. V.
Saatwinkler Damm 42/43
13627 Berlin

Gemeinschaftlich verlegt durch:
WILEY-VCH Verlag GmbH & Co. KGaA
Beuth Verlag GmbH

Das vorliegende Werk wurde sorgfältig erarbeitet. Dennoch übernehmen Autoren, Herausgeber und Verlag für die Richtigkeit von Angaben, Hinweisen und Ratschlägen sowie für eventuelle Druckfehler keine Haftung.

© 2019 WILEY-VCH Verlag GmbH & Co. KGaA, Weinheim
Alle Rechte, insbesondere die der Übersetzung in andere Sprachen, vorbehalten. Kein Teil dieses Buches darf ohne schriftliche Genehmigung des Verlages in irgendeiner Form - durch Photokopie, Mikrofilm oder irgendein anderes Verfahren - reproduziert oder in eine von Maschinen, insbesondere von Datenverarbeitungsmaschinen, verwendbare Sprache übertragen oder übersetzt werden.
All rights reserved (including those of translation into other languages).
Die Wiedergabe von Warenbezeichnungen, Handelsnamen oder sonstigen Kennzeichen in diesem Buch berechtigt nicht zu der Annahme, daß diese von jedermann frei benutzt werden dürfen. Vielmehr kann es sich auch dann um eingetragene Warenzeichen oder sonstige gesetzlich geschützte Kennzeichen handeln, wenn sie als solche nicht eigens markiert sind.
No part of this book may be reproduced in any form - by photoprint, microfilm, or any other means - nor transmitted or translated into a machine language without written permission from the publishers. Registered names, trademarks, etc. used in this book, even when not specifically marked as such, are not to be considered unprotected by law.
Druck: betz-druck GmbH, Darmstadt.
Printed in the Federal Republic of Germany.

Bestimmung von Orthophosphat und Gesamtphosphor
mittels Fließanalytik (FIA und CFA) – Teil 2:
Verfahren mittels kontinuierlicher Durchflussanalyse (CFA)

D 46

DEUTSCHE NORM — Mai 2019

DIN EN ISO 15681-2

DIN

ICS 13.060.50

Ersatz für
DIN EN ISO 15681-2:2005-05

**Wasserbeschaffenheit –
Bestimmung von Orthophosphat und Gesamtphosphor mittels
Fließanalytik (FIA und CFA) –
Teil 2: Verfahren mittels kontinuierlicher Durchflussanalyse (CFA)
(ISO 15681-2:2018);
Deutsche Fassung EN ISO 15681-2:2018**

Water quality –
Determination of orthophosphate and total phosphorus contents by flow analysis (FIA and CFA) –
Part 2: Method by continuous flow analysis (CFA) (ISO 15681-2:2018);
German version EN ISO 15681-2:2018

Qualité de l'eau –
Dosage des orthophosphates et du phosphore total par analyse en flux (FIA et CFA) –
Partie 2: Méthode par analyse en flux continu (CFA) (ISO 15681-2:2018);
Version allemande EN ISO 15681-2:2018

Gesamtumfang 29 Seiten

DIN-Normenausschuss Wasserwesen (NAW)

DEV – 109. Lieferung 2019

D 46

Bestimmung von Orthophosphat und Gesamtphosphor mittels Fließanalytik (FIA und CFA) – Teil 2: Verfahren mittels kontinuierlicher Durchflussanalyse (CFA)

DIN EN ISO 15681-2:2019-05

Nationales Vorwort

Dieses Dokument (EN ISO 15681-2:2018) wurde vom Technischen Komitee ISO/TC 147 „Water quality" in Zusammenarbeit mit dem Technischen Komitee CEN/TC 230 „Wasseranalytik" erarbeitet, dessen Sekretariat von DIN (Deutschland) gehalten wird.

Das zuständige deutsche Gremium ist der Unterausschuss NA 119-01-03-01 UA „Allgemeine und anorganische Analytik" des Arbeitsausschusses NA 119-01-03 AA „Wasseruntersuchung" im DIN-Normenausschuss Wasserwesen (NAW).

DIN EN ISO 15681-2 besteht unter dem allgemeinen Titel *Wasserbeschaffenheit — Bestimmung von Orthophosphat und Gesamtphosphor mittels Fließanalytik (FIA und CFA)* aus den folgenden Teilen:

— Teil 1: Verfahren mittels Fließinjektionsanalyse (FIA)

— Teil 2: Verfahren mittels kontinuierlicher Durchflussanalyse (CFA)

Bezeichnung des Verfahrens:

Bestimmung von Orthophosphat und Gesamtphosphor mittels Fließanalytik (FIA und CFA) — Teil 2: Verfahren mittels kontinuierlicher Durchflussanalyse (CFA) (D 46):

Verfahren DIN EN ISO 15681-2 — D 46

Für die Anwendung in Deutschland wird folgender Hinweis gegeben:

Entgegen ISO 15681-2:2018, Tabelle B.3 müssen die in den Spalten x_{corr} und $\bar{x}$ angegebenen Werte wie folgt lauten:

— für Probe DW Trinkwasser: $x_{corr} = 1{,}17 \times 10^2$ µg/l P und $\bar{x} = 1{,}12 \times 10^2$ µg/l P;

— für die Probe OW Oberflächenwasser $x_{corr} = 6{,}60 \times 10^2$ µg/l P und $\bar{x} = 6{,}57 \times 10^2$ µg/l P.

Für die in diesem Dokument zitierten internationalen Dokumente wird im Folgenden auf die entsprechenden deutschen Dokumente hingewiesen:

ISO 3696	siehe	DIN ISO 3696
ISO 5667-1	siehe	DIN EN ISO 5667-1
ISO 5667-3:2018	siehe	DIN EN ISO 5667-3:2019-*
ISO 5725-2:1994	siehe	DIN ISO 5725-2:2002-12
ISO 6878:2004	siehe	DIN EN ISO 6878:2004-09
ISO 8466-1	siehe	DIN 38402-51
ISO 8466-2	siehe	DIN ISO 8466-2
ISO 15681-1:2003	siehe	DIN EN ISO 15681-1:2005-05

DIN EN ISO 15681-2:2019-05

Es ist erforderlich, bei den Untersuchungen nach dieser Norm Fachleute oder Facheinrichtungen einzuschalten und bestehende Sicherheitsvorschriften zu beachten.

Bei Anwendung der Norm ist im Einzelfall je nach Aufgabenstellung zu prüfen, ob und inwieweit die Festlegung von zusätzlichen Randbedingungen erforderlich ist.

Die vorliegende Norm enthält das vom DIN-Normenausschuss Wasserwesen (NAW) und von der Wasserchemischen Gesellschaft — Fachgruppe in der Gesellschaft Deutscher Chemiker (GDCh) — gemeinsam erarbeitete Deutsche Einheitsverfahren zur Wasser-, Abwasser- und Schlammuntersuchung:

    Bestimmung von Orthophosphat und Gesamtphosphor mittels Fließanalytik (FIA und CFA)
    — Teil 2: Verfahren mittels kontinuierlicher Durchflussanalyse (CFA) (D 46).

Die als DIN-Normen veröffentlichten Deutschen Einheitsverfahren sind bei der Beuth Verlag GmbH einzeln oder zusammengefasst erhältlich. Außerdem werden die genormten Deutschen Einheitsverfahren in der Loseblattsammlung „Deutsche Einheitsverfahren zur Wasser-, Abwasser- und Schlammuntersuchung" gemeinsam von der Beuth Verlag GmbH und der Wiley-VCH Verlag GmbH & Co. KGaA publiziert.

Normen oder Norm-Entwürfe mit dem Gruppentitel *Deutsche Einheitsverfahren zur Wasser-, Abwasser- und Schlammuntersuchung* sind in folgende Gebiete (Haupttitel) aufgeteilt:

Allgemeine Angaben (Gruppe A)

Sensorische Verfahren (Gruppe B)

Physikalische und physikalisch-chemische Kenngrößen (Gruppe C)

Anionen (Gruppe D)

Kationen (Gruppe E)

Gemeinsam erfassbare Stoffgruppen (Gruppe F)

Gasförmige Bestandteile (Gruppe G)

Summarische Wirkungs- und Stoffkenngrößen (Gruppe H)

Mikrobiologische Verfahren (Gruppe K)

Testverfahren mit Wasserorganismen (Gruppe L)

Biologisch-ökologische Gewässeruntersuchung (Gruppe M)

Einzelkomponenten (Gruppe P)

Schlamm und Sedimente (Gruppe S)

Suborganismische Testverfahren (Gruppe T)

Über die bisher erschienenen Teile dieser Normen gibt die Geschäftsstelle des Normenausschusses Wasserwesen (NAW) im DIN Deutsches Institut für Normung e.V., Telefon 030 2601–2448, oder die Beuth Verlag GmbH, 10772 Berlin, Auskunft.

DIN EN ISO 15681-2:2019-05

Änderungen

Gegenüber DIN EN ISO 15681-2:2005-05 wurden folgende Änderungen vorgenommen:

a) Reagenzien wurden angepasst, um den pH-Wert zu verringern, damit die Farbreaktion erhöht wird;

b) die Bilder im Anhang A wurden überarbeitet;

c) die Norm wurde redaktionell überarbeitet.

Frühere Ausgaben

DIN EN ISO 15681-2: 2005-05

Nationaler Anhang NA
(informativ)
Literaturhinweise

DIN 38402-51, *Deutsche Einheitsverfahren zur Wasser-, Abwasser- und Schlammuntersuchung — Allgemeine Angaben (Gruppe A) — Teil 51: Kalibrierung von Analysenverfahren — Lineare Kalibrierfunktion (A 51)*

DIN EN ISO 5667-1, *Wasserbeschaffenheit — Probenahme — Teil 1: Anleitung zur Erstellung von Probenahmeprogrammen und Probenahmetechniken*

DIN EN ISO 5667-3:2019-[*], *Wasserbeschaffenheit — Probenahme — Teil 3: Konservierung und Handhabung von Wasserproben (ISO 5667-3:2018); Deutsche Fassung EN ISO 5667-3:2018*

DIN EN ISO 6878:2004-09, *Wasserbeschaffenheit — Bestimmung von Phosphor — Photometrisches Verfahren mittels Ammoniummolybdat (ISO 6878:2004); Deutsche Fassung EN ISO 6878:2004*

DIN EN ISO 15681-1:2005-05, *Wasserbeschaffenheit — Bestimmung von Orthophosphat und Gesamtphosphor mittels Fließanalytik (FIA und CFA) — Teil 1: Verfahren mittels Fließinjektionsanalyse (FIA) (ISO 15681-1:2003); Deutsche Fassung EN ISO 15681-1:2004*

DIN ISO 3696, *Wasser für analytische Zwecke — Anforderungen und Prüfungen*

DIN ISO 5725-2:2002-12, *Genauigkeit (Richtigkeit und Präzision) von Messverfahren und Messergebnissen — Teil 2: Grundlegende Methode für Ermittlung der Wiederhol- und Vergleichpräzision eines vereinheitlichten Messverfahrens (ISO 5725-2:1994 einschließlich Technisches Korrigendum 1:2002)*

DIN ISO 8466-2, *Wasserbeschaffenheit — Kalibrierung und Auswertung analytischer Verfahren und Beurteilung von Verfahrenskenndaten — Teil 2: Kalibrierstrategie für nichtlineare Kalibrierfunktionen zweiten Grades*

---

[*] Bei Drucklegung der vorliegenden Norm lag der Ausgabemonat der DIN EN ISO 5667-3 noch nicht vor.

Bestimmung von Orthophosphat und Gesamtphosphor
mittels Fließanalytik (FIA und CFA) – Teil 2:
Verfahren mittels kontinuierlicher Durchflussanalyse (CFA)

D 46

EUROPÄISCHE NORM
EUROPEAN STANDARD
NORME EUROPÉENNE

EN ISO 15681-2

Dezember 2018

ICS 13.060.50

Ersatz für EN ISO 15681-2:2004

Deutsche Fassung

Wasserbeschaffenheit —
Bestimmung von Orthophosphat und Gesamtphosphor mittels Fließanalytik (FIA und CFA) —
Teil 2: Verfahren mittels kontinuierlicher Durchflussanalyse (CFA)
(ISO 15681-2:2018)

Water quality —
Determination of orthophosphate and total phosphorus contents by flow analysis (FIA and CFA) —
Part 2: Method by continuous flow analysis (CFA)
(ISO 15681-2:2018)

Qualité de l'eau —
Dosage des orthophosphates et du phosphore total par analyse en flux (FIA et CFA) —
Partie 2: Méthode par analyse en flux continu (CFA)
(ISO 15681-2:2018)

Diese Europäische Norm wurde vom CEN am 10. August 2018 angenommen.

Die CEN-Mitglieder sind gehalten, die CEN/CENELEC-Geschäftsordnung zu erfüllen, in der die Bedingungen festgelegt sind, unter denen dieser Europäischen Norm ohne jede Änderung der Status einer nationalen Norm zu geben ist. Auf dem letzten Stand befindliche Listen dieser nationalen Normen mit ihren bibliographischen Angaben sind beim CEN-CENELEC-Management-Zentrum oder bei jedem CEN-Mitglied auf Anfrage erhältlich.

Diese Europäische Norm besteht in drei offiziellen Fassungen (Deutsch, Englisch, Französisch). Eine Fassung in einer anderen Sprache, die von einem CEN-Mitglied in eigener Verantwortung durch Übersetzung in seine Landessprache gemacht und dem Management-Zentrum mitgeteilt worden ist, hat den gleichen Status wie die offiziellen Fassungen.

CEN-Mitglieder sind die nationalen Normungsinstitute von Belgien, Bulgarien, Dänemark, Deutschland, der ehemaligen jugoslawischen Republik Mazedonien, Estland, Finnland, Frankreich, Griechenland, Irland, Island, Italien, Kroatien, Lettland, Litauen, Luxemburg, Malta, den Niederlanden, Norwegen, Österreich, Polen, Portugal, Rumänien, Schweden, der Schweiz, Serbien, der Slowakei, Slowenien, Spanien, der Tschechischen Republik, der Türkei, Ungarn, dem Vereinigten Königreich und Zypern.

EUROPÄISCHES KOMITEE FÜR NORMUNG
EUROPEAN COMMITTEE FOR STANDARDIZATION
COMITÉ EUROPÉEN DE NORMALISATION

CEN-CENELEC Management-Zentrum: Rue de la Science 23, B-1040 Brüssel

© 2018 CEN   Alle Rechte der Verwertung, gleich in welcher Form und in welchem Verfahren, sind weltweit den nationalen Mitgliedern von CEN vorbehalten.

Ref. Nr. EN ISO 15681-2:2018 D

DEV – 109. Lieferung 2019

DIN EN ISO 15681-2:2019-05
EN ISO 15681-2:2018 (D)

Inhalt

Seite

Europäisches Vorwort 3
Vorwort 4
Einleitung 5
1 Anwendungsbereich 6
2 Normative Verweisungen 6
3 Begriffe 7
4 Störungen 7
4.1 Allgemeine Störungen 7
4.2 Störungen bei der Bestimmung von Gesamtphosphor 7
5 Grundlage des Verfahrens 8
5.1 Bestimmung von Orthophosphat 8
5.2 Gesamtphosphor nach manuellem Aufschluss 8
5.3 Gesamtphosphor mit integriertem UV-Aufschluss und Hydrolyse 8
6 Reagenzien 8
7 Geräte 13
7.1 Kontinuierliches Durchflussanalysensystem (CFA) 13
7.2 Weitere Geräte 13
7.3 Zusätzliche Geräte für die Bestimmung von Gesamtphosphor nach integriertem Aufschluss 14
8 Probenahme und Probenvorbereitung 14
9 Durchführung 15
9.1 Analysenvorbereitung 15
9.2 Systemprüfung 15
9.3 Kontrolle des Reagenzienblindwerts 15
9.4 Kalibrierung 15
9.5 Kontrolle der Wirksamkeit von UV-Aufschluss und Hydrolyse bei der Gesamtphosphor-Bestimmung (Bilder A.2 und A.3) 16
9.6 Messung 16
9.7 Herunterfahren des Systems 16
10 Berechnung der Ergebnisse 17
11 Angabe der Ergebnisse 17
12 Analysenbericht 17
Anhang A (informativ) Beispiele für CFA-Systeme 18
Anhang B (informativ) Verfahrenskenndaten 21
Anhang C (informativ) Bestimmung von Orthophosphat-P und Gesamtphosphor mittels der CFA und Zinn(II)chlorid-Reduktion 24
Literaturhinweise 25

Bestimmung von Orthophosphat und Gesamtphosphor
mittels Fließanalytik (FIA und CFA) – Teil 2:
Verfahren mittels kontinuierlicher Durchflussanalyse (CFA) **D 46**

DIN EN ISO 15681-2:2019-05
EN ISO 15681-2:2018 (D)

Europäisches Vorwort

Dieses Dokument (EN ISO 15681-2:2018) wurde vom Technischen Komitee ISO/TC 147 „Water quality" in Zusammenarbeit mit dem Technischen Komitee CEN/TC 230 „Wasseranalytik" erarbeitet, dessen Sekretariat von DIN gehalten wird.

Diese Europäische Norm muss den Status einer nationalen Norm erhalten, entweder durch Veröffentlichung eines identischen Textes oder durch Anerkennung bis Juni 2019, und etwaige entgegenstehende nationale Normen müssen bis Juni 2019 zurückgezogen werden.

Es wird auf die Möglichkeit hingewiesen, dass einige Elemente dieses Dokuments Patentrechte berühren können. CEN ist nicht dafür verantwortlich, einige oder alle diesbezüglichen Patentrechte zu identifizieren.

Dieses Dokument ersetzt EN ISO 15681-2:2004.

Entsprechend der CEN-CENELEC-Geschäftsordnung sind die nationalen Normungsinstitute der folgenden Länder gehalten, diese Europäische Norm zu übernehmen: Belgien, Bulgarien, Dänemark, Deutschland, die ehemalige jugoslawische Republik Mazedonien, Estland, Finnland, Frankreich, Griechenland, Irland, Island, Italien, Kroatien, Lettland, Litauen, Luxemburg, Malta, Niederlande, Norwegen, Österreich, Polen, Portugal, Rumänien, Schweden, Schweiz, Serbien, Slowakei, Slowenien, Spanien, Tschechische Republik, Türkei, Ungarn, Vereinigtes Königreich und Zypern.

Anerkennungsnotiz

Der Text von ISO 15681-2:2018 wurde von CEN als EN ISO 15681-2:2018 ohne irgendeine Abänderung genehmigt.

DIN EN ISO 15681-2:2019-05
EN ISO 15681-2:2018 (D)

Vorwort

ISO (die Internationale Organisation für Normung) ist eine weltweite Vereinigung nationaler Normungsorganisationen (ISO-Mitgliedsorganisationen). Die Erstellung von Internationalen Normen wird üblicherweise von Technischen Komitees von ISO durchgeführt. Jede Mitgliedsorganisation, die Interesse an einem Thema hat, für welches ein Technisches Komitee gegründet wurde, hat das Recht, in diesem Komitee vertreten zu sein. Internationale staatliche und nichtstaatliche Organisationen, die in engem Kontakt mit ISO stehen, nehmen ebenfalls an der Arbeit teil. ISO arbeitet bei allen elektrotechnischen Themen eng mit der Internationalen Elektrotechnischen Kommission (IEC) zusammen.

Die Verfahren, die bei der Entwicklung dieses Dokuments angewendet wurden und die für die weitere Pflege vorgesehen sind, werden in den ISO/IEC-Direktiven, Teil 1 beschrieben. Es sollten insbesondere die unterschiedlichen Annahmekriterien für die verschiedenen ISO-Dokumentenarten beachtet werden. Dieses Dokument wurde in Übereinstimmung mit den Gestaltungsregeln der ISO/IEC-Direktiven, Teil 2 erarbeitet (siehe www.iso.org/directives).

Es wird auf die Möglichkeit hingewiesen, dass einige Elemente dieses Dokuments Patentrechte berühren können. ISO ist nicht dafür verantwortlich, einige oder alle diesbezüglichen Patentrechte zu identifizieren. Details zu allen während der Entwicklung des Dokuments identifizierten Patentrechten finden sich in der Einleitung und/oder in der ISO-Liste der erhaltenen Patenterklärungen (siehe www.iso.org/patents).

Jeder in diesem Dokument verwendete Handelsname dient nur zur Unterrichtung der Anwender und bedeutet keine Anerkennung.

Eine Erläuterung des freiwilligen Charakters von Normen, der Bedeutung ISO-spezifischer Begriffe und Ausdrücke in Bezug auf Konformitätsbewertungen sowie Informationen darüber, wie ISO die Grundsätze der Welthandelsorganisation (WTO, en: World Trade Organization) hinsichtlich technischer Handelshemmnisse (TBT, en: Technical Barriers to Trade) berücksichtigt, enthält der folgende Link: www.iso.org/iso/foreword.html.

Dieses Dokument wurde vom Technischen Komitee ISO/TC 147, *Water quality*, Unterkomitee SC 2, *Physical, chemical and biochemical methods*, erarbeitet.

Diese zweite Ausgabe ersetzt die erste Ausgabe (ISO 15681-2:2003), die technisch überarbeitet wurde. Die wesentlichen Änderungen im Vergleich zur Vorgängerausgabe sind folgende:

a) die Reagenzien wurden eingestellt, um den pH-Wert zu verringern, um die Farbreaktion zu erhöhen;

b) die Bilder im Anhang A wurden überarbeitet.

Eine Auflistung aller Teile der Normenreihe ISO 15681 ist auf der ISO-Internetseite abrufbar.

Rückmeldungen oder Fragen zu diesem Dokument sollten an das jeweilige nationale Normungsinstitut des Anwenders gerichtet werden. Eine vollständige Auflistung dieser Institute ist unter www.iso.org/members.html zu finden.

DIN EN ISO 15681-2:2019-05
EN ISO 15681-2:2018 (D)

Einleitung

Verfahren zur Untersuchung der Wasserbeschaffenheit unter Verwendung von Fließanalytik automatisieren nasschemische Verfahren und sind besonders geeignet zur Untersuchung vieler Analyten in Wasser in großen Probenserien und bei hoher Analysenfrequenz.

Die Analyse kann mithilfe der Fließinjektionsanalyse (FIA) [6],[8] oder mit der kontinuierlichen Durchflussanalyse (CFA) [9] vorgenommen werden. Beide Verfahren besitzen den Vorteil eines automatischen Dosiersystems in ein Fließsystem (Manifold), in dem der in der Probe enthaltene Analyt beim Durchgang mit der Reagenzlösung reagiert. Die Probenvorbereitung kann in das Manifold integriert werden. Die Menge des Reaktionsprodukts wird in einem Durchflussdetektor (z. B. einem Durchflussphotometer) gemessen. Dieses Dokument beschreibt das CFA-Verfahren.

Bei Anwendung der Norm ist im Einzelfall je nach Aufgabenstellung zu prüfen, ob und inwieweit die Festlegung von zusätzlichen Randbedingungen erforderlich ist.

DIN EN ISO 15681-2:2019-05
EN ISO 15681-2:2018 (D)

WARNUNG — Anwender dieses Dokuments sollten mit der üblichen Laborpraxis vertraut sein. Dieses Dokument gibt nicht vor, alle unter Umständen mit der Anwendung des Verfahrens verbundenen Sicherheitsaspekte anzusprechen. Es liegt in der Verantwortung des Arbeitgebers, angemessene Sicherheits- und Schutzmaßnahmen zu treffen.

WICHTIG — Es ist erforderlich, bei den Untersuchungen nach diesem Dokument Fachleute oder Facheinrichtungen einzuschalten.

1 Anwendungsbereich

Dieses Dokument legt eine kontinuierliche Durchflussanalyse (CFA-Verfahren) für die Bestimmung von Orthophosphat in Massenkonzentrationen von 0,01 mg/l bis 1,00 mg/l P und von Gesamtphosphor für Massenkonzentrationen von 0,10 mg/l bis 10,0 mg/l P fest. Das Verfahren schließt den Aufschluss organischer Phosphorverbindungen und die Hydrolyse anorganischer Polyphosphat-Verbindungen ein, entweder manuell durchgeführt, wie in ISO 6878 und [4], [5] und [7] festgelegt oder mit einer integrierten UV-Aufschluss- und Hydrolyseeinheit.

Dieses Dokument ist auf unterschiedliche Wässer anwendbar, wie Grund-, Trink-, Oberflächenwasser, Eluate und Abwasser. Der Anwendungsbereich kann durch Veränderung der Betriebsbedingungen variiert werden.

Das Verfahren ist auch auf Meerwasser anwendbar, jedoch unter Änderung der Empfindlichkeit; die Träger- und Bezugslösungen müssen an die Salinität der Probe angepasst werden.

Abhängig vom gewünschten Arbeitsbereich kann das Verfahren auch unter Verwendung von 10 mm- bis 50 mm-Küvetten durchgeführt werden. Für extreme Empfindlichkeit können 250 mm- und 500 mm-Long-Way-Capillary-Flow-Cells (LCFCs) eingesetzt werden. Für diese beiden Anwendungen ist das Verfahren jedoch nicht validiert. Änderungen bei der Empfindlichkeit und bei den Bezugslösungen könnten dabei erforderlich werden.

Anhang A enthält Beispiele für ein CFA-System. Anhang B enthält Verfahrenskenndaten aus Ringversuchen. Anhang C enthält Informationen zur Bestimmung von Orthophosphat-P und Gesamtphosphor mittels CFA und Zinn(II)chlorid-Reduktion.

2 Normative Verweisungen

Die folgenden Dokumente werden im Text in solcher Weise in Bezug genommen, dass einige Teile davon oder ihr gesamter Inhalt Anforderungen des vorliegenden Dokuments darstellen. Bei datierten Verweisungen gilt nur die in Bezug genommene Ausgabe. Bei undatierten Verweisungen gilt die letzte Ausgabe des in Bezug genommenen Dokuments (einschließlich aller Änderungen).

ISO 3696, *Water for analytical laboratory use — Specification und test methods*

ISO 5667-1, *Water quality — Sampling — Part 1: Guidance on the design of sampling programmes and sampling techniques*

ISO 5667-3:2018, *Water quality — Sampling — Part 3: Preservation and handling of water samples*

ISO 6878:2004, *Water quality — Determination of phosphorus — Ammonium molybdate spectrometric method*

ISO 8466-1, *Water quality — Calibration and evaluation of analytical methods and estimation of performance characteristics — Part 1: Statistical evaluation of the linear calibration function*

ISO 8466-2, *Water quality — Calibration and evaluation of analytical methods and estimation of performance characteristics — Part 2: Calibration strategy for non-linear second-order calibration functions*

DIN EN ISO 15681-2:2019-05
EN ISO 15681-2:2018 (D)

3 Begriffe

Es werden keine Begriffe in diesem Dokument angegeben.

ISO und IEC stellen terminologische Datenbanken für die Verwendung in der Normung unter den folgenden Adressen bereit:

— ISO Online Browsing Platform: verfügbar unter http://www.iso.org/obp

— IEC Electropedia: verfügbar unter http://www.electropedia.org/

4 Störungen

4.1 Allgemeine Störungen

Siehe ISO 6878:2004, Anhang A, für eine Liste allgemeiner Störungen. Zusätzlich, oder im Gegensatz zu der in Bezug genommenen Norm, gilt Folgendes:

a) Arsenat verursacht erhebliche Störungen: 100 µg/l As, vorliegend als Arsenat, täuschen etwa 30 µg/l P vor;

b) Störungen durch Silicat können vernachlässigt werden, wenn die Konzentration des Silicats die Phosphor-Konzentration nicht um mehr als das 60-Fache übersteigt;

c) Störungen durch Fluorid sind oberhalb 50 mg/l signifikant;

d) eine merkliche Störung durch Nitrit tritt oberhalb einer Konzentration von 5 mg/l auf; die Störung kann durch Ansäuern der Probe nach der Probenahme beseitigt werden;

e) für Proben mit einem hohen Gehalt an oxidierenden Stoffen kann die Zugabe des Reduktionsmittels nicht ausreichend sein; in diesem Fall sind die oxidierenden Stoffe vor dem Aufschluss zu entfernen;

f) die Eigenabsorption der Probe kann kompensiert werden, indem zusätzlich zum Probensignal (9.6) die Absorption ohne Zusatz der Reagenzien gemessen und in der Auswertung berücksichtigt wird; in diesem Fall wird die Differenz der beiden Signale zur Berechnung verwendet (Abschnitt 10).

4.2 Störungen bei der Bestimmung von Gesamtphosphor

Bei Proben mit Feststoffen oder suspendierten Partikeln können bei Anwendung des UV-Aufschlusses Minderfunde auftreten, wenn die Partikel nicht vollständig in die UV-Aufschlusseinheit transportiert werden. Dieser Fehler kann minimiert werden, indem die Probe unmittelbar vor und während der Probenzufuhr aufgerührt wird, um sicherzustellen, dass eine repräsentative Probe in den Analysator überführt wird, und, indem man die Partikelgröße reduziert.

Infolge des vorgeschalteten Aufschlusses und aufgrund des höheren Anwendungsbereichs werden die für die Orthophosphat-Bestimmung angegebenen Störungen durch Silicat, Nitrit, Fluorid und Eisen bei der Bestimmung von Gesamtphosphor üblicherweise nicht beobachtet.

Die Wirksamkeit des Aufschlusses kann beeinträchtigt werden, wenn der chemische Sauerstoffbedarf (CSB) der Probe mehr als das Zehnfache der höchsten Konzentration der Bezugslösungen (6.22) beträgt. In diesem Fall sollte die Probe verdünnt werden.

DIN EN ISO 15681-2:2019-05
EN ISO 15681-2:2018 (D)

5 Grundlage des Verfahrens

5.1 Bestimmung von Orthophosphat

Die Probe wird mit einer Tensidlösung und dann mit einer sauren, Molybdat- und Antimon-Ionen enthaltenden Lösung gemischt. Der entstehende Antimon-Phosphormolybdat-Komplex wird mit Ascorbinsäure zu Molybdänblau reduziert [4], [7]. Der pH-Wert der Reaktionsmischung muss zwischen pH = 0,6 und pH = 0,9 liegen [3].

5.2 Gesamtphosphor nach manuellem Aufschluss

Phosphorverbindungen in der Probe werden manuell mit einer Kaliumperoxodisulfat-Lösung nach ISO 6878 oder nach einem gleichwertigen Verfahren oxidiert. Das gebildete Orthophosphat wird mit der Molybdänblau-Reaktion über die in 5.1 beschriebene Farbreaktion bestimmt. Die Proben können manuell nach ISO 6878 neutralisiert werden, oder indem die Menge der bei diesem Verfahren verwendeten Säure bei der Berechnung der Säure für das Molybdän-Reagenz berücksichtigt wird.

5.3 Gesamtphosphor mit integriertem UV-Aufschluss und Hydrolyse

Die Probe wird mit Kaliumperoxodisulfat gemischt und durch ein UV-Aufschlussgerät gepumpt, anschließend erfolgt ein Säureaufschluss zur Hydrolyse der Polyphosphate. Das gebildete Orthophosphat wird mithilfe der Farbreaktion nach 5.1 bestimmt. Der pH-Wert der Reaktionsmischung muss zwischen pH = 0,6 und pH = 0,9 liegen [3]. Der pH-Wert der Reaktionsmischung ist entscheidend für die Vermeidung von Störungen durch Silicat.

6 Reagenzien

Als Reagenzien, wenn nicht anders angegeben, solche des Reinheitsgrades „zur Analyse" verwenden. Lösungsreste von Molybdat und Ammonium sollten in geeigneter Weise entsorgt werden.

6.1 Wasser, Qualität 1 nach ISO 3696.

Den Phosphat-Blindwert prüfen (siehe 9.3).

6.2 Schwefelsäure, H_2SO_4.

6.2.1 Schwefelsäure I, ρ = 1,84 g/ml; 95 % bis 98 %.

6.2.2 Schwefelsäure II, $c(H_2SO_4)$ = 2,45 mol/l.

Zu etwa 800 ml Wasser (6.1) vorsichtig unter Rühren 136 ml Schwefelsäure I (6.2.1) geben. Kühlen und mit Wasser (6.1) auf 1 000 ml verdünnen.

6.2.3 Schwefelsäure III, $c(H_2SO_4)$ = 2,45 mol/l.

Zu 1 000 ml Schwefelsäure II (6.2.2) 1 g Natriumdodecylsulfat (6.7) geben und mischen.

6.3 Natriumhydroxid, NaOH.

6.4 Ammoniumheptamolybdat-Tetrahydrat, $(NH_4)_6Mo_7O_{24} \cdot 4H_2O$.

6.5 Kaliumantimontartrat-Trihydrat, $K_2(SbO)_2C_8H_4O_{10} \cdot 3H_2O$.

6.6 Ascorbinsäure, $C_6H_8O_6$.

Bestimmung von Orthophosphat und Gesamtphosphor mittels Fließanalytik (FIA und CFA) – Teil 2: Verfahren mittels kontinuierlicher Durchflussanalyse (CFA)

D 46

DIN EN ISO 15681-2:2019-05
EN ISO 15681-2:2018 (D)

6.7 **Natriumdodecylsulfat**, $NaC_{12}H_{25}SO_4$.

6.8 **Kaliumperoxodisulfat**, $K_2S_2O_8$.

6.9 **Kaliumdihydrogenphosphat**, KH_2PO_4, bei (105 ± 5) °C bis zur Gewichtskonstanz getrocknet.

6.10 **Kaliumpyrophosphat**, $K_4P_2O_7$.

6.11 **Organophosphorverbindungen**, zur Prüfung der Wirksamkeit des UV-Aufschlusses.

6.11.1 **Pyridoxal-5-phosphat-Monohydrat**, $C_8H_{10}NO_6P \cdot H_2O$.

6.11.2 **Dinatriumphenylphosphat**, $C_6H_5Na_2PO_4$.

6.12 **Tensidlösungen**.

6.12.1 **Tensidlösung I**, siehe (A) oder (B) in Bild A.1.

1 g Natriumdodecylsulfat (6.7) in etwa 800 ml Wasser (6.1) lösen und mit Wasser (6.1) auf 1 000 ml verdünnen.

Die Lösung ist, bei Raumtemperatur aufbewahrt, sechs Monate haltbar.

6.12.2 **Tensidlösung II**, siehe (A) oder (B) in Bild A.1.

10 g Natriumdodecylsulfat (6.7) in etwa 800 ml Wasser (6.1) lösen und mit Wasser (6.1) auf 1 000 ml verdünnen.

Die Lösung ist, bei Raumtemperatur aufbewahrt, sechs Monate haltbar.

6.13 **Molybdat-Lösung**.

40 g Ammoniumheptamolybdat-Tetrahydrat (6.4) in etwa 800 ml Wasser (6.1) lösen und mit Wasser (6.1) auf 1 000 ml verdünnen.

Bei der Einwaage von Ammoniumheptamolybdat-Tetrahydrat (6.4) keinen Metallspatel verwenden. Die Lösung ist, bei Raumtemperatur aufbewahrt, drei Monate haltbar. Jeglichen Kontakt von Ammoniumheptamolybdat mit Metall vermeiden.

6.14 **Kaliumantimontartrat-Lösung**.

2,5 g Kaliumantimontartrat-Trihydrat (6.5) in etwa 800 ml Wasser (6.1) lösen und mit Wasser (6.1) auf 1 000 ml verdünnen.

Die Lösung ist, bei Raumtemperatur aufbewahrt, drei Monate haltbar.

6.15 **Antimontartrat-Molybdat-Reagenzien**.

6.15.1 **Antimontartrat-Molybdat-Reagenz I** zur Bestimmung von Orthophosphat und Gesamtphosphor nach manuellem Aufschluss (R1 in Bild A.1).

500 ml Schwefelsäure II (6.2.2), 150 ml Molybdat-Lösung (6.13) und 50 ml Kaliumantimontartrat-Lösung (6.14) mischen.

Die Lösung ist, bei Raumtemperatur aufbewahrt, zwei Wochen haltbar.

DEV – 109. Lieferung 2019

DIN EN ISO 15681-2:2019-05
EN ISO 15681-2:2018 (D)

6.15.2 Antimontartrat-Molybdat-Reagenz II für die Gesamtphosphor-Bestimmung nach integriertem UV-Aufschluss (R5 in Bild A.2).

Zu 440 ml Schwefelsäure II (6.2.2) 150 ml Molybdat-Lösung (6.13) und 90 ml Kaliumantimontartrat-Lösung (6.14) hinzufügen und mit Wasser (6.1) auf 1 000 ml verdünnen.

Die Lösung ist, bei Raumtemperatur in einer Polyethylenflasche aufbewahrt, zwei Wochen haltbar.

6.15.3 Antimontartrat-Molybdat-Reagenz III für die Gesamtphosphor-Bestimmung nach integriertem UV-Aufschluss (R4 in Bild A.3).

Zu 220 ml Schwefelsäure II (6.2.2) 150 ml Molybdat-Lösung (6.13) und 90 ml Kaliumantimontartrat-Lösung (6.14) hinzufügen und mit Wasser (6.1) auf 1 000 ml verdünnen.

Die Lösung ist, bei Raumtemperatur in einer Polyethylenflasche aufbewahrt, zwei Wochen haltbar.

6.16 Ascorbinsäure-Lösung I (R2 in Bild A.1).

1 g Ascorbinsäure (6.6) in etwa 80 ml Wasser (6.1) lösen und mit Wasser (6.1) auf 100 ml auffüllen. Im Dunkeln aufbewahren. Lösung am Tag des Gebrauchs ansetzen.

6.17 Ascorbinsäure-Lösung II (R6 in Bild A.2 und R5 in Bild A.3).

1,1 g Ascorbinsäure (6.6) in etwa 80 ml Wasser (6.1) lösen, 0,1 g Natriumdodecylsulfat (6.7) hinzufügen und die Lösung mit Wasser (6.1) auf 100 ml verdünnen. Im Dunkeln aufbewahren. Lösung am Tag des Gebrauchs ansetzen.

6.18 Aufschluss-Reagenz für die Bestimmung von Gesamtphosphor nach integriertem UV-Aufschluss (R1 in den Bildern A.2 und A.3).

5 g Kaliumperoxodisulfat (6.8) in etwa 900 ml Wasser (6.1) lösen. Mit Schwefelsäure II (6.2.2) den pH-Wert auf 1,1 bis 1,2 einstellen, kühlen und mit Wasser (6.1) auf 1 000 ml verdünnen.

Die Lösung ist, bei Raumtemperatur aufbewahrt, zwei Wochen haltbar.

6.19 Orthophosphat-Stammlösung I, $\rho = 50,0$ mg/l Orthophosphat-P.

(220 ± 1) mg Kaliumdihydrogenphosphat (6.9) in Wasser (6.1) lösen und mit Wasser (6.1) auf 1 000 ml verdünnen. In einer fest verschlossenen Glasflasche aufbewahren.

Die Lösung ist, bei (3 ± 2) °C aufbewahrt, zwei Monate haltbar.

6.20 Orthophosphat-Stammlösung II, $\rho = 10,0$ mg/l P.

20 ml Lösung (6.19) mit Wasser (6.1) auf 100 ml verdünnen. Lösung am Tag des Gebrauchs ansetzen.

6.21 Orthophosphat-Stammlösung III, $\rho = 1,00$ mg/l P.

2 ml Lösung (6.19) mit Wasser (6.1) auf 100 ml verdünnen. Lösung am Tag des Gebrauchs ansetzen.

6.22 Bezugslösungen.

Entsprechend dem erforderlichen Arbeitsbereich mindestens fünf Bezugslösungen durch Verdünnen der Lösungen 6.19 bis 6.21 ansetzen.

Bestimmung von Orthophosphat und Gesamtphosphor
mittels Fließanalytik (FIA und CFA) – Teil 2:
Verfahren mittels kontinuierlicher Durchflussanalyse (CFA)

D 46

DIN EN ISO 15681-2:2019-05
EN ISO 15681-2:2018 (D)

Arbeitsbereiche:

Für Orthophosphat-P:	Arbeitsbereich II:	0,01 mg/l bis 0,10 mg/l P[a]
	Arbeitsbereich I:	0,10 mg/l bis 1,00 mg/l P
Für Gesamtphosphor:	Arbeitsbereich II:	0,10 mg/l bis 1,00 mg/l P
	Arbeitsbereich I:	1,00 mg/l bis 10,0 mg/l P

[a] Dieser Arbeitsbereich gilt für besonders saubere Wasserproben, wie Oberflächen- oder Trinkwasser.

Die Tabellen 1 bis 3 enthalten Beispiele für die Herstellung von 10 Bezugslösungen für die oben genannten Arbeitsbereiche.

Tabelle 1 — Beispiel für die Herstellung von 10 Bezugslösungen für Orthophosphat im Arbeitsbereich II (0,01 mg/l bis 0,10 mg/l P)

Milliliter der Orthophosphat-Stammlösung III (6.21), auf 100 ml verdünnt	1	2	3	4	5	6	7	8	9	10
Konzentration der Bezugslösungen, mg/l P	0,01	0,02	0,03	0,04	0,05	0,06	0,07	0,08	0,09	0,10

Tabelle 2 — Beispiel für die Herstellung von 10 Bezugslösungen für Orthophosphat im Arbeitsbereich I und Gesamtphosphor im Arbeitsbereich II (0,10 mg/l bis 1,00 mg/l P)

Milliliter der Orthophosphat-Stammlösung II (6.20), auf 100 ml verdünnt	1	2	3	4	5	6	7	8	9	10
Konzentration der Bezugslösungen, mg/l P	0,10	0,20	0,30	0,40	0,50	0,60	0,70	0,80	0,90	1,00

Tabelle 3 — Beispiel für die Herstellung von 10 Bezugslösungen für Gesamtphosphor, Arbeitsbereich I (1,00 mg/l bis 10,0 mg/l P)

Milliliter der Orthophosphat-Stammlösung I (6.19), auf 100 ml verdünnt	2	4	6	8	10	12	14	16	18	20
Konzentration der Bezugslösungen, mg/l P	1,00	2,00	3,00	4,00	5,00	6,00	7,00	8,00	9,00	10,0

Die Bezugslösungen unmittelbar vor Gebrauch herstellen.

6.23 Standards zur Kontrolle der Wirksamkeit von Hydrolyse und Aufschluss.

6.23.1 Kaliumpyrophosphat-Stammlösung, $\rho = 100$ mg/l P.

(533 ± 3) mg Kaliumpyrophosphat (6.10) in etwa 800 ml Wasser (6.1) lösen und mit Wasser (6.1) auf 1 000 ml verdünnen. In einem fest verschlossenen Glasbehälter bei (3 ± 2) °C aufbewahren.

Die Lösung ist sechs Monate haltbar.

DEV – 109. Lieferung 2019

DIN EN ISO 15681-2:2019-05
EN ISO 15681-2:2018 (D)

6.23.2 Kaliumpyrophosphat-Lösung I, zur Kontrolle der Wirksamkeit der Hydrolyse, $\rho = 0{,}50$ mg/l P, für den Arbeitsbereich II für Gesamtphosphor (0,10 mg/l bis 1,00 mg/l P).

0,5 ml der Lösung 6.23.1 und 100 µl Schwefelsäure (II) (6.2.2) mit Wasser (6.1) auf 100 ml verdünnen.

Die Lösung ist, bei (3 ± 2) °C aufbewahrt, einen Monat haltbar.

6.23.3 Kaliumpyrophosphat-Lösung II, zur Kontrolle der Wirksamkeit der Hydrolyse, $\rho = 5{,}00$ mg/l P, für den Arbeitsbereich I für Gesamtphosphor (1,00 mg/l bis 10,0 mg/l P).

5 ml Lösung der 6.23.1 und 100 µl Schwefelsäure (II) (6.2.2) mit Wasser (6.1) auf 100 ml verdünnen.

Die Lösung ist, bei (3 ± 2) °C aufbewahrt, einen Monat haltbar.

6.23.4 Organophosphor-Stammlösung, $\rho = 100$ mg/l P.

(856 ± 4) mg Pyridoxal-5-phosphat-Monohydrat (6.11.1) in etwa 800 ml Wasser (6.1) lösen und mit Wasser (6.1) auf 1 000 ml verdünnen.

Die Lösung ist, in einem verschlossenen Glasbehälter bei (3 ± 2) °C aufbewahrt, sechs Monate haltbar.

Alternativ:

(704 ± 3) mg Dinatriumphenylphosphat (6.11.2) in etwa 800 ml Wasser (6.1) lösen, mit Schwefelsäure II (6.2.2) auf etwa pH-Wert 2 ansäuern und mit Wasser (6.1) auf 1 000 ml verdünnen.

Die Lösung ist, im Dunkeln bei (3 ± 2) °C aufbewahrt, drei Monate haltbar.

6.23.5 Organophosphor-Lösung I, zur Kontrolle der Wirksamkeit des UV-Aufschlusses, $\rho = 0{,}5$ mg/l P für den Arbeitsbereich II für Gesamtphosphor (0,10 mg/l bis 1,00 mg/l P).

0,5 ml der Lösung 6.23.4 und 100 µl Schwefelsäure II (6.2.2) mit Wasser (6.1) auf 100 ml verdünnen.

Die Lösung ist, bei (3 ± 2) °C aufbewahrt, einen Monat haltbar.

6.23.6 Organophosphor-Lösung II, zur Kontrolle der Wirksamkeit des UV-Aufschlusses, $\rho = 5{,}00$ mg/l P für den Arbeitsbereich I für Gesamtphosphor (1,00 mg/l bis 10,0 mg/l P).

5 ml Lösung 6.23.4 und 100 µl Schwefelsäure II (6.2.2) mit Wasser (6.1) auf 100 ml verdünnen.

Die Lösung ist, bei (3 ± 2) °C aufbewahrt, einen Monat haltbar.

6.24 Spüllösung.

65 g Natriumhydroxid, NaOH (6.3) und 6 g Tetranatrium-Ethylendinitrilotetraessigsäure (Na$_4$-EDTA, Na$_4$C$_{10}$H$_{12}$O$_8$N$_2$) in 1 000 ml Wasser (6.1) lösen.

Die Lösung ist, bei (3 ± 2) °C aufbewahrt, einen Monat haltbar.

6.25 Natriumhydroxidlösung, $\rho = 105$ g/l.

(105 ± 1) g Natriumhydroxid (6.3) in 800 ml Wasser (6.1) lösen. Kühlen und mit Wasser (6.1) auf 1 000 ml verdünnen.

DIN EN ISO 15681-2:2019-05
EN ISO 15681-2:2018 (D)

7 Geräte

7.1 Kontinuierliches Durchflussanalysensystem (CFA)

Das System besteht üblicherweise aus folgenden Komponenten (siehe Bilder A.1, A.2 und A.3).

7.1.1 Probenwechsler oder andere Einrichtungen, die eine reproduzierbare Probenaufgabe ermöglichen.

Für die Bestimmung von Gesamtphosphor ist der Einsatz einer Vorrichtung, die das Mischen der Probe während der Probenaufgabe erlaubt, vorteilhaft.

Um sicherzustellen, dass eine repräsentative Probe in das Analysengerät gegeben wird, sollte die Probe gerührt werden (ISO 5667-3:2018, 3.2). Dies kann von oben mit einem Rührwerk geschehen oder indem man auf dem Autosampler Luft durch die Probe perlen lässt.

7.1.2 Reagenzienreservoirs.

7.1.3 Peristaltische Pumpe, mit geeigneten Pumpenschläuchen, inert gegenüber den eingesetzten Reagenzien.

7.1.4 Manifold, mit reproduzierbarer Gasblasen-Einspeisung, Proben- und Reagenzienzufluss mit Verbindungsteilen aus chemisch inertem Material.

7.1.5 Falls erforderlich, **Dialysezelle,** mit Cellulosemembran zur Vorverdünnung der Probe und zur Beseitigung störender Substanzen.

7.1.6 Falls erforderlich, **Durchflussthermostat,** empfohlene Einstellung 37 °C bis 40 °C bzw. (95 $\pm$ 1) °C.

7.1.7 Photometrischer Durchflussdetektor, Wellenlänge (880 $\pm$ 10) nm.

Für das CFA-Verfahren kann das Photometer abhängig vom gewünschten Arbeitsbereich mit 10 mm- bis 50 mm-Küvetten ausgestattet werden. Für extreme Empfindlichkeit können auch 250 mm- und 500 mm-LCFCs eingesetzt werden.

7.1.8 Registriereinheit.

Im Allgemeinen werden die Peakhöhen der Signale durch die Verwendung eines PC mit Software zur Datenerfassung und -auswertung berechnet.

ANMERKUNG   Die Bilder A.1, A.2 und A.3 zeigen CFA-Systeme mit Schlauchverbindungen von 2 mm innerem Durchmesser. Anders dimensionierte Schläuche (z. B. 1 mm) können verwendet werden, solange der Durchfluss die gleichen Relationen aufweist und die Wiederfindungsraten entsprechend 9.3 erreicht werden.

7.2 Weitere Geräte

7.2.1 Messkolben, Nennvolumen 100 ml, 200 ml und 1 000 ml.

7.2.2 Pipetten, Nennvolumen 1 ml, 2 ml, 5 ml, 10 ml, 20 ml und 25 ml.

7.2.3 Becher, Nennvolumen 25 ml, 100 ml und 1 000 ml.

7.2.4 Membranfiltrationsgerät mit Membranfiltern, Porenweite 0,45 μm.

Bei Proben mit hohem Anteil an partikulären Stoffen können die Filter mit einem Glasfaser-Vorfilter versehen werden.

7.2.5 pH-Messgerät.

DIN EN ISO 15681-2:2019-05
EN ISO 15681-2:2018 (D)

7.3 Zusätzliche Geräte für die Bestimmung von Gesamtphosphor nach integriertem Aufschluss

7.3.1 Homogenisationsgerät, Dispergierinstrument [z. B. Ultra-Turrax, Polytron[1]), falls erforderlich (siehe Abschnitt 8)].

7.3.2 Geräte, integriert in das CFA-System (7.1).

7.3.2.1 UV-Aufschlussgerät, z. B. mit Ozon-erzeugender Lampe und Reaktionsschleife aus Quarzglas (siehe Bilder A.2 und A.3).

ANMERKUNG Im Handel erhältlich sind In-line-Aufschlusseinheiten mit einer Leistung von 25 W (siehe z. B. Bilder A.2 und A.3).

7.3.2.2 Thermostat, für die Temperaturkontrolle bei der Hydrolyse, bei (95 ± 1) °C.

8 Probenahme und Probenvorbereitung

Probenahme und Probenkonservierung nach ISO 5667-1 und ISO 5667-3 durchführen. Vor dem Einsatz alle Behälter, die mit der Probe in Kontakt kommen, mit Wasser (6.1) spülen.

Dekontaminationsverfahren für Probenahmegeräte, die vor Ort eingesetzt werden, müssen für mögliche Kreuzkontaminationen durch phosphorhaltige oberflächenaktive Stoffe geeignet sein.

Für Proben mit niedrigen Konzentrationen (z. B. ≤ 0,1 mg/l Orthophosphat-P) Glasbehälter verwenden. Für Proben mit höheren Konzentrationen (z. B. > 0,1 mg/l Orthophosphat-P oder Gesamtphosphor) dürfen auch Kunststoffbehälter aus Polyethylen hoher Dichte eingesetzt werden.

ANMERKUNG Bei niedriger Konzentration werden Glasbehälter bevorzugt. Diese sind leichter zu reinigen und phosphatfrei.

Ist Filtration erforderlich (im Fall von Partikeln mit einem Durchmesser > 0,1 mm), sollten die Proben für die Bestimmung von Orthophosphat unmittelbar nach der Probenahme durch ein Membranfilter (Porenweite 0,45 µm) filtriert und bei (3 ± 2) °C aufbewahrt werden. Die Filtration setzt die biologische Aktivität herab, verhindert die Störung durch Sulfid und das Verstopfen der Analysenschläuche. Die maximale Konservierungszeit beträgt 24 h.

Proben für die Bestimmung von Gesamtphosphor müssen entweder durch Tiefgefrieren (−18 °C) oder durch Ansäuern mit Schwefelsäure auf einen pH-Wert ≤ 2 unmittelbar nach der Probenahme konserviert werden. Die maximale Aufbewahrungszeit ist ein Monat. Proben zur Bestimmung von Gesamtphosphor, die Partikel enthalten, müssen homogenisiert werden (7.3.1).

Proben mit Partikeln sollten mindestens 15 s lang bei ungefähr 12 500 rpm homogenisiert werden (7.3.1).

---

[1] Ultra-Turrax und Polytron sind Beispiele für geeignete handelsübliche Produkte. Diese Angabe dient nur zur Unterrichtung der Anwender dieses Dokuments und bedeutet keine Anerkennung des genannten Produkts durch ISO.

Bestimmung von Orthophosphat und Gesamtphosphor
mittels Fließanalytik (FIA und CFA) – Teil 2:
Verfahren mittels kontinuierlicher Durchflussanalyse (CFA) **D 46**

DIN EN ISO 15681-2:2019-05
EN ISO 15681-2:2018 (D)

9 Durchführung

9.1 Analysenvorbereitung

Das Fließanalysensystem für die vorgesehene Analyse von Orthophosphat-P oder Gesamtphosphor aufbauen, siehe Bilder A.1, A.2 und A.3.

Die Reagenzien bis zu 10 min (für Gesamtphosphor bis zu 30 min) hindurchpumpen und die Basislinie auf Null abgleichen.

Das Analysensystem ist betriebsbereit, sobald eine stabile Basislinie gegeben ist. Nach 9.2 bis 9.5 weiterverfahren.

9.2 Systemprüfung

In dem nach 9.1 vorbereiteten Fließanalysensystem muss eine Bezugslösung (6.22) mit einer Orthophosphat-P-Massenkonzentration von 0,05 mg/l im Arbeitsbereich II (0,01 mg/l bis 0,10 mg/l) eine Extinktion je Zentimeter von mindestens 0,010 cm^{-1} aufweisen. Andernfalls ist das Fließsystem nicht geeignet, und es muss durch ein System ersetzt werden, das diesen Anforderungen genügt.

Wenn an dem photometrischen Detektor (7.1.7) keine Extinktionsablesungen möglich sind, kann die Extinktion durch Vergleich mit einem externen extinktionsmessenden Photometer ermittelt werden. In diesem Fall sollte eine ausreichende Menge Reaktionsmischung (Proben- und Reagenzienlösung, siehe Abschnitt 6) von Hand hergestellt und im externen Photometer vermessen werden.

Eine Bezugslösung (6.22) mit einer Phosphat-P-Massenkonzentration von 0,01 mg/l muss ein Signal-zu-Rauschen-Verhältnis von mindestens 3:1 haben.

9.3 Kontrolle des Reagenzienblindwerts

Warten, bis eine stabile Basislinie erhalten wird.

Wasser (6.1) durch alle Schläuche pumpen. Die Änderung der Extinktion notieren.

Wird die Extinktion je Zentimeter (9.2) um mehr als 0,01 cm^{-1} herabgesetzt, sind die Reagenzien oder das Wasser (6.1) möglicherweise kontaminiert, und es müssen geeignete Maßnahmen getroffen werden, um vor Analysenbeginn die Störung zu beseitigen.

Erneut alle Lösungen fördern (9.1).

9.4 Kalibrierung

Den gewünschten Arbeitsbereich und die entsprechenden Bezugslösungen (6.22), mindestens fünf, gleichmäßig über den Arbeitsbereich verteilt, wählen. Für jeden Arbeitsbereich eine eigene Kalibrierung durchführen.

Vor Analysenbeginn die Basislinie entsprechend den Empfehlungen des Herstellers oder in geeigneter Weise einstellen.

Die zu den Bezugslösungen gehörigen Messwerte ermitteln.

Kalibrieren, indem sequentiell die Bezugslösungen und die Blindwertlösungen gemessen werden.

Die Bezugskurve nach ISO 8466-1 oder ISO 8466-2 ermitteln.

DIN EN ISO 15681-2:2019-05
EN ISO 15681-2:2018 (D)

Die Analysenbedingungen für die Bezugslösungen und die Proben sind identisch (9.6). Das erhaltene Signal ist der Orthophosphat-P-Massenkonzentration bzw. der Gesamtphosphor-Massenkonzentration proportional. Für die lineare Kalibrierung die folgende Gleichung (1) verwenden:

$$y = b \cdot \rho + a \tag{1}$$

Dabei ist

y der Messwert, in gerätespezifischen Einheiten;

b die Steigung der Bezugskurve, in gerätespezifischen Einheiten × Liter je Milligramm, l/mg;

ρ die Massenkonzentration an Orthophosphat-P oder Gesamtphosphor, in Milligramm je Liter, mg/l;

a der Achsenabschnitt der Bezugskurve, in gerätespezifischen Einheiten.

9.5 Kontrolle der Wirksamkeit von UV-Aufschluss und Hydrolyse bei der Gesamtphosphor-Bestimmung (Bilder A.2 und A.3)

Eine stabile Basislinie abwarten.

Die Kaliumpyrophosphat-Lösung I oder II (6.23.2 und 6.23.3) und die Organophosphor-Lösung I oder II (6.23.5 und 6.23.6) müssen bei einer Konzentration von 50 % des gewählten Arbeitsbereichs I oder II eine Wiederfindungsrate von mindestens 90 % erreichen.

Die Wiederfindungsrate hängt von der Ausstattung des Geräts ab. Werden die Kriterien nicht erreicht, ein anderes System wählen, das diesen Anforderungen genügt.

9.6 Messung

Die nach Abschnitt 8 vorbereiteten Proben in der gleichen Weise wie die Bezugslösungen (6.22) analysieren.

Ist die Konzentration in der Probe höher als der gewählte Arbeitsbereich, die Probe in einem anderen Arbeitsbereich messen oder vor der Analyse verdünnen.

Nach jeder Probenserie, spätestens nach 20 Messungen, die Kalibrierung mithilfe einer Lösung aus dem unteren und einer aus dem oberen Drittel des Arbeitsbereichs (9.4) prüfen. Wenn nötig, das System neu kalibrieren.

9.7 Herunterfahren des Systems

Um etwaige Ausfällungen zu beseitigen, das System wie folgt herunterfahren:

Am Ende einer Analysenserie das System etwa 5 min mit der Spüllösung (6.24) und anschließend etwa 25 min mit Wasser (6.1) spülen.

DIN EN ISO 15681-2:2019-05
EN ISO 15681-2:2018 (D)

10 Berechnung der Ergebnisse

Die Massenkonzentration in den Proben nach Gleichung (2) berechnen:

$$\rho = (y - a)/b \tag{2}$$

Zur Zeichenerklärung siehe 9.4.

Die Massenkonzentration der Proben entsprechend dem zugehörigen Kalibrierbereich berechnen. Die Bezugskurve nicht extrapolieren.

11 Angabe der Ergebnisse

Die Ergebnisse auf höchstens zwei signifikante Stellen angeben.

BEISPIELE

Orthophosphat-P:	$2,7 \times 10^{-2}$ mg/l
Orthophosphat-P:	0,42 mg/l
Gesamtphosphor:	0,69 mg/l
Gesamtphosphor:	2,9 mg/l

12 Analysenbericht

Der Analysenbericht muss mindestens die folgenden Angaben enthalten:

a) verwendetes Analysenverfahren mit einer Verweisung auf dieses Dokument, d. h. ISO 15681-2:2018;

b) Identität der Probe;

c) Angabe der Ergebnisse nach Abschnitt 11;

d) alle Abweichungen von diesem Verfahren;

e) Angabe aller Umstände, die die Ergebnisse beeinflusst haben können.

D 46

Bestimmung von Orthophosphat und Gesamtphosphor
mittels Fließanalytik (FIA und CFA) – Teil 2:
Verfahren mittels kontinuierlicher Durchflussanalyse (CFA)

DIN EN ISO 15681-2:2019-05
EN ISO 15681-2:2018 (D)

Anhang A
(informativ)

Beispiele für CFA-Systeme

In den Bildern A.1, A.2 und A.3 werden Beispiele für CFA-Systeme gezeigt (7.1).

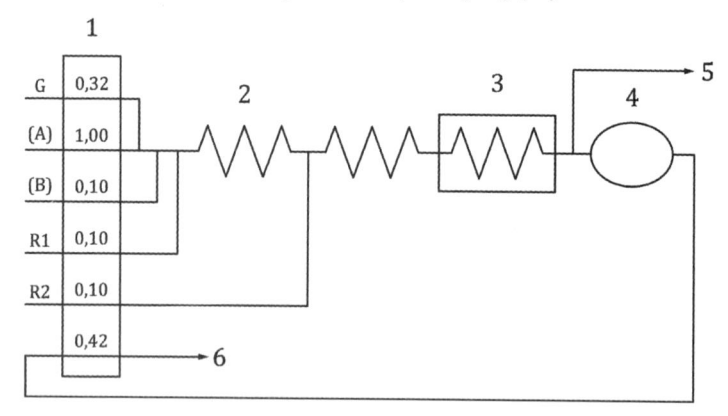

Legende

1 Pumpe, Durchfluss in ml/min
2 Reaktionsschleife, l = 30 cm, ID = 2 mm
3 Thermostatschleife, 37 °C bis 40 °C (Genauigkeit: ±1 °C), l = 120 cm, ID = 2 mm
4 Detektor, Wellenlänge = 880 nm
5 Abfall
6 entgaster Abfall
G Luft: Durchfluss = 0,32 ml/min
R1 Antimontartrat-Molybdat-Reagenz I (6.15.1): Durchfluss = 0,10 ml/min
R2 Ascorbinsäure-Lösung I (6.16): Durchfluss = 0,10 ml/min

Für Orthophosphat-P:

Arbeitsbereich II (0,01 mg/l bis 0,10 mg/l P):
(A) Probe: Durchfluss = 1,00 ml/min

(B) Tensidlösung II (6.12.2):
Durchfluss = 0,10 ml/min

Arbeitsbereich I (0,10 mg/l bis 1,00 mg/l P):
(A) Tensidlösung I (6.12.1):
Durchfluss = 1,00 ml/min

(B) Probe: Durchfluss = 0,10 ml/min

Für Gesamtphosphor (nach manuellem Aufschluss):

Arbeitsbereich II (0,10 mg/l bis 1,00 mg/l P):
(A) Probe: Durchfluss = 1,00 ml/min

(B) Tensidlösung II (6.12.2):
Durchfluss = 0,10 ml/min

Arbeitsbereich I (1,00 mg/l bis 10,0 mg/l P):
(A) Tensidlösung I (6.12.1):
Durchfluss = 1,00 ml/min

(B) Probe, 1:10 verdünnt (Offline oder Online):
Durchfluss = 0,10 ml/min

Bild A.1 — Beispiel für ein CFA-System (7.1) zur Bestimmung von Orthophosphat-P und Gesamtphosphor (nach manuellem Aufschluss) in allen Konzentrationsbereichen

Bestimmung von Orthophosphat und Gesamtphosphor
mittels Fließanalytik (FIA und CFA) – Teil 2:
Verfahren mittels kontinuierlicher Durchflussanalyse (CFA)

D 46

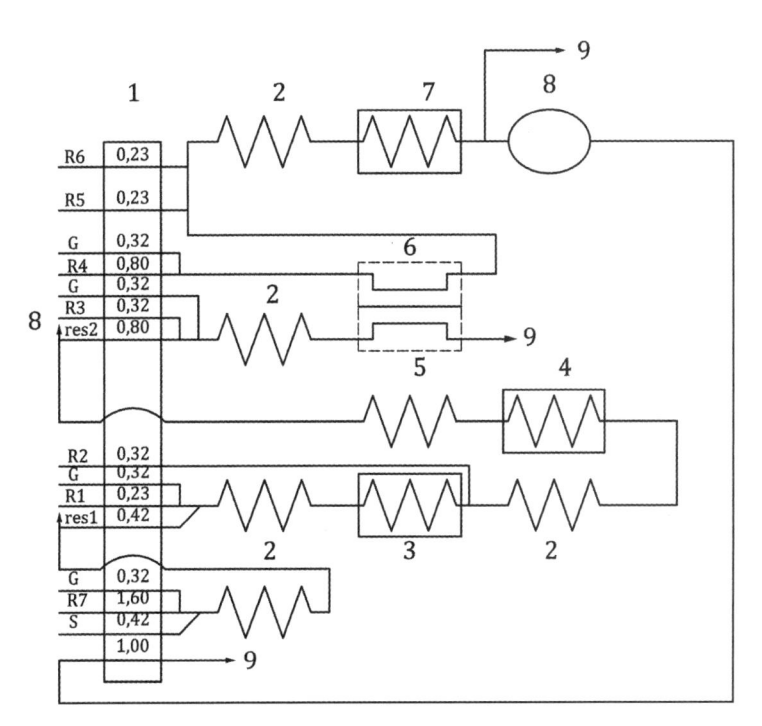

DIN EN ISO 15681-2:2019-05
EN ISO 15681-2:2018 (D)

Legende

G	Luft: Durchfluss = 0,32 ml/min
S	Probe: Durchfluss 0,42 ml/min
res1	Probenrückführung: Durchfluss 0,42 ml/min
res2	Probenrückführung: Durchfluss 0,80 ml/min
R1	Aufschlussreagenz (6.18): Durchfluss 0,23 ml/min
R2	Schwefelsäure III (6.2.3): Durchfluss 0,32 ml/min
R3	Natriumhydroxid-Lösung (6.25): Durchfluss 0,32 ml/min
R4	Tensidlösung I (6.12.1): Durchfluss 0,80 ml/min
R5	Antimontartrat-Molybdat-Reagenz II (6.15.2): Durchfluss 0,23 ml/min
R6	Ascorbinsäure-Lösung II (6.17): Durchfluss 0,23 ml/min
R7	Wasser (6.1): Durchfluss 1,60 ml/min

1	Pumpe (Durchfluss in ml/min)
2	Reaktionsschleife, $l = 35$ cm, ID = 1,5 mm
3	UV-Aufschlussgerät; z. B. mit Ozon-erzeugender Lampe und Quarz-Reaktionsschleife, Leistung der UV-Lampe = 25 W, Reaktionsstrecke: $l = 500$ cm, ID = 2 mm
4	Thermostatschleife, $l = 500$ cm, Temperatur = 95 °C, ID = 2 mm
5	Reaktionsschleife, $l = 134$ cm, ID = 1,5 mm
6	Dialysezelle, $l = 700$ mm
7	Thermostatschleife, $l = 140$ cm, Temperatur = 40 °C, ID = 2 mm
8	Detektor, Wellenlänge = 880 nm
9	Abfall

Bild A.2 — Beispiel für ein CFA-System (7.1) zur Bestimmung von Gesamtphosphor mit integriertem UV-Aufschluss für Arbeitsbereich I (1,00 mg/l bis 10,0 mg/l P)

DEV – 109. Lieferung 2019

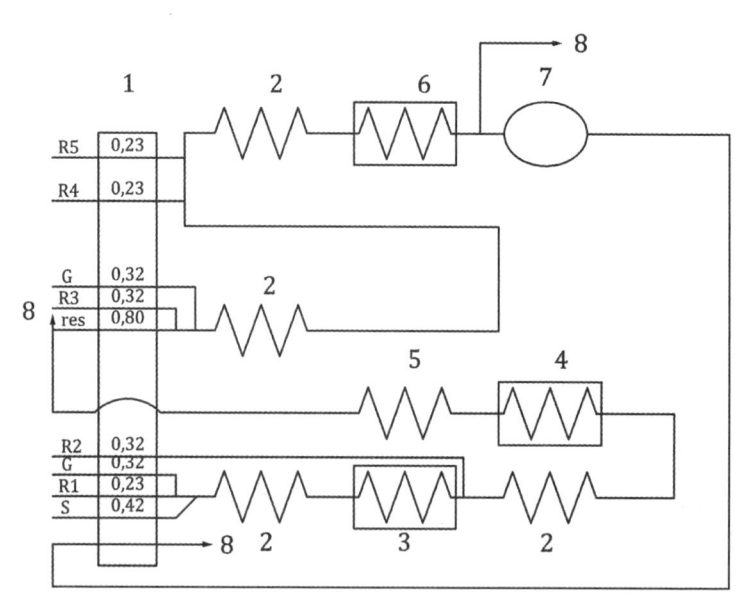

D 46 Bestimmung von Orthophosphat und Gesamtphosphor mittels Fließanalytik (FIA und CFA) – Teil 2: Verfahren mittels kontinuierlicher Durchflussanalyse (CFA)

DIN EN ISO 15681-2:2019-05
EN ISO 15681-2:2018 (D)

Legende

G	Luft: Durchfluss = 0,32 ml/min	1	Pumpe (Durchfluss in ml/min)
S	Probe: Durchfluss 0,42 ml/min	2	Reaktionsschleife, l = 35 cm, ID = 1,5 mm
res	Probenrückführung: Durchfluss 0,80 ml/min	3	UV-Aufschlussgerät; z. B. mit Ozonerzeugender Lampe und Quarz-Reaktionsschleife, Leistung der UV-Lampe = 25 W, Reaktionsstrecke: l = 500 cm, ID = 2 mm
R1	Aufschlussreagenz (6.18): Durchfluss 0,23 ml/min		
R2	Schwefelsäure III (6.2.3): Durchfluss 0,32 ml/min	4	Thermostatschleife, l = 500 cm, Temperatur = 95 °C, ID = 2 mm
R3	Natriumhydroxid-Lösung (6.25): Durchfluss 0,32 ml/min	5	Reaktionsschleife, l = 134 cm, ID = 1,5 mm
R4	Antimontartrat-Molybdat-Reagenz III (6.15.3): Durchfluss 0,23 ml/min	6	Thermostatschleife, l = 140 cm, Temperatur = 40 °C, ID = 2 mm
R5	Ascorbinsäure-Lösung II (6.17): Durchfluss 0,23 ml/min	7	Detektor, Wellenlänge = 880 nm
		8	Abfall

Bild A.3 — Beispiel für ein CFA-System (7.1) zur Bestimmung von Gesamtphosphor mit integriertem UV-Aufschluss für Arbeitsbereich II (0,10 mg/l bis 1,00 mg/l P)

DIN EN ISO 15681-2:2019-05
EN ISO 15681-2:2018 (D)

Anhang B
(informativ)

Verfahrenskenndaten

Die Verfahrenskenndaten in den Tabellen B.1, B.2 und B.3 stammen aus Ringversuchen, die im Mai 2000 durch DIN, Deutschland, (Tabellen B.1 und B.2) und im August 2017 durch NEN, die Niederlande, (Tabelle B.3) durchgeführt wurden.

Tabelle B.1 — Verfahrenskenndaten für die Bestimmung von Orthophosphat-P mit CFA (nach ISO 5725-2:1994)

Probe	Matrix	l	n	o	$\bar{\bar{x}}$	s_R	$C_{V,R}$	s_r	$C_{V,r}$
				%	µg/l P	µg/l P	%	µg/l P	%
P-1	Trinkwasser	17	72	0	77,2	12,1	15,7	1,32	1,71
P-2	Oberflächenwasser	17	51	25	450	33,2	7,38	3,91	0,869
P-3	Abwasser	17	60	11,8	526	74,6	14,2	6,15	1,17
P-4	Oberflächenwasser	16	64	0	280	45,3	16,2	6,99	2,50

Legende

l	Anzahl der Labordaten-Sets (einschließlich Ausreißer)
n	Anzahl der ausreißerfreien einzelnen Analysenwerte
o	Ausreißeranteil in Prozent
$\bar{\bar{x}}$	Gesamtmittelwert der (ausreißerfreien) Werte
s_R	Vergleichstandardabweichung
$C_{V,R}$	Vergleichvariationskoeffizient
s_r	Wiederholstandardabweichung
$C_{V,r}$	Wiederholvariationskoeffizient

DIN EN ISO 15681-2:2019-05
EN ISO 15681-2:2018 (D)

Tabelle B.2 — Verfahrenskenndaten für die Bestimmung von Gesamtphosphor mit CFA (nach ISO 5725-2:1994)

Probe	Matrix	l	n	o	x_{corr}	$\bar{\bar{x}}$	η	s_R	$C_{V,R}$	s_r	$C_{V,r}$
				%	µg/l P	µg/l P	%	µg/l P	%	µg/l P	%
P-1	Trinkwasser	16	64	0	275	249	91	27,9	11,2	6,31	2,53
P-2	Oberflächenwasser	16	60	6,25	500	488	98	34,8	7,13	8,27	1,69
P-3	Abwasser	16	60	6,25	$4{,}36 \times 10^3$	$4{,}22 \times 10^3$	97	572	13,6	65,4	1,55
P-4	Oberflächenwasser	16	56	12,5	$3{,}12 \times 10^3$	$3{,}15 \times 10^3$	101	169	5,37	29,0	0,921

Legende

l	Anzahl der Labordaten-Sets (einschließlich Ausreißer)
n	Anzahl der ausreißerfreien einzelnen Analysenwerte
o	Ausreißeranteil in Prozent
x_{corr}	konventionell richtige Wert
$\bar{\bar{x}}$	Gesamtmittelwert der (ausreißerfreien) Werte
η	Wiederfindungsrate
s_R	Vergleichstandardabweichung
$C_{V,R}$	Vergleichvariationskoeffizient
s_r	Wiederholstandardabweichung
$C_{V,r}$	Wiederholvariationskoeffizient

Die Ergebnisse für die Mittelwerte, die Wiederfindungsraten und die Werte zur Präzision sind mit den entsprechenden Werten, die im Ringversuch für die FIA-Bestimmungen erhalten wurden, vergleichbar (siehe ISO 15681-1:2003, Anhang B).

Bestimmung von Orthophosphat und Gesamtphosphor
mittels Fließanalytik (FIA und CFA) – Teil 2:
Verfahren mittels kontinuierlicher Durchflussanalyse (CFA)

D 46

DIN EN ISO 15681-2:2019-05
EN ISO 15681-2:2018 (D)

Tabelle B.3 — Verfahrenskenndaten für die Bestimmung von Gesamtphosphor mit CFA mit integriertem UV-Aufschluss (nach ISO 5725-2:1994)

Probe	Matrix	l	n	o	x_{corr}	$\bar{\bar{x}}$	η	s_R	$C_{V,R}$	s_r	$C_{V,r}$
				%	µg/l P [N1]	µg/l P [N1]	%	µg/l P	%	µg/l P	%
DW	Trinkwasser	19	53	7,0	$1{,}17 \times 10^3$	$1{,}12 \times 10^3$	95,6	9,9	8,93	4,80	4,32
OW	Oberflächenwasser	19	53	7,0	$6{,}60 \times 10^3$	$6{,}57 \times 10^3$	99,5	37,3	5,68	9,80	1,50
AW	Abwasser	19	52	8,8	$5{,}10 \times 10^3$	$5{,}10 \times 10^3$	100,2	236,6	4,63	14,12	2,76

Legende

l	Anzahl der Labordaten-Sets (einschließlich Ausreißer)
n	Anzahl der ausreißerfreien einzelnen Analysenwerte
o	Ausreißeranteil in Prozent
x_{corr}	konventionell richtige Wert
$\bar{\bar{x}}$	Gesamtmittelwert der (ausreißerfreien) Werte
η	Wiederfindungsrate
s_R	Vergleichstandardabweichung
$C_{V,R}$	Vergleichvariationskoeffizient
s_r	Wiederholstandardabweichung
$C_{V,r}$	Wiederholvariationskoeffizient

[N1] Nationale Fußnote: Entgegen ISO 15681-2:2018 müssen die in den Spalten x_{corr} und $\bar{\bar{x}}$ angegebenen Werte wie folgt lauten:
— für Probe DW Trinkwasser: $x_{corr} = 1{,}17 \times 10^2$ µg/l P und $\bar{\bar{x}} = 1{,}12 \times 10^2$ µg/l P;
— für die Probe OW Oberflächenwasser $x_{corr} = 6{,}60 \times 10^2$ µg/l P und $\bar{\bar{x}} = 6{,}57 \times 10^2$ µg/l P.

DIN EN ISO 15681-2:2019-05
EN ISO 15681-2:2018 (D)

Anhang C
(informativ)

Bestimmung von Orthophosphat-P und Gesamtphosphor mittels der CFA und Zinn(II)chlorid-Reduktion

Die wie in ISO 15681-1 beschriebene Zinn(II)chlorid-Reduktion ist auch auf das CFA-System anwendbar. Dieses Verfahren wurde jedoch nicht durch die Ringversuche bestätigt (siehe Anhang B).

Literaturhinweise

[1] ISO 5725-2:1994, *Accuracy (trueness and precision) of measurement methods and results — Part 2: Basic method for the determination of repeatability and reproducibility of a standard measurement method*

[2] ISO 15681-1:2003, *Water quality — Determination of orthophosphate and total phosphorus contents by flow analysis (FIA and CFA) — Part 1: Method by flow injection analysis (FIA)*

[3] DRUMMOND L., & MAHER W. Determination of phosphorus in aqueous solution via formation of the phosphoantimonylmolybdenum blue complex. Re-examination of optimum conditions for the analysis of phosphate. *Anal. Chim. Acta.* 1995, 302(1) pp. 69–74

[4] EBERLEIN K., & KATTNER G. Automatic method for the determination of ortho-phosphate and total dissolved phosphorus in the marine environment. *Fresenius' Zeitschrift für analytische Chemie.* 326(4), 1987, pp. 354–357

[5] HANSEN H.P., & KOROLEFF F. *Determination of nutrients.* In: Grasshoff K., Kremling K., Ehrhard M. (Eds). *Methods of Seawater Analysis.* Third edition. Weinheim: Wiley-VCH Verlag GmbH. 1999, pp. 159–228

[6] MÖLLER J. Flow Injection Analysis, *Analytiker Taschenbuch.* Springer Verlag, Vol. 7, 1988, pp. 199–275

[7] MURPHY J., & RILEY J.P. A modified single solution method for the determination of phosphate in natural waters. *Anal. Chim. Acta.* 1962, 27 pp. 31–36

[8] RUZICKA J., & HANSEN E.H. *Flow Injection Analysis.* Wiley & Sons, Second Edition, 1988

[9] SKEGGS L.T. New dimensions in medical diagnoses. *Anal. Chem.* 1966, 38(6) pp. 31A–44A

D 46 Bestimmung von Orthophosphat und Gesamtphosphor mittels Fließanalytik (FIA und CFA) – Teil 2: Verfahren mittels kontinuierlicher Durchflussanalyse (CFA) 26

DEV

Deutsche Einheitsverfahren zur Wasser-, Abwasser- und Schlamm-Untersuchung

Physikalische, chemische, biologische und mikrobiologische Verfahren

Herausgegeben von der
Wasserchemischen Gesellschaft –
Fachgruppe in der Gesellschaft
Deutscher Chemiker
in Gemeinschaft mit dem
Normenausschuss Wasserwesen
(NAW) im DIN Deutsches Institut
für Normung e. V.

Band 4

109. Lieferung (2019)
ISSN 0932-1004
ISBN: 978-3-527-34700-1 (Wiley-VCH)
ISBN: 978-3-410-29097-1 (Beuth)

WILEY-VCH
Verlag GmbH & Co. KGaA

Beuth
Berlin · Wien · Zürich

Wasserchemische Gesellschaft –
Fachgruppe in der GDCh
IWW Zentrum Wasser
Moritzstraße 26
45476 Mülheim an der Ruhr

Normenausschuss Wasserwesen (NAW)
im DIN Deutsches Institut für
Normung e.V.
Saatwinkler Damm 42/43
13627 Berlin

Gemeinschaftlich verlegt durch:
WILEY-VCH Verlag GmbH & Co. KGaA
Beuth Verlag GmbH

Das vorliegende Werk wurde sorgfältig erarbeitet. Dennoch übernehmen Autoren, Herausgeber und Verlag für die Richtigkeit von Angaben, Hinweisen und Ratschlägen sowie für eventuelle Druckfehler keine Haftung.

© 2019 WILEY-VCH Verlag GmbH & Co. KGaA, Weinheim
Alle Rechte, insbesondere die der Übersetzung in andere Sprachen, vorbehalten. Kein Teil dieses Buches darf ohne schriftliche Genehmigung des Verlages in irgendeiner Form - durch Photokopie, Mikrofilm oder irgendein anderes Verfahren - reproduziert oder in eine von Maschinen, insbesondere von Datenverarbeitungsmaschinen, verwendbare Sprache übertragen oder übersetzt werden.
All rights reserved (including those of translation into other languages).
Die Wiedergabe von Warenbezeichnungen, Handelsnamen oder sonstigen Kennzeichen in diesem Buch berechtigt nicht zu der Annahme, daß diese von jedermann frei benutzt werden dürfen. Vielmehr kann es sich auch dann um eingetragene Warenzeichen oder sonstige gesetzlich geschützte Kennzeichen handeln, wenn sie als solche nicht eigens markiert sind.
No part of this book may be reproduced in any form - by photoprint, microfilm, or any other means - nor transmitted or translated into a machine language without written permission from the publishers. Registered names, trademarks, etc. used in this book, even when not specifically marked as such, are not to be considered unprotected by law.
Druck: betz-druck GmbH, Darmstadt.
Printed in the Federal Republic of Germany.

DEV

Deutsche Einheitsverfahren zur Wasser-, Abwasser- und Schlamm-Untersuchung

Physikalische, chemische, biologische und mikrobiologische Verfahren

Herausgegeben von der Wasserchemischen Gesellschaft – Fachgruppe in der Gesellschaft Deutscher Chemiker in Gemeinschaft mit dem Normenausschuss Wasserwesen (NAW) im DIN Deutsches Institut für Normung e. V.

Band 5

109. Lieferung (2019)
ISSN 0932-1004
ISBN: 978-3-527-34700-1 (Wiley-VCH)
ISBN: 978-3-410-29097-1 (Beuth)

WILEY-VCH
Verlag GmbH & Co. KGaA

Beuth
Berlin · Wien · Zürich

Wasserchemische Gesellschaft –
Fachgruppe in der GDCh
IWW Zentrum Wasser
Moritzstraße 26
45476 Mülheim an der Ruhr

Normenausschuss Wasserwesen (NAW)
im DIN Deutsches Institut für
Normung e.V.
Saatwinkler Damm 42/43
13627 Berlin

Gemeinschaftlich verlegt durch:
WILEY-VCH Verlag GmbH & Co. KGaA
Beuth Verlag GmbH

Das vorliegende Werk wurde sorgfältig erarbeitet. Dennoch übernehmen Autoren, Herausgeber und Verlag für die Richtigkeit von Angaben, Hinweisen und Ratschlägen sowie für eventuelle Druckfehler keine Haftung.

© 2019 WILEY-VCH Verlag GmbH & Co. KGaA, Weinheim
Alle Rechte, insbesondere die der Übersetzung in andere Sprachen, vorbehalten. Kein Teil dieses Buches darf ohne schriftliche Genehmigung des Verlages in irgendeiner Form - durch Photokopie, Mikrofilm oder irgendein anderes Verfahren - reproduziert oder in eine von Maschinen, insbesondere von Datenverarbeitungsmaschinen, verwendbare Sprache übertragen oder übersetzt werden.
All rights reserved (including those of translation into other languages).
Die Wiedergabe von Warenbezeichnungen, Handelsnamen oder sonstigen Kennzeichen in diesem Buch berechtigt nicht zu der Annahme, daß diese von jedermann frei benutzt werden dürfen. Vielmehr kann es sich auch dann um eingetragene Warenzeichen oder sonstige gesetzlich geschützte Kennzeichen handeln, wenn sie als solche nicht eigens markiert sind.
No part of this book may be reproduced in any form - by photoprint, microfilm, or any other means - nor transmitted or translated into a machine language without written permission from the publishers. Registered names, trademarks, etc. used in this book, even when not specifically marked as such, are not to be considered unprotected by law.
Druck: betz-druck GmbH, Darmstadt.
Printed in the Federal Republic of Germany.

DEV

Deutsche Einheitsverfahren zur Wasser-, Abwasser- und Schlamm-Untersuchung

Physikalische, chemische, biologische und mikrobiologische Verfahren

Herausgegeben von der Wasserchemischen Gesellschaft – Fachgruppe in der Gesellschaft Deutscher Chemiker in Gemeinschaft mit dem Normenausschuss Wasserwesen (NAW) im DIN Deutsches Institut für Normung e. V.

Band 6

109. Lieferung (2019)
ISSN 0932-1004
ISBN: 978-3-527-34700-1 (Wiley-VCH)
ISBN: 978-3-410-29097-1 (Beuth)

WILEY-VCH
Verlag GmbH & Co. KGaA

Beuth
Berlin · Wien · Zürich

Wasserchemische Gesellschaft –
Fachgruppe in der GDCh
IWW Zentrum Wasser
Moritzstraße 26
45476 Mülheim an der Ruhr

Normenausschuss Wasserwesen (NAW)
im DIN Deutsches Institut für
Normung e.V.
Saatwinkler Damm 42/43
13627 Berlin

Gemeinschaftlich verlegt durch:
WILEY-VCH Verlag GmbH & Co. KGaA
Beuth Verlag GmbH

Das vorliegende Werk wurde sorgfältig erarbeitet. Dennoch übernehmen Autoren, Herausgeber und Verlag für die Richtigkeit von Angaben, Hinweisen und Ratschlägen sowie für eventuelle Druckfehler keine Haftung.

© 2019 WILEY-VCH Verlag GmbH & Co. KGaA, Weinheim
Alle Rechte, insbesondere die der Übersetzung in andere Sprachen, vorbehalten. Kein Teil dieses Buches darf ohne schriftliche Genehmigung des Verlages in irgendeiner Form - durch Photokopie, Mikrofilm oder irgendein anderes Verfahren - reproduziert oder in eine von Maschinen, insbesondere von Datenverarbeitungsmaschinen, verwendbare Sprache übertragen oder übersetzt werden.
All rights reserved (including those of translation into other languages).
Die Wiedergabe von Warenbezeichnungen, Handelsnamen oder sonstigen Kennzeichen in diesem Buch berechtigt nicht zu der Annahme, daß diese von jedermann frei benutzt werden dürfen. Vielmehr kann es sich auch dann um eingetragene Warenzeichen oder sonstige gesetzlich geschützte Kennzeichen handeln, wenn sie als solche nicht eigens markiert sind.
No part of this book may be reproduced in any form - by photoprint, microfilm, or any other means - nor transmitted or translated into a machine language without written permission from the publishers. Registered names, trademarks, etc. used in this book, even when not specifically marked as such, are not to be considered unprotected by law.
Druck: betz-druck GmbH, Darmstadt.
Printed in the Federal Republic of Germany.

Bestimmung von freiem Chlor und Gesamtchlor – Teil 2:
Kolorimetrisches Verfahren mit N,N-Dialkyl-1,4-Phenylendiamin
für Routinekontrollen

G 4-2

DEUTSCHE NORM — **März 2019**

DIN EN ISO 7393-2

DIN

ICS 13.060.50

Ersatz für
DIN EN ISO 7393-2:2000-04

Wasserbeschaffenheit –
Bestimmung von freiem Chlor und Gesamtchlor –
Teil 2: Kolorimetrisches Verfahren mit N,N-Dialkyl-1,4-Phenylendiamin für Routinekontrollen (ISO 7393-2:2017);
Deutsche Fassung EN ISO 7393-2:2018

Water quality –
Determination of free chlorine and total chlorine –
Part 2: Colorimetric method using N,N-dialkyl-1,4-phenylenediamine, for routine control purposes (ISO 7393-2:2017);
German version EN ISO 7393-2:2018

Qualité de l'eau –
Dosage du chlore libre et du chlore total –
Partie 2: Méthode colorimétrique à la N,N-dialkylphénylène-1,4 diamine destinée aux contrôles de routine (ISO 7393-2:2017);
Version allemande EN ISO 7393-2:2018

Gesamtumfang 29 Seiten

DIN-Normenausschuss Wasserwesen (NAW)

DEV – 109. Lieferung 2019

G 4-2

Bestimmung von freiem Chlor und Gesamtchlor – Teil 2:
Kolorimetrisches Verfahren mit N,N-Dialkyl-1,4-Phenylendiamin
für Routinekontrollen

DIN EN ISO 7393-2:2019-03

Nationales Vorwort

Dieses Dokument (EN ISO 7393-2:2018) wurde vom Technischen Komitee ISO/TC 147 „Water quality" in Zusammenarbeit mit dem Technischen Komitee CEN/TC 230 „Wasseranalytik" erarbeitet, dessen Sekretariat von DIN (Deutschland) gehalten wird.

Es wird auf die Möglichkeit hingewiesen, dass einige Elemente dieses Dokuments Patentrechte berühren können. DIN ist nicht dafür verantwortlich, einige oder alle diesbezüglichen Patentrechte zu identifizieren.

Das zuständige deutsche Gremium ist der Arbeitskreis NA 119-01-03-01-25 AK „Chlor mit Phenylendiamin" des Arbeitsausschusses NA 119-01-03 AA „Wasseruntersuchung" im DIN-Normenausschuss Wasserwesen (NAW).

DIN EN ISO 7393-2 besteht unter dem allgemeinen Titel *Wasserbeschaffenheit — Bestimmung von freiem Chlor und Gesamtchlor* aus den folgenden Teilen:

— *Teil 1: Titrimetrisches Verfahren mit N,N-Diethyl-1,4-Phenylendiamin*

— *Teil 2: Kolorimetrisches Verfahren mit N,N-Dialkyl-1,4-Phenylendiamin für Routinekontrollen*

— *Teil 3: Iodometrisches Verfahren zur Bestimmung von Gesamtchlor*

Bezeichnung des Verfahrens:

Bestimmung von freiem Chlor und Gesamtchlor — Teil 2: Kolorimetrisches Verfahren mit N,N-Dialkyl-1,4-Phenylendiamin für Routinekontrollen (G 4-2):

Verfahren DIN EN ISO 7393-2 — G 4-2

Für die in diesem Dokument zitierten internationalen Dokumente wird im Folgenden auf die entsprechenden deutschen Dokumente hingewiesen:

ISO 3696	siehe DIN ISO 3696
ISO 5667-1	siehe DIN EN ISO 5667-1
ISO 5667-3	siehe DIN EN ISO 5667-3
ISO 8466-1	siehe DIN 38402-51

Bestimmung von freiem Chlor und Gesamtchlor – Teil 2:
Kolorimetrisches Verfahren mit N,N-Dialkyl-1,4-Phenylendiamin
für Routinekontrollen

G 4-2

DIN EN ISO 7393-2:2019-03

Es ist erforderlich, bei den Untersuchungen nach dieser Norm Fachleute oder Facheinrichtungen einzuschalten und bestehende Sicherheitsvorschriften zu beachten.

Bei Anwendung der Norm ist im Einzelfall je nach Aufgabenstellung zu prüfen, ob und inwieweit die Festlegung von zusätzlichen Randbedingungen erforderlich ist.

Die vorliegende Norm enthält das vom DIN-Normenausschuss Wasserwesen (NAW) und von der Wasserchemischen Gesellschaft — Fachgruppe in der Gesellschaft Deutscher Chemiker (GDCh) — gemeinsam erarbeitete Deutsche Einheitsverfahren zur Wasser-, Abwasser- und Schlammuntersuchung:

Bestimmung von freiem Chlor und Gesamtchlor —
Teil 2: Kolorimetrisches Verfahren mit *N,N*-Dialkyl-1,4-Phenylendiamin für Routinekontrollen (G 4-2).

Die als DIN-Normen veröffentlichten Deutschen Einheitsverfahren sind bei der Beuth Verlag GmbH einzeln oder zusammengefasst erhältlich. Außerdem werden die genormten Deutschen Einheitsverfahren in der Loseblattsammlung „Deutsche Einheitsverfahren zur Wasser-, Abwasser- und Schlammuntersuchung" gemeinsam von der Beuth Verlag GmbH und der Wiley-VCH Verlag GmbH & Co. KGaA publiziert.

Normen oder Norm-Entwürfe mit dem Gruppentitel „*Deutsche Einheitsverfahren zur Wasser-, Abwasser- und Schlammuntersuchung*" sind in folgende Gebiete (Haupttitel) aufgeteilt:

Allgemeine Angaben (Gruppe A)

Sensorische Verfahren (Gruppe B)

Physikalische und physikalisch-chemische Kenngrößen (Gruppe C)

Anionen (Gruppe D)

Kationen (Gruppe E)

Gemeinsam erfassbare Stoffgruppen (Gruppe F)

Gasförmige Bestandteile (Gruppe G)

Summarische Wirkungs- und Stoffkenngrößen (Gruppe H)

Mikrobiologische Verfahren (Gruppe K)

Testverfahren mit Wasserorganismen (Gruppe L)

Biologisch-ökologische Gewässeruntersuchung (Gruppe M)

Einzelkomponenten (Gruppe P)

Schlamm und Sedimente (Gruppe S)

Suborganismische Testverfahren (Gruppe T)

Über die bisher erschienenen Teile dieser Normen gibt die Geschäftsstelle des Normenausschusses Wasserwesen (NAW) im DIN Deutsches Institut für Normung e.V., Telefon 030 2601-2448, oder die Beuth Verlag GmbH, 10772 Berlin, Auskunft.

G 4-2

Bestimmung von freiem Chlor und Gesamtchlor – Teil 2:
Kolorimetrisches Verfahren mit N,N-Dialkyl-1,4-Phenylendiamin
für Routinekontrollen

DIN EN ISO 7393-2:2019-03

Änderungen

Gegenüber DIN EN ISO 7393-2:2000-04 wurden folgende Änderungen vorgenommen:

a) der Anwendungsbereich wurde um die Messung der Absorption des roten DPD-Farbkomplexes in einem Photometer erweitert;

b) die Normativen Verweisungen wurden ergänzt;

c) die „Störungen" wurden in einem Absatz zusammengefasst und konkretisiert:

— Störungen durch andere Chlorverbindungen;

— bei den Störungen durch Verbindungen, die keine Chlorverbindungen sind, wurde der Hinweis zur Prüfung aufgenommen;

— Störungen durch getrübte oder verfärbte Proben wurden aufgenommen;

d) im Abschnitt Reagenzien wurde der Hinweis auf im Handel erhältliche Produkte aufgenommen;

e) Angaben zur Probenahme wurden aufgenommen;

f) die Verwendung von Testkits wurde aufgenommen;

g) Verfahrenskenndaten als Anhang B (informativ) aufgenommen;

h) neuer Anhang C (informativ) mit einem Verfahren zur Bestimmung des freien Chlors und des Gesamtchlors in Trinkwasser und anderen, nur leicht verschmutzten Wässern aufgenommen;

i) die Norm wurde redaktionell überarbeitet.

Frühere Ausgaben

DIN 38408-4: 1984-06
DIN EN ISO 7393-2: 2000-04

Nationaler Anhang NA
(informativ)

Literaturhinweise

DIN 38402-51, *Deutsche Einheitsverfahren zur Wasser-, Abwasser- und Schlammuntersuchung — Allgemeine Angaben (Gruppe A) — Teil 51: Kalibrierung von Analysenverfahren — Lineare Kalibrierfunktion (A 51)*

DIN EN ISO 5667-1, *Wasserbeschaffenheit — Probenahme — Teil 1: Anleitung zur Erstellung von Probenahmeprogrammen und Probenahmetechniken*

DIN EN ISO 5667-3, *Wasserbeschaffenheit — Probenahme — Teil 3: Konservierung und Handhabung von Wasserproben*

DIN ISO 3696, *Wasser für analytische Zwecke — Anforderungen und Prüfungen*

EUROPÄISCHE NORM
EUROPEAN STANDARD
NORME EUROPÉENNE

EN ISO 7393-2

Januar 2018

ICS 13.060.50

Ersatz für EN ISO 7393-2:2000

Deutsche Fassung

Wasserbeschaffenheit — Bestimmung von freiem Chlor und Gesamtchlor — Teil 2: Kolorimetrisches Verfahren mit N,N-Dialkyl-1,4-Phenylendiamin für Routinekontrollen (ISO 7393-2:2017)

Water quality —
Determination of free chlorine and total chlorine —
Part 2: Colorimetric method using N,N-dialkyl-1,4-phenylenediamine, for routine control purposes
(ISO 7393-2:2017)

Qualité de l'eau —
Dosage du chlore libre et du chlore total —
Partie 2: Méthode colorimétrique à la N,N-dialkylphénylène-1,4 diamine destinée aux contrôles de routine
(ISO 7393-2:2017)

Diese Europäische Norm wurde vom CEN am 9. Dezember 2017 angenommen.

Die CEN-Mitglieder sind gehalten, die CEN/CENELEC-Geschäftsordnung zu erfüllen, in der die Bedingungen festgelegt sind, unter denen dieser Europäischen Norm ohne jede Änderung der Status einer nationalen Norm zu geben ist. Auf dem letzten Stand befindliche Listen dieser nationalen Normen mit ihren bibliographischen Angaben sind beim CEN-CENELEC-Management-Zentrum oder bei jedem CEN-Mitglied auf Anfrage erhältlich.

Diese Europäische Norm besteht in drei offiziellen Fassungen (Deutsch, Englisch, Französisch). Eine Fassung in einer anderen Sprache, die von einem CEN-Mitglied in eigener Verantwortung durch Übersetzung in seine Landessprache gemacht und dem Management-Zentrum mitgeteilt worden ist, hat den gleichen Status wie die offiziellen Fassungen.

CEN-Mitglieder sind die nationalen Normungsinstitute von Belgien, Bulgarien, Dänemark, Deutschland, der ehemaligen jugoslawischen Republik Mazedonien, Estland, Finnland, Frankreich, Griechenland, Irland, Island, Italien, Kroatien, Lettland, Litauen, Luxemburg, Malta, den Niederlanden, Norwegen, Österreich, Polen, Portugal, Rumänien, Schweden, der Schweiz, Serbien, der Slowakei, Slowenien, Spanien, der Tschechischen Republik, der Türkei, Ungarn, dem Vereinigten Königreich und Zypern.

EUROPÄISCHES KOMITEE FÜR NORMUNG
EUROPEAN COMMITTEE FOR STANDARDIZATION
COMITÉ EUROPÉEN DE NORMALISATION

CEN-CENELEC Management-Zentrum: Rue de la Science 23, B-1040 Brüssel

© 2018 CEN Alle Rechte der Verwertung, gleich in welcher Form und in welchem Verfahren, sind weltweit den nationalen Mitgliedern von CEN vorbehalten.

Ref. Nr. EN ISO 7393-2:2018 D

DEV – 109. Lieferung 2019

G 4-2

Bestimmung von freiem Chlor und Gesamtchlor – Teil 2:
Kolorimetrisches Verfahren mit N,N-Dialkyl-1,4-Phenylendiamin
für Routinekontrollen

2

DIN EN ISO 7393-2:2019-03
EN ISO 7393-2:2018 (D)

Inhalt

Seite

Europäisches Vorwort 4
Vorwort 5
1   Anwendungsbereich 6
2   Normative Verweisungen 6
3   Begriffe 7
4   Grundlage des Verfahrens 8
4.1   Bestimmung von freiem Chlor 8
4.2   Bestimmung des Gesamtchlors 8
5   Störungen 8
5.1   Allgemeines 8
5.2   Störungen durch andere Chlorverbindungen 8
5.3   Störungen durch Verbindungen, die keine Chlorverbindungen sind 8
5.4   Störungen aufgrund der Anwesenheit von oxidiertem Mangan 8
5.5   Störungen durch getrübte oder verfärbte Proben 9
6   Reagenzien 9
7   Geräte 12
8   Probenahme 12
9   Durchführung 13
9.1   Prüfprobe 13
9.2   Analysenproben 13
9.3   Kalibrierung 13
9.4   Bestimmung von freiem Chlor 14
9.5   Bestimmung des Gesamtchlors 14
10   Berechnung 15
10.1 Berechnung der Konzentration an freiem Chlor 15
10.2 Berechnung der Konzentration an Gesamtchlor 15
10.3 Umrechnung der Stoffmengenkonzentration in Massenkonzentration 15
11   Angabe der Ergebnisse 15
12   Analysenbericht 16

Bestimmung von freiem Chlor und Gesamtchlor – Teil 2:
Kolorimetrisches Verfahren mit N,N-Dialkyl-1,4-Phenylendiamin
für Routinekontrollen

G 4-2

DIN EN ISO 7393-2:2019-03
EN ISO 7393-2:2018 (D)

Anhang A (informativ) Einzelbestimmung von gebundenem Chlor des Monochloramintyps, von gebundenem Chlor des Dichloramintyps und von gebundenem Chlor in Form von Stickstofftrichlorid 17
A.1 Anwendbarkeit 17
A.2 Grundlage des Verfahrens 17
A.3 Reagenzien 17
A.4 Geräte 17
A.5 Durchführung 18
A.5.1 Prüfprobe 18
A.5.2 Analysenproben 18
A.5.3 Kalibrierung 18
A.5.4 Bestimmung von freiem Chlor und gebundenem Chlor des Typs Monochloramin 18
A.5.5 Bestimmung von freiem Chlor, gebundenem Chlor des Monochloramintyps und einer Hälfte des Stickstofftrichlorids 18
A.6 Angabe der Ergebnisse 18
A.6.1 Berechnung 18
A.6.2 Umrechnung der Stoffmengenkonzentration in Massenkonzentration 19
Anhang B (informativ) Verfahrenskenndaten 20
B.1 Verfahrenskenndaten für das im Hauptteil dieses Dokuments beschriebene Verfahren ... 20
B.2 Verfahrenskenndaten für das in Anhang C beschriebene Verfahren 22
Anhang C (informativ) Planare Einwegküvetten, befüllt mit Reagenzien unter Verwendung einer mesofluiden Kanalpumpe/eines Kolorimeters 23
C.1 Allgemeines 23
C.2 Grundlage des Verfahrens 23
C.2.1 Bestimmung von freiem Chlor 23
C.2.2 Bestimmung des Gesamtchlors 23
C.3 Reagenzien 23
C.4 Geräte 23
C.5 Durchführung 24
C.5.1 Prüfprobe 24
C.5.2 Verifizierung der Kalibrierung und Anpassung 24
C.5.3 Bestimmung von freiem Chlor 24
C.5.4 Bestimmung des Gesamtchlors 24
C.6 Berechnung 24
C.7 Ergebnisse eines Validierungsringversuchs 24
Literaturhinweise 25

DIN EN ISO 7393-2:2019-03
EN ISO 7393-2:2018 (D)

Europäisches Vorwort

Dieses Dokument (EN ISO 7393-2:2018) wurde vom Technischen Komitee ISO/TC 147 „Water quality" in Zusammenarbeit mit dem Technischen Komitee CEN/TC 230 „Wasseranalytik" erarbeitet, dessen Sekretariat von DIN gehalten wird.

Diese Europäische Norm muss den Status einer nationalen Norm erhalten, entweder durch Veröffentlichung eines identischen Textes oder durch Anerkennung bis Juli 2018, und etwaige entgegenstehende nationale Normen müssen bis Juli 2018 zurückgezogen werden.

Es wird auf die Möglichkeit hingewiesen, dass einige Elemente dieses Dokuments Patentrechte berühren können. CEN ist nicht dafür verantwortlich, einige oder alle diesbezüglichen Patentrechte zu identifizieren.

Dieses Dokument ersetzt EN ISO 7393-2:2000.

Entsprechend der CEN-CENELEC-Geschäftsordnung sind die nationalen Normungsinstitute der folgenden Länder gehalten, diese Europäische Norm zu übernehmen: Belgien, Bulgarien, Dänemark, Deutschland, die ehemalige jugoslawische Republik Mazedonien, Estland, Finnland, Frankreich, Griechenland, Irland, Island, Italien, Kroatien, Lettland, Litauen, Luxemburg, Malta, Niederlande, Norwegen, Österreich, Polen, Portugal, Rumänien, Schweden, Schweiz, Serbien, Slowakei, Slowenien, Spanien, Tschechische Republik, Türkei, Ungarn, Vereinigtes Königreich und Zypern.

Anerkennungsnotiz

Der Text von ISO 7393-2:2017 wurde von CEN als EN ISO 7393-2:2018 ohne irgendeine Abänderung genehmigt.

Bestimmung von freiem Chlor und Gesamtchlor – Teil 2:
Kolorimetrisches Verfahren mit N,N-Dialkyl-1,4-Phenylendiamin
für Routinekontrollen

G 4-2

DIN EN ISO 7393-2:2019-03
EN ISO 7393-2:2018 (D)

Vorwort

ISO (die Internationale Organisation für Normung) ist eine weltweite Vereinigung nationaler Normungsorganisationen (ISO-Mitgliedsorganisationen). Die Erstellung von Internationalen Normen wird üblicherweise von Technischen Komitees von ISO durchgeführt. Jede Mitgliedsorganisation, die Interesse an einem Thema hat, für welches ein Technisches Komitee gegründet wurde, hat das Recht, in diesem Komitee vertreten zu sein. Internationale staatliche und nichtstaatliche Organisationen, die in engem Kontakt mit ISO stehen, nehmen ebenfalls an der Arbeit teil. ISO arbeitet bei allen elektrotechnischen Themen eng mit der Internationalen Elektrotechnischen Kommission (IEC) zusammen.

Die Verfahren, die bei der Entwicklung dieses Dokuments angewendet wurden und die für die weitere Pflege vorgesehen sind, werden in den ISO/IEC-Direktiven, Teil 1 beschrieben. Es sollten insbesondere die unterschiedlichen Annahmekriterien für die verschiedenen ISO-Dokumentenarten beachtet werden. Dieses Dokument wurde in Übereinstimmung mit den Gestaltungsregeln der ISO/IEC-Direktiven, Teil 2 erarbeitet (siehe www.iso.org/directives).

Es wird auf die Möglichkeit hingewiesen, dass einige Elemente dieses Dokuments Patentrechte berühren können. ISO ist nicht dafür verantwortlich, einige oder alle diesbezüglichen Patentrechte zu identifizieren. Details zu allen während der Entwicklung des Dokuments identifizierten Patentrechten finden sich in der Einleitung und/oder in der ISO-Liste der erhaltenen Patenterklärungen (siehe www.iso.org/patents).

Jeder in diesem Dokument verwendete Handelsname dient nur zur Unterrichtung der Anwender und bedeutet keine Anerkennung.

Eine Erläuterung zum freiwilligen Charakter von Normen, der Bedeutung ISO-spezifischer Begriffe und Ausdrücke in Bezug auf Konformitätsbewertungen sowie Informationen darüber, wie ISO die Grundsätze der Welthandelsorganisation (WTO) hinsichtlich technischer Handelshemmnisse (TBT) berücksichtigt, enthält der folgende Link: www.iso.org/iso/foreword.html.

Dieses Dokument wurde vom Technischen Komitee ISO/TC 147, *Water quality*, Unterkomitee SC 2, *Physical, chemical and biochemical methods* erarbeitet.

Diese zweite Ausgabe ersetzt die erste Ausgabe (ISO 7393-2:1985), die technisch überarbeitet wurde.

Die wesentlichen Änderungen im Vergleich zur Vorgängerausgabe sind folgende:

— ein neuer Anhang C wurde mit dem Titel: Planare Einwegküvetten, befüllt mit Reagenzien unter Verwendung einer mesofluiden Kanalpumpe/Kolorimeter aufgenommen.

Eine Auflistung aller Teile der Normenreihe ISO 7393 ist auf der ISO-Internetseite abrufbar.

G 4-2

Bestimmung von freiem Chlor und Gesamtchlor – Teil 2:
Kolorimetrisches Verfahren mit N,N-Dialkyl-1,4-Phenylendiamin
für Routinekontrollen

6

DIN EN ISO 7393-2:2019-03
EN ISO 7393-2:2018 (D)

WARNUNG — Anwender dieses Dokuments sollten mit der üblichen Laborpraxis vertraut sein. Dieses Dokument gibt nicht vor, alle unter Umständen mit der Anwendung des Verfahrens verbundenen Sicherheitsaspekte anzusprechen. Es liegt in der Verantwortung des Arbeitgebers, angemessene Sicherheits- und Schutzmaßnahmen zu treffen.

WICHTIG — Es ist erforderlich, bei den Untersuchungen nach diesem Dokument Fachleute oder Facheinrichtungen einzuschalten.

1 Anwendungsbereich

Dieses Dokument legt ein Verfahren für die Bestimmung von freiem Chlor und Gesamtchlor in Wasser fest, das ohne Weiteres für Prüfungen unter Labor- und Feldbedingungen eingesetzt werden kann. Das Verfahren beruht auf der Messung der Absorption des roten DPD-Farbkomplexes in einem Photometer oder der Farbintensität durch visuellen Vergleich der Farbe mit einer standardisierten Skala, die regelmäßig kalibriert wird.

Diese Verfahren eignen sich für Trinkwasser und andere Wässer, in denen zusätzliche Halogene wie Brom, Jod und andere Oxidationsmittel in nahezu vernachlässigbaren Mengen vorliegen. Meerwasser und Wässer, die Bromide und Iodide enthalten, bilden eine Gruppe, für die spezielle Verfahren durchgeführt werden sollen.

Dieses Verfahren ist in der Praxis auf Chlorkonzentrationen (Cl_2) von zum Beispiel 0,000 4 mmol/l bis 0,07 mmol/l (z. B. 0,03 mg/l bis 5 mg/l) Gesamtchlor anwendbar. Für höhere Konzentrationen ist die Analysenprobe zu verdünnen.

Im Allgemeinen wird das Verfahren als Feldmethode mit mobilen Photometern und handelsüblichen, sofort verwendbaren Reagenzien (flüssige Reagenzien, Pulver und Tabletten) angewendet. Es ist unabdingbar, dass die Reagenzien den Mindestanforderungen entsprechen und die wesentlichen Reagenzien und ein Puffersystem enthalten, das die Einstellung der Messlösung auf einen typischen pH-Bereich von 6,2 bis 6,5 ermöglicht. Falls Zweifel bestehen, dass die Wasserproben ungewöhnliche pH-Werte und/oder Pufferkapazitäten aufweisen, muss der Anwender dies prüfen und den pH-Wert der Probe auf den erforderlichen Bereich einstellen. Der pH-Wert der Probe liegt im Bereich 4 und 8 liegen. Falls nötig, wird er vor der Prüfung mit Natronlauge oder Schwefelsäure eingestellt.

Ein Verfahren für die Differenzierung von gebundenem Chlor des Monochloramintyps, gebundenem Chlor des Dichloramintyps und gebundenem Chlor in Form von Stickstofftrichlorid wird in Anhang A dargestellt. Anhang C enthält ein Verfahren zur Bestimmung des freien Chlors und des Gesamtchlors in Trinkwasser und anderen, nur leicht belasteten Wässern für planare, mit Reagenzien gefüllte Einwegküvetten unter Verwendung einer mesofluiden Kanalpumpe/eines Kolorimeters.

2 Normative Verweisungen

Die folgenden Dokumente werden im Text in solcher Weise in Bezug genommen, dass einige Teile davon oder ihr gesamter Inhalt Anforderungen des vorliegenden Dokuments darstellen. Bei datierten Verweisungen gilt nur die in Bezug genommene Ausgabe. Bei undatierten Verweisungen gilt die letzte Ausgabe des in Bezug genommenen Dokuments (einschließlich aller Änderungen).

ISO 3696, *Water for analytical laboratory use — Specification and test methods*

ISO 5667-3, *Water quality — Sampling — Part 3: Preservation and handling of water samples*

ISO 8466-1, *Water quality — Calibration and evaluation of analytical methods and estimation of performance characteristics — Part 1: Statistical evaluation of the linear calibration function*

DIN EN ISO 7393-2:2019-03
EN ISO 7393-2:2018 (D)

3 Begriffe

Für die Anwendung dieses Dokuments gelten die folgenden Begriffe.

ISO und IEC stellen terminologische Datenbanken für die Verwendung in der Normung unter den folgenden Adressen bereit:

— IEC Electropedia: verfügbar unter http://www.electropedia.org/

— ISO Online Browsing Platform: verfügbar unter http://www.iso.org/obp

3.1
freies Chlor
Chlor, das als hypochlorige Säure, Hypochlorit-Ionen oder als gelöstes elementares Chlor vorliegt

Anmerkung 1 zum Begriff: Siehe Tabelle 1.

3.2
gebundenes Chlor
Anteil des *Gesamtchlors* (3.3), der in Form von *Chloraminen* (3.4) und organischen Chloraminen vorliegt

Anmerkung 1 zum Begriff: Siehe Tabelle 1.

3.3
Gesamtchlor
Chlor, das als *freies Chlor* (3.1) und als *gebundenes Chlor* (3.2) vorliegt

Anmerkung 1 zum Begriff: Siehe Tabelle 1.

3.4
Chloramine
Derivate des Ammoniaks, bei denen ein, zwei oder drei Wasserstoffatome durch Chloratome substituiert wurden

Anmerkung 1 zum Begriff: Derivate sind Monochloramin NH_2Cl, Dichloramin $NHCl_2$, Stickstofftrichlorid NCl_3 und alle chlorierten Derivate von organischen Stickstoffverbindungen, wie sie nach dem in diesem Dokument festgelegten Verfahren bestimmt werden.

Tabelle 1 — Begriffe und Synonyme in Bezug auf in der Lösung vorliegende Verbindungen

Benennung	Synonym	Verbindungen
freies Chlor	freies Chlor	
	aktives freies Chlor	elementares Chlor, hypochlorige Säure
	potentiell freies Chlor	Hypochlorit
Gesamtchlor	gesamtes Restchlor	elementares Chlor, hypochlorige Säure, Hypochlorit und Chloramine
gebundenes Chlor	kombiniertes Chlor[N1]	Differenz von Gesamtchlor und freiem Chlor

---

[N1] Nationale Fußnote: Der aus der englischen Sprache übersetzte Begriff „combined chlorine" als „kombiniertes Chlor" ist in der deutschen Fachsprache unüblich.

G 4-2

Bestimmung von freiem Chlor und Gesamtchlor – Teil 2:
Kolorimetrisches Verfahren mit N,N-Dialkyl-1,4-Phenylendiamin
für Routinekontrollen

DIN EN ISO 7393-2:2019-03
EN ISO 7393-2:2018 (D)

4 Grundlage des Verfahrens

4.1 Bestimmung von freiem Chlor

Freies Chlor wird durch die direkte Reaktion mit *N,N*-Dialkyl-1,4-Phenylendiamin (DPD) in einem pH-Bereich von 6,2 bis 6,5 bestimmt. Dies führt zur Bildung eines roten Farbkomplexes. Die Farbintensität wird durch Photometrie oder alternativ durch einen visuellen Vergleich der Farbe mit einer Skala aus feststehendem Glas, Kunststoff-Standards oder Farbvergleichskarten gemessen.

Wenn gebrauchsfertige Testkits verwendet werden, kann es sein, dass abweichende pH-Bereiche (Puffersysteme) angeboten werden. Der Anwender dieser Testkits muss die Eignung der bereitgestellten Puffersysteme für den Bereich der zu untersuchenden Probenmatrizes validieren.

4.2 Bestimmung des Gesamtchlors

Die Reaktion wird mit DPD bei Vorliegen eines Überschusses an Kaliumjodid durchgeführt. Die Messung erfolgt dann wie in 4.1 beschrieben.

5 Störungen

5.1 Allgemeines

Die Anweisungen der Hersteller zu zusätzlichen Störungen sind zu beachten.

5.2 Störungen durch andere Chlorverbindungen

Chlordioxid, das in der Probe neben Chlor vorhanden sein könnte, wird als Gesamtchlor gemessen. Diese Störung kann durch die spezifische Bestimmung des Chlordioxids im Wasser korrigiert werden (siehe [3], [5] und [6]).

Wenn Chlordioxid als einziges Desinfektionsmittel in der Probe vorhanden ist, kann es mit dem in Abschnitt 9 beschriebenen DPD-Verfahren unter Verwendung des entsprechenden Umrechnungsfaktors gemessen werden. Andere Chlorverbindungen bewirken nicht zwangsläufig eine Oxidation des DPD.

5.3 Störungen durch Verbindungen, die keine Chlorverbindungen sind

Abhängig von der Konzentration und dem chemischen Oxidationspotential beeinflussen andere Oxidationsmittel eine Reaktion, zum Beispiel: Brom, Iod, Bromamin, Iodoamin, Ozon, Wasserstoffperoxid, Chromat, oxidiertes Mangan, Nitrit, Eisen(III)-Ionen, Peressigsäure und Kupfer-Ionen. Störungen durch Cu(II) (< 8 mg/l) und Eisen (< 20 mg/l) werden durch das Dinatrium-EDTA in den Reagenzien 6.2 und 6.3 unterdrückt.

ANMERKUNG Brom und Monobromamin tragen zur Desinfektionswirkung bei und treten regelmäßig in chlorhaltigen Desinfektionsmitteln auf.

Störungen durch Chromat dürfen durch die Zugabe von überschüssigem Bariumchlorid eliminiert werden.

Der Anwender muss prüfen, wie mit diesen Störungen umgegangen wird. Insbesondere für Abwässer oder Kühlwasser ist zu berücksichtigen, dass hohe Mengen an interferierenden Verbindungen vorhanden sein können.

5.4 Störungen aufgrund der Anwesenheit von oxidiertem Mangan

Der Einfluss von oxidiertem Mangan wird bestimmt, indem eine zusätzliche Messung an einer weiteren Analysenprobe (siehe 9.2) durchgeführt wird, die zuvor mit der Arsenit- oder Thioacetamid-Lösung (6.10) behandelt wurde, um alle oxidierten Verbindungen außer dem oxidierten Mangan zu neutralisieren.

DIN EN ISO 7393-2:2019-03
EN ISO 7393-2:2018 (D)

Diese Analysenprobe wird in einen 250-ml-Erlenmeyerkolben gefüllt. Es wird 1 ml Natriumarsenit-Lösung (6.10) oder Thioacetamid-Lösung (6.10) hinzugegeben und gut gemischt. Danach werden 5,0 ml der Pufferlösung (6.2) und 5,0 ml der DPD-Reagenz (6.3) hinzugegeben und es wird gut gemischt. Diese Vorgehensweise zur Quantifizierung der Störung durch oxidiertes Mangan gilt hier nur als ein Beispiel. Für gebrauchsfertige Reagenzien können andere Mengen erforderlich sein.

Die Messküvette wird mit dieser behandelten Lösung befüllt und die Farbe sofort unter denselben Bedingungen, die beim Kalibrieren vorlagen, gemessen. Die von der Vergleichsskala oder Kalibrierkurve abgelesene Konzentration c_3 wird aufgezeichnet und entspricht dem vorhandenen oxidierten Mangan.

Bei der Verwendung von Komparatoren mit Farbglasskalen oder Kunststoffskalen oder Komparatoren mit Farbkarten darf die mit Arsenit oder Thioacetamid behandelte Probe als Blindprobe verwendet werden, um Störfarben so lange zu kompensieren, bis die Zugabezeit der Reagenzien für die Blindprobe und Probe gleich ist.

5.5 Störungen durch getrübte oder verfärbte Proben

Ist ein Blindwertabgleich nicht möglich, so müssen im Falle von getrübten Proben oder beim Auftreten von Ausfällungen infolge der Zugabe der Pufferlösung die Proben filtriert werden. Die Filteranlage und das Filtermaterial dürfen keine Chlorzehrung aufweisen. Das muss entsprechend geprüft werden. Siehe 7.3 für ein Verfahren zur Vorbereitung der Glasgeräte.

Die Filtration von Proben kann zu Verlusten an freiem Chlor führen. Dies kann passieren, obwohl die Filter chlorzehrungsfrei sind. Daher muss der Anwender nachweisen, dass dieser Schritt nicht zu falschen Ergebnissen führt, wenn er nicht vermieden werden kann.

6 Reagenzien

Während der Analyse dürfen nur Reagenzien mit dem Reinheitsgrad „zur Analyse" und nur Wasser, wie in 6.1 angegeben, verwendet werden.

6.1 Wasser, der Qualität 2 nach ISO 3696, und frei von oxidierenden und reduzierenden Substanzen. Demineralisiertes oder destilliertes Wasser, dessen Qualität wie folgt geprüft wird:

In zwei chlorzehrungsfreie 250-ml-Erlenmeyerkolben (7.3) wird der Reihe nach eingefüllt:

a) in den ersten: 100 ml des zu prüfenden Wassers und etwa 1 g Kaliumiodid (6.4). Die Lösung wird gemischt und nach 1 min werden 5,0 ml der Pufferlösung (6.2) und 5,0 ml des DPD-Reagenz (6.3) hinzugefügt; und

b) in den zweiten: 100 ml des zu prüfenden Wassers und zwei Tropfen der Natriumhypochlorit-Lösung (6.7). Die Lösung wird gemischt und nach 2 min werden 5,0 ml der Pufferlösung (6.2) und 5,0 ml der DPD-Reagenz (6.3) hinzugefügt.

Im ersten Kolben sollte keine Färbung auftreten, während es wichtig ist, dass eine leichte Rosafärbung im zweiten Kolben auftritt.

Wenn das demineralisierte oder destillierte Wasser nicht die gewünschte Qualität aufweist, muss es nach dem folgenden Verfahren chloriert werden:

— Das demineralisierte oder destillierte Wasser zunächst bis zu einer Konzentration von 0,14 mmol/l (10 mg/l) chlorieren und in einem gut verschlossenen Glasballon für mindestens 16 h aufbewahren.

— Das Wasser dann durch mehrstündige UV-Bestrahlung, Einstrahlung von Sonnenlicht oder durch Kontakt mit Aktivkohle dechlorieren.

DIN EN ISO 7393-2:2019-03
EN ISO 7393-2:2018 (D)

— Abschließend die Qualität unter Verwendung der Verfahren in Abschnitt 9 prüfen. Der Anwender muss sicherstellen, dass die Glaswaren chlorzehrungsfrei sind. Das Verfahren ist in 7.3 beschrieben.

— Die Qualität nach einer Periode des Kontakts mit den Gefäßen nach einer Dechlorierung erneut prüfen.

Die Mengen, die hier zur Qualifizierung des Wassers zugegeben werden, sind als Beispiel zu verstehen, da für gebrauchsfertige Reagenzien auch andere Reagenzmengen verwendet werden können.

6.2 Pufferlösung, pH = 6,5.

In Wasser (6.1) wird in folgender Reihenfolge aufgelöst: 24 g wasserfreies Dinatriumhydrogenphosphat (Na_2HPO_4) oder 60,5 g der Dodecahydrat-Form ($Na_2HPO_4 \cdot 12H_2O$) und 46 g Kaliumdihydrogenphosphat (KH_2PO_4). 100 ml Dinatrium-dihydrogenethylendinitrilotetraacetat-Dihydrat-Lösung (Dinatrium-EDTA-Dihydrat, $C_{10}H_{14}N_2O_8Na_2 \cdot 2H_2O$) mit einer Konzentration von 8 g/l (oder 0,8 g der festen Form) werden anschließend hinzugegeben.

Bei Bedarf werden 0,020 g Quecksilber(II)-chlorid ($HgCl_2$) hinzugefügt, um Schimmelbildung und Störungen bei der Bestimmung des freien Chlors durch in den Reagenzien vorhandene Iodidspuren zu vermeiden.

Die Lösung wird auf 1 000 ml mit Wasser verdünnt und gemischt. Die Pufferlösung ist bis zu drei Monate stabil, wenn sie in einem dicht verschlossenen Behälter im Dunkeln aufbewahrt wird. Bezüglich der garantierten Stabilität von gebrauchsfertigen Pufferlösungen siehe die Empfehlungen des Herstellers.

Die Pufferlösung ist ein wesentlicher Bestandteil für eine einwandfreie Reaktion des DPD mit Chlor. Daher ist es erforderlich, dass dieses Puffersystem auch für die verschiedenen Reagenzien, die in gebrauchsfertigen Testkits enthalten sind, angewendet wird. Gebrauchsfertige Testkits sind häufig für einen bestimmten Bereich von Pufferkapazitäten in den Proben bestimmt. Daher kann die Pufferkapazität des Testkits zu niedrig ausfallen. Der Anwender sollte daher sicherstellen, dass der pH-Wert der endgültigen Mischung von Reagenz und Probe zwischen 6,2 und 6,5 liegt. Wenn Testkits modifizierte Puffersysteme mit einem abweichenden pH-Bereich verwenden, muss der Anwender die Eignung dieses Systems für die zu untersuchenden Matrizes und Proben validieren.

Zur Vermeidung von Kontaminationen der Probe dürfen Kontrollen des pH-Werts nur mit einem pH-Messgerät oder nichtfärbenden pH-Teststreifen durchgeführt werden. Falls erforderlich, sollten Proben mit Salzsäure oder Natriumhydroxid-Lösung auf den richtigen pH-Bereich eingestellt werden. Wenn keine Informationen über den verwendeten Puffer oder das Pufferungsvermögen des Testkits verfügbar sind, darf sich der Hersteller des Testkits nicht auf dieses Dokument beziehen.

Quecksilberhaltige Lösungen müssen fachgerecht entsorgt werden.

6.3 *N,N*-Dialkyl-1,4-phenylendiaminsulfat (DPD), Lösung, 1,1 g/l.

Die DPD-Reagenzien sind im Handel erhältlich. Sie können aus vielen verschiedenen Quellen bezogen werden und die Nutzung ist praktisch, vor allem, wenn Tests mit Testkits vor Ort durchgeführt werden. Es ist wichtig, dass die im Handel erhältlichen DPD-Reagenzien geeignete Mengen an Säure und EDTA sowie eine geeignete DPD-Konzentration enthalten. Wenn gebrauchsfertige Reagenzien verwendet werden, muss nachgewiesen werden, dass die Zusammensetzung ebenso geeignet ist wie die unten angegebene Rezeptur. Wenn keine diesbezüglichen Informationen verfügbar sind, darf sich der Hersteller des Testkits nicht auf dieses Dokument beziehen.

Alternativ kann das DPD-Reagenz im Labor hergestellt werden.

250 ml Wasser (6.1), 2 ml Schwefelsäure ($\rho = 1,84$ g/ml) und 25 ml Dinatrium-EDTA-Dihydrat-Lösung mit einer Konzentration von 8 g/l (oder 0,2 g der festen Form) werden gemischt. In dieser Mischung werden 1,1 g wasserfreies DPD oder 1,5 g der Pentahydrat-Form aufgelöst, auf 1 000 ml verdünnt und gemischt.

DIN EN ISO 7393-2:2019-03
EN ISO 7393-2:2018 (D)

Die folgenden Alkylderivate von DPD sind verfügbar:

a) *N,N*-Diethyl-1,4-phenylendiaminsulfat [NH_2-C_6H_4-$N(C_2H_5)_2 \cdot H_2SO_4$];

b) *N,N*-Dipropyl-1,4-Phenylendiaminsulfat [NH_2-C_6H_4-$N(C_3H_7)_2 \cdot H_2SO_4$].

Andere Salze des DPD, wie Oxalate, dürfen ebenfalls verwendet werden. Es liegt in der Verantwortung des Anwenders dieses Dokuments, die Gleichwertigkeit der Ergebnisse bei der Anwendung modifizierter Reagenzien zu beweisen.

Das Reagenz wird in einer dunklen Flasche kühl aufbewahrt. Die Lösung wird nach einem Monat oder im Falle einer Verfärbung erneuert.

Bezüglich der garantierten Stabilität von gebrauchsfertigen DPD-Lösungen siehe die Empfehlungen des Herstellers.

Der Hersteller muss Informationen zum Puffersystem und dessen Nutzbarkeit für die Zielanwendungen zur Verfügung stellen. Der Hersteller muss Informationen zum verwendeten DPD zur Verfügung stellen sowie Auskunft darüber geben, ob das gelieferte System die Leistungsanforderungen dieses Dokuments nach Anhang B erfüllt. Sonst darf sich der Hersteller des Pulvers, der Tabletten oder des gebrauchsfertigen Testkits nicht auf dieses Dokument beziehen.

ANMERKUNG Flüssige Reagenzien (6.2 und 6.3) können durch im Handel erhältliche kombinierte Reagenzien in Form von stabilem Pulver oder Tabletten oder gebrauchsfertige Testkits mit DPD ersetzt werden.

6.4 Kaliumiodid, Kristalle.

6.5 Schwefelsäure, $c(H_2SO_4) \approx 1$ mol/l.

54 ml Schwefelsäure ($\rho = 1{,}84$ g/ml) unter ständigem Rühren zu 800 ml Wasser (6.1) hinzufügen. Nach dem Abkühlen wird die Lösung in einen 1 000-ml-Messkolben überführt. Die Lösung wird bis zur Marke mit Wasser aufgefüllt und intensiv durchmischt.

Verdünnte Schwefelsäure, $c(H_2SO_4) \approx 1$ mol/l, ist im Handel erhältlich und darf ebenso verwendet werden.

6.6 Natriumhydroxid, $c(NaOH) \approx 2$ mol/l.

80 g Natriumhydroxid-Plätzchen einwiegen und zu 800 ml Wasser (6.1) in einen Erlenmeyerkolben geben. Die Lösung wird kontinuierlich gerührt, bis alle Plätzchen gelöst sind. Nach dem Abkühlen auf Raumtemperatur wird die Lösung in einen 1 000-ml-Messkolben überführt. Die Lösung wird bis zur Marke mit Wasser aufgefüllt und intensiv durchmischt.

Natriumhydroxid-Lösung, $c(NaOH) \approx 2$ mol/l ist im Handel erhältlich und darf ebenso verwendet werden.

6.7 Natriumhypochlorit, Lösung, $\rho(Cl_2)$ etwa 0,1 g/l.

Durch Verdünnung von im Handel erhältlicher konzentrierter Natriumhypochlorit-Lösung herstellen.

6.8 Kaliumiodat, Stammlösung, $\rho(KIO_3) = 1{,}006$ g/l.

1,006 g Kaliumiodat (KIO_3) werden in etwa 250 ml Wasser (6.1) in einem Messkolben mit einer Markierung bei 1 000 ml aufgelöst. Die Lösung wird bis zur Marke mit Wasser aufgefüllt und gemischt.

ANMERKUNG Kaliumpermanganat ist eine weitere Option für einen Kontrollstandard. Es liegt in der Verantwortung des Anwenders, die erforderlichen Validierungsdaten bereitzustellen, wenn Permanganat verwendet wird.

DIN EN ISO 7393-2:2019-03
EN ISO 7393-2:2018 (D)

6.9 Kaliumiodad, Standardlösung, $\rho(KIO_3) = 10{,}06$ mg/l.

10 ml der Stammlösung (6.8) werden in einen 1 000-ml-Messkolben gegeben, etwa 1 g Kaliumiodit (6.4) wird hinzugegeben und die Lösung wird bis zur Marke mit Wasser (6.1) aufgefüllt.

Diese Lösung wird am Tag der Verwendung hergestellt.

1 ml dieser Standardlösung enthält 10,06 µg KIO_3.

10,06 µg KIO_3 ist äquivalent zu 0,141 µmol Cl_2.

6.10 Natriumarsenit-Lösung, $\rho(NaAsO_2) = 2$ g/l oder **Thioacetamid-Lösung,** $\rho(CH_3CSNH_2) = 2{,}5$ g/l.

6.11 Chlorlösung, stabilisierte Chlor-Standardlösung, im Handel erhältlich.

7 Geräte

Übliche Laborgeräte und insbesondere photometrische oder kolorimetrische Ausrüstung, die eines der folgenden Geräte umfasst:

7.1 Komparator, ausgerüstet mit einer normierten aus Glas oder Kunststoff bestehenden Farbskala, die speziell für die DPD-Technik ausgelegt und für Chlorkonzentrationen von zum Beispiel 0,000 4 mmol/l bis 0,07 mmol/l (z. B. 0,03 mg/l bis 5 mg/l) geeignet ist.

7.2 Spektrometer, Photometer, Kolorimeter oder Spektralphotometer, ausgestattet mit der Einstellmöglichkeit für die Wellenlänge, geeignet zum Einsatz bei (510 ± 20) nm oder (550 ± 20) nm, und das mit rechteckigen oder zylindrischen Küvetten mit einer optischen Weglänge von 10 mm oder größer betrieben werden kann.

7.3 Glaswaren, chlorzehrungsfrei, die Chlorzehrung von Glaswaren wird beseitigt, indem sie mit Natriumhypochlorit-Lösung (6.7) gefüllt und nach 1 h mit reichlich Wasser (6.1) gespült werden.

Bei den Analysen sollte ein Satz Glaswaren für die Bestimmung von freiem Chlor und ein weiterer für die Bestimmung von Gesamtchlor vorgehalten werden, um eine Kontamination des für freies Chlor bestimmten Satzes zu vermeiden.

8 Probenahme

Wenn möglich, alle Proben vor Ort innerhalb von 5 min nach der Probenahme (ISO 5667-3) analysieren. Falls die Proben nicht vor Ort analysiert werden können, werden chlorzehrungsfreie dunkle Glasflaschen für Transport und Lagerung verwendet. Die Flasche wird mit der Probe vollständig gefüllt. Die Proben werden unmittelbar nach der Ankunft im Labor analysiert. Es liegt in der Verantwortung des Anwenders dieses Dokuments, die maximale Lagerzeit der Proben festzulegen. Helles Licht, Bewegung und Hitze müssen jederzeit vermieden werden.

Wenn eine sofortige Analyse vor Ort unmöglich ist, müssen die Zeit zwischen Probenahme und Analyse sowie der Grund für die Messung im Labor im Analysenbericht angegeben werden.

DIN EN ISO 7393-2:2019-03
EN ISO 7393-2:2018 (D)

9 Durchführung

9.1 Prüfprobe

Die Bestimmung erfolgt unmittelbar nach der Entnahme der Proben. Wenn trübe Proben verarbeitet werden, wird vorzugsweise eine Blindwertanpassung vorgenommen. In diesem Fall liegt es in der Verantwortung des Anwenders, dass die Filter und das Filtriermaterial chlorzehrungsfrei sind. Es wird empfohlen, trübe Proben vor Ort zu filtrieren und Druckfiltrationstechniken zu verwenden (z. B. Spritze mit Einwegfilterpatrone).

9.2 Analysenproben

Es werden zwei Analysenproben zu je 100,0 ml (V_0) verwendet. Wenn die Konzentration an Gesamtchlor 70 µmol/l (5 mg/l) übersteigt, ist es erforderlich, ein kleineres Volumen V_1 der Prüfprobe zu entnehmen und mit Wasser (6.1) auf 100,0 ml zu verdünnen. Für gebrauchsfertige Testkits können kleinere Volumina der Analysenprobe erforderlich sein. Siehe Empfehlungen des Herstellers.

9.3 Kalibrierung

In einer Reihe von 100-ml-Messkolben werden zunehmende Mengen der Kaliumiodat-Standardlösung (6.9) in der Weise vorgelegt, dass eine Konzentrationsreihe von $c(Cl_2)$ = 0,423 µmol/l bis zu 70,5 µmol/l [$\rho(Cl_2)$ = 0,03 mg/l bis 5 mg/l; 0,3 ml bis zu 50 ml der Standardlösung (6.9)] gebildet wird. 1,0 ml Schwefelsäure (6.5) und nach 1 min 1,0 ml Natriumhydroxid-Lösung (6.6) werden hinzugefügt. Die Lösung wird auf 100 ml mit Wasser (6.1) verdünnt. Der Inhalt jedes Messkolbens wird ohne Spülung in einen 250-ml-Erlenmeyerkolben überführt, der 5 ml Pufferlösung (6.2) und 5 ml DPD-Reagenz (6.3) enthält, welche weniger als 1 min vor der Überführung hinzugefügt wurden. Die Lösung wird gemischt (siehe Anmerkung). Dann wird die Messküvette nacheinander mit jeder der hergestellten Standardlösungen befüllt und innerhalb von 2 min einer der folgenden Parameter gemessen:

— die Farbintensität mit dem Komparator (7.1);

— die Extinktion, gegen Wasser in der Vergleichsküvette, mit einem Spektrometer (7.2).

Je nach Bedarf wird geprüft und es werden die notwendigen Korrekturen der normierten Skala des Komparators vorgenommen oder es wird eine Kalibrierkurve für das Spektrometer erstellt. Für jedes frisch angesetzte DPD-Reagenz wird eine Kalibrierung nach ISO 8466-1 durchgeführt und täglich wird ein Punkt auf der Skala oder auf der Kurve geprüft. In Abhängigkeit von dem verwendeten Instrument kann eine nichtlineare Kalibrierfunktion sinnvoll sein.

Feldphotometer von gebrauchsfertigen Testkits werden vom Hersteller kalibriert. Anweisungen des Herstellers sind zu beachten.

ANMERKUNG   Jede Standardlösung wird einzeln angesetzt, um eine zu frühe Vermischung von Puffer und Reagenz und das Auftreten einer falsch-positiven roten Farbe zu vermeiden.

DIN EN ISO 7393-2:2019-03
EN ISO 7393-2:2018 (D)

9.4 Bestimmung von freiem Chlor

Die erste Analysenprobe wird ohne Spülung in einen 250-ml-Erlenmeyerkolben überführt, der 5 ml Pufferlösung (6.2) und 5 ml DPD-Reagenz (6.3) enthält. Die Lösung wird durchmischt. Die Messküvette wird mit dieser behandelten Lösung befüllt und die Farbe wird sofort unter denselben Bedingungen, wie sie für die Kalibrierung (siehe 9.3) festgelegt wurden, gemessen. Die von der Skala des Komparators oder der Kalibrierkurve (siehe 9.3) abgelesene Konzentration c_1 wird aufgezeichnet.

In Abhängigkeit vom verwendeten Instrument oder dem gebrauchsfertigen Testkit dürfen nach den Empfehlungen des Herstellers andere Volumina oder Behälter verwendet werden. Weiterhin kann die Reaktionszeit nach den Empfehlungen des Herstellers eingestellt werden.

Im Fall eines unbekannten Wassers mit einer möglicherweise hohen Acidität, hohen Alkalinität oder einer hohen Konzentration von Salzen ist es ratsam, zu prüfen, ob das Volumen der Pufferlösung (6.2) für die Einstellung des Wassers auf einen pH-Wert von 6,2 bis 6,5 oder einen geeignet modifizierten Bereich ausreicht. Falls nicht, wird ein größeres Volumen der Pufferlösung (6.2) verwendet. In diesem Fall wird das Verdünnungsverhältnis berechnet und entsprechend bei der Berechnung der Ergebnisse einbezogen.

Dies muss auch berücksichtigt werden, wenn ein gebrauchsfertiges Testkit verwendet wird. Bestehen Zweifel, dass der pH-Bereich von 6,2 bis 6,5 für die finale Reagenzprobenmischung unter Verwendung von Pulver, Tabletten oder anderen gebrauchsfertigen Testkits erreicht wird, sollte der pH-Wert der finalen Reagenzprobenmischung mit angemessenen pH-Messtechniken gemessen werden. Für den Fall, dass der pH-Wert in der Mischung nicht erreicht wird, muss der pH-Wert der Probe durch die Zugabe von Salzsäure oder Natriumhydroxid-Lösung sorgfältig angepasst werden. Wenn die Probe infolge der Anpassung des pH-Werts signifikant verdünnt ist (> 5 % bis 10 %), muss dies bei der Berechnung der Ergebnisse (siehe Abschnitt 10) berücksichtigt werden.

9.5 Bestimmung des Gesamtchlors

Die zweite Analysenprobe wird ohne Spülung in einen 250-ml-Erlenmeyerkolben überführt, der 5 ml Pufferlösung (6.2) und 5 ml DPD-Reagenz (6.3) enthält. Es wird etwa 1 g Kaliumiodid (6.4) zugegeben und die Lösung wird gemischt (siehe die Anmerkung zu 6.3). Die Messküvette wird mit dieser behandelten Lösung befüllt und die Farbe wird nach 2 min unter denselben Bedingungen, wie sie für die Kalibrierung (siehe 9.3) festgelegt wurden, gemessen. Die von der Skala des Komparators oder der Kalibrierkurve (siehe 9.3) abgelesene Konzentration c_2 wird aufgezeichnet. Wenn die Probe infolge der Anpassung des pH-Werts signifikant verdünnt ist (> 5 % bis 10 %), muss dies bei der Berechnung der Ergebnisse (siehe Abschnitt 10) berücksichtigt werden.

In Abhängigkeit vom verwendeten Instrument oder gebrauchsfertigen Testkit dürfen nach den Empfehlungen des Herstellers andere Volumina, Behälter oder Reaktionszeiten verwendet werden.

Im Fall eines unbekannten Wassers mit einer möglicherweise hohen Acidität oder hohen Alkalinität oder einer hohen Konzentration von Salzen ist es ratsam, zu prüfen, ob das Volumen der Pufferlösung (6.2) für die Einstellung des Wassers auf einen pH-Wert von 6,2 bis 6,5 oder einen geeignet modifizierten Bereich ausreicht. Falls nicht, wird ein größeres Volumen der Pufferlösung (6.2) verwendet.

Dies muss berücksichtigt werden, wenn ein gebrauchsfertiges Testkit verwendet wird. Bestehen Zweifel, dass der pH-Bereich von 6,2 bis 6,5 für die finale Reagenzprobenmischung unter Verwendung von Pulver, Tabletten oder anderen gebrauchsfertigen Testkits erreicht wird, sollte der pH-Wert der finalen Reagenzprobenmischung mit angemessenen pH-Messtechniken gemessen werden. Für den Fall, dass der pH-Wert in der Mischung nicht erreicht wird, muss der pH-Wert der Probe sorgfältig durch die Zugabe von Salzsäure oder Natriumhydroxid-Lösung angepasst werden. Wenn die Probe infolge der Anpassung des pH-Werts signifikant verdünnt ist (> 5 % bis 10 %), muss dies bei der Berechnung der Ergebnisse (siehe Abschnitt 10) berücksichtigt werden.

Bestimmung von freiem Chlor und Gesamtchlor – Teil 2:
Kolorimetrisches Verfahren mit N,N-Dialkyl-1,4-Phenylendiamin
für Routinekontrollen

G 4-2

DIN EN ISO 7393-2:2019-03
EN ISO 7393-2:2018 (D)

10 Berechnung

10.1 Berechnung der Konzentration an freiem Chlor

Die Konzentration an freiem Chlor, $c(Cl_{2,\,frei})$, angegeben in Millimol je Liter, wird nach Gleichung (1) berechnet:

$$c(Cl_{2,frei}) = \frac{(c_1 - c_3)V_0}{V_1} \tag{1}$$

Dabei ist

c_1 die nach 9.4 bestimmte Chlorkonzentration, angegeben in Millimol Cl_2 je Liter;

c_3 die dem vorhandenen Mangandioxid entsprechende Konzentration (siehe 5.3), angegeben in Millimol Cl_2 je Liter;

ANMERKUNG Falls kein Mangandioxid vorhanden ist, ist $c_3 = 0$.

V_0 das maximale Volumen der Analysenprobe (6.2), in Milliliter ($V_0 = 100,0$ ml);

V_1 das Volumen der Prüfprobe in der Analysenprobe nach Verdünnung (9.2), in Milliliter.

10.2 Berechnung der Konzentration an Gesamtchlor

Die Konzentration an Gesamtchlor, $c(Cl_{2,\,gesamt})$, angegeben in Millimol je Liter, wird nach Gleichung (2) berechnet:

$$c(Cl_{2,gesamt}) = \frac{(c_2 - c_3)V_0}{V_1} \tag{2}$$

Dabei ist

c_2 die nach 9.5 bestimmte Chlorkonzentration, angegeben in Millimol Cl_2 je Liter;

c_3, V_0 und V_1 wie in 10.1 festgelegt.

10.3 Umrechnung der Stoffmengenkonzentration in Massenkonzentration

Die Chlorkonzentration, angegeben in Millimol je Liter, kann als Massenkonzentration in Milligramm je Liter angegeben werden, indem sie mit einem Umrechnungsfaktor von 70,91 multipliziert wird.

11 Angabe der Ergebnisse

Die Ergebnisse werden in Milligramm je Liter angegeben, unter Verwendung der für jede Probe verwendeten Verdünnungsfaktoren. Die bei der Anwendung dieses Dokuments erhaltenen Analysenergebnisse sind mit einer Messunsicherheit behaftet, die bei der Interpretation der Ergebnisse zu berücksichtigen ist.

BEISPIEL

Freies Chlor, $\rho(Cl_{2,\,frei}) = 0{,}65$ mg/l;

Gesamtchlor, $\rho(Cl_{2,\,gesamt}) = 2{,}1$ mg/l.

DEV – 109. Lieferung 2019

DIN EN ISO 7393-2:2019-03
EN ISO 7393-2:2018 (D)

12 Analysenbericht

Der Analysenbericht muss mindestens die folgenden Angaben enthalten:

a) verwendetes Analysenverfahren mit einer Verweisung auf dieses Dokument, d. h. ISO 7393-2;

b) Identität der Probe;

c) Angabe der Ergebnisse nach Abschnitt 11;

d) alle Abweichungen von diesem Verfahren;

e) Angabe aller Umstände, die gegebenenfalls die Ergebnisse beeinflusst haben könnten;

f) die Zeit zwischen Probenahme und Analyse sowie der Grund für die Messung im Labor, falls die Messung nicht vor Ort durchgeführt wurde.

DIN EN ISO 7393-2:2019-03
EN ISO 7393-2:2018 (D)

Anhang A
(informativ)

Einzelbestimmung von gebundenem Chlor des Monochloramintyps, von gebundenem Chlor des Dichloramintyps und von gebundenem Chlor in Form von Stickstofftrichlorid

A.1 Anwendbarkeit

Dieser Anhang legt ein Verfahren für die Unterscheidung von gebundenem Chlor des Monochloramintyps, von gebundenem Chlor des Dichloramintyps und von gebundenem Chlor in Form von Stickstofftrichlorid fest. Der Anwendungsbereich des Verfahrens ist derselbe wie für Konzentrationen von freiem Chlor und Gesamtchlor (siehe Abschnitt 1).

A.2 Grundlage des Verfahrens

Nach der Bestimmung von freiem Chlor und Gesamtchlor wird eine kolorimetrische Messung von zwei weiteren Analysenproben durchgeführt:

a) an der dritten Analysenprobe: Reaktion mit DPD, begrenzt auf freies Chlor und gebundenes Chlor des Monochloramintyps durch Zugabe einer geringen Menge Kaliumiodid;

b) an der vierten Analysenprobe: Zugabe einer geringen Menge Kaliumiodid vor der Zugabe der Pufferlösung und des DPD-Reagenzes. Reaktion des DPD mit freiem Chlor, gebundenem Chlor des Monochloramintyps und einer Hälfte des Stickstofftrichlorids.

Gebundenes Chlor des Dichloramintyps reagiert in keinem dieser beiden Fälle. Die Konzentration von gebundenem Chlor, die durch Monochloramin- und Dichloramin-Typen und die Konzentration von Stickstofftrichlorid verursacht wird, muss entsprechend berechnet werden.

A.3 Reagenzien

Es werden die in Abschnitt 6 beschriebenen Reagenzien verwendet und zusätzlich:

A.3.1 Kaliumiodid-Lösung, $\rho(KIO_2) = 5$ g/l.

Diese Lösung wird am Tag der Verwendung hergestellt und in einer braunen Flasche gelagert.

A.4 Geräte

Siehe Abschnitt 7.

G 4-2

Bestimmung von freiem Chlor und Gesamtchlor – Teil 2:
Kolorimetrisches Verfahren mit N,N-Dialkyl-1,4-Phenylendiamin
für Routinekontrollen

DIN EN ISO 7393-2:2019-03
EN ISO 7393-2:2018 (D)

A.5 Durchführung

A.5.1 Prüfprobe

Siehe 9.1.

A.5.2 Analysenproben

Es wird mit zwei Analysenproben gearbeitet, wie in 9.2 beschrieben.

A.5.3 Kalibrierung

Siehe 9.3.

A.5.4 Bestimmung von freiem Chlor und gebundenem Chlor des Typs Monochloramin

In einem 250-ml-Erlenmeyerkolben werden nacheinander schnell aufgelöst: 5,0 ml der Pufferlösung (6.2), 5,0 ml des DPD-Reagenz (6.3), die dritte Analysenprobe und zwei Tropfen (etwa 0,1 ml) der Kaliumiodid-Lösung (A.3.1) oder ein sehr kleiner Kristall Kaliumiodid (etwa 0,5 mg), danach mischen. Die Messküvette wird mit dieser Lösung befüllt und die Farbe wird sofort unter denselben Bedingungen, wie beim Kalibrieren (siehe A.5.3), gemessen. Die von der Skala des Komparators oder der Kalibrierkurve (siehe A.5.3) abgelesene Konzentration c_4 wird aufgezeichnet.

A.5.5 Bestimmung von freiem Chlor, gebundenem Chlor des Monochloramintyps und einer Hälfte des Stickstofftrichlorids

In einen 250-ml-Becher werden die vierte Analysenprobe und zwei Tropfen (etwa 0,1 ml) der Kaliumiodid-Lösung (A.3.1) oder ein sehr kleiner Kristall Kaliumiodid (etwa 0,5 mg) gegeben, danach wird durchmischt. Der Inhalt des Bechers wird in einen 250-ml-Erlenmeyerkolben überführt, der 5,0 ml Pufferlösung (6.2) und 5,0 ml DPD-Reagenz (6.3) enthält, welche weniger als 1 min vor der Überführung hinzugefügt wurden. Die Messküvette wird mit dieser Lösung befüllt und die Farbe sofort unter denselben Bedingungen, wie beim Kalibrieren (siehe A.5.3), gemessen. Die von der Skala des Komparators oder der Kalibrierkurve (siehe A.5.3) abgelesene Konzentration c_5 wird aufgezeichnet.

A.6 Angabe der Ergebnisse

A.6.1 Berechnung

A.6.1.1 Berechnung der Konzentration von gebundenem Chlor des Monochloramintyps

Die Konzentration an gebundenem Chlor des Monochloramintyps, $c(Cl_2)$, angegeben in Millimol je Liter, wird durch Gleichung (A.1) berechnet:

$$c(Cl_2) = \frac{(c_4 - c_1)V_0}{V_1} \qquad (A.1)$$

Dabei ist

c_4 die nach A.5.4 bestimmte Chlorkonzentration, angegeben in Millimol Cl_2 je Liter;

c_1, V_0 und V_1 wie in 10.1 festgelegt.

DIN EN ISO 7393-2:2019-03
EN ISO 7393-2:2018 (D)

A.6.1.2 Berechnung der Konzentration von gebundenem Chlor des Dichloramintyps

Die Konzentration an gebundenem Chlor des Dichloramintyps, $c(\text{Cl}_2)$, angegeben in Millimol je Liter, wird durch Gleichung (A.2) berechnet:

$$c(\text{Cl}_2) = \frac{(c_2 - 2c_5 + c_4)V_0}{V_1} \tag{A.2}$$

Dabei ist

c_2, V_0 und V_1 wie in 10.1 festgelegt;

c_4 wie in A.6.1.1 festgelegt;

c_5 die nach A.5.5 bestimmte Chlorkonzentration, angegeben in Millimol Cl_2 je Liter.

A.6.1.3 Berechnung der Konzentration von gebundenem Chlor in Form von Stickstofftrichlorid

Die Konzentration an gebundenem Chlor in Form von Stickstofftrichlorid, $c(\text{Cl}_2)$, angegeben in Millimol je Liter, wird durch Gleichung (A.3) berechnet:

$$c(\text{Cl}_2) = \frac{2(c_5 - c_4)V_0}{V_1} \tag{A.3}$$

Dabei ist

c_5 wie in A.6.1.2 festgelegt;

c_4 wie in A.6.1.1 festgelegt;

V_0 und V_1 wie in 10.1 festgelegt.

A.6.2 Umrechnung der Stoffmengenkonzentration in Massenkonzentration

Die Chlorkonzentration, angegeben in Millimol je Liter, kann als Massenkonzentration in Milligramm je Liter angegeben werden, indem sie mit einem Umrechnungsfaktor von 70,91 multipliziert wird.

DIN EN ISO 7393-2:2019-03
EN ISO 7393-2:2018 (D)

Anhang B
(informativ)
Verfahrenskenndaten

B.1 Verfahrenskenndaten für das im Hauptteil dieses Dokuments beschriebene Verfahren

Der letzte internationale Ringversuch wurde im Mai 2017 vom IWW Zentrum Wasser (Deutschland) durchgeführt. An der Untersuchung nahmen 10 Labore aus Deutschland und den Vereinigten Staaten von Amerika mit insgesamt 17 Testkits teil. Die in Anhang C beschriebenen planaren Küvetten wurden von zwei Laboren (je ein Testkit) angewendet. Alle Teilnehmer trafen sich im Labor des Veranstalters und führten die Prüfungen zur gleichen Zeit unter vergleichbaren Bedingungen durch. Die ursprünglichen Probematrizes wurden direkt vor den Prüfungen mit einer Natriumhypochlorit-Stammlösung (freies Chlor) dotiert.

Nur für die Standardlösungen (Probe F) und die Trinkwasserprobe (Probe A) konnte eine Wiederfindungsrate berechnet werden. Für alle anderen Probematrizes kann der zugewiesene Wert aufgrund der unvermeidlichen Chlorzehrung von echten Wassermatrizes nicht berechnet werden.

Ein Satz von 15 Proben (Matrix-Konzentrations-Kombinationen) wurde jeweils in Trinkwasser, Badebeckenwasser (Standard- und Solebecken), Kühlwasser und in Abwasser analysiert. Die Verfahrenskenndaten sind in Tabelle B.2 für freies Chlor und Tabelle B.3 für Gesamtchlor zusammengefasst. Weitere Informationen zu den Proben sind in Tabelle B.1 dargestellt.

Tabelle B.1 — Informationen zu den Proben für die finale Validierungsstudie im Mai 2017

Probe	Matrix	Konzentrations-niveau	pH	Alkalinität mmol/l	Leitfähigkeit µS/cm
A (DW)	Trinkwasser (allgemeine Wasserversorgung von Mülheim)	1, 2, 3	7,6	2,37	560
B (SW)	Badebeckenwasser (Standard)	1, 2 freies und Gesamtchlor	7,2	0,39	387
C (SW)	Badebeckenwasser (Solebecken)	1, 2 freies und Gesamtchlor	6,9	0,21	10 800
D (CW)	Kühlwasser	1, 2	7,3	0,46	930
E (WW)	Abwasser (kommunal)	1, 2	7,8	2,17	1 020
F (ST)	Standardlösung (KMnO$_4$) [10]	1, 2, 3, 4	—	—	—

Bestimmung von freiem Chlor und Gesamtchlor – Teil 2: Kolorimetrisches Verfahren mit N,N-Dialkyl-1,4-Phenylendiamin für Routinekontrollen

G 4-2

DIN EN ISO 7393-2:2019-03
EN ISO 7393-2:2018 (D)

Tabelle B.2 — Verfahrenskenndaten für die finale Validierung dieses Dokuments, freies Chlor

Probe	l	n	o	X	$\bar{\bar{x}}$	η	s_R	$C_{V,R}$	s_r	$C_{V,r}$
			%	mg/l	mg/l	%	mg/l	%	mg/l	%
A (DW 1)	14	42	0,0	0,05	0,042	84,0	0,015 8	37,5	0,006 6	15,6
A (DW 2)	16	48	5,9	0,20	0,188	94,0	0,021 8	11,6	0,011 1	5,9
A (DW 3)	16	48	5,9	2,00	1,827	91,4	0,053 5	2,9	0,015 7	0,9
B (PW 1)	14	42	12,5	—	0,783	—	0,057 3	7,3	0,013 4	1,7
B (PW 2)	15	45	6,3	—	1,004	—	0,073 6	7,3	0,018 9	1,9
C (PW 1)	16	48	0,0	—	0,443	—	0,052 9	11,9	0,017 9	4,0
C (PW 2)	14	41	14,6	—	0,872	—	0,106 9	12,3	0,011 5	1,3
D (CW 1)	14	42	6,7	—	0,292	—	0,109 6	37,5	0,026 3	9,0
D (CW 2)	16	48	5,9	—	0,403	—	0,074 6	18,5	0,023 5	5,8
E (WW 1)	17	51	0,0	—	0,948	—	0,335 1	35,4	0,057 2	6,0
E (WW 2)	17	49	0,0	—	1,982	—	0,186 1	9,4	0,086 7	4,4
F (St 1)	12	36	0,0	0,05	0,044	88,0	0,012 0	27,2	0,007 2	16,4
F (St 2)	14	42	0,0	0,10	0,089	89,0	0,017 2	19,3	0,005 7	6,5
F (St 3)	13	39	7,1	0,50	0,448	89,6	0,049 4	11,0	0,008 4	1,9
F (St 4)	14	42	6,7	1,00	0,923	92,3	0,041 5	4,5	0,022 4	2,4

l	Anzahl der Datensätze
n	Anzahl der nach Ausreißereliminierung verbleibenden Analysenwerte
o	Anteil der Ausreißer
X	Konventionell richtiger Wert der Analysenprobe
$\bar{\bar{x}}$	Gesamtmittelwert (ohne Ausreißer)
η	Wiederfindungsrate
s_R	Vergleichstandardabweichung
$C_{V,R}$	Vergleichvariationskoeffizient
s_r	Wiederholstandardabweichung
$C_{V,r}$	Wiederholvariationskoeffizient
ANMERKUNG	η: Minimum 84,0 %; Maximum 94,0 % (Daten nur für die Standardlösung erhältlich)
	$C_{V,R}$: Minimum 2,9 %; Maximum 37,5 %
	$C_{V,r}$: Minimum 0,9 %; Maximum 16,4 %

DIN EN ISO 7393-2:2019-03
EN ISO 7393-2:2018 (D)

Tabelle B.3 — Verfahrenskenndaten für die finale Validierung dieses Dokuments, Gesamtchlor

Probe	l	n	o	X	$\bar{\bar{x}}$	η	s_R	$C_{V,R}$	s_r	$C_{V,r}$
			%	mg/l	mg/l	%	mg/l	%	mg/l	%
B (PW 1)	16	48	0,0	—	0,928	—	0,066 4	7,2	0,015 1	1,6
B (PW 2)	15	45	6,3	—	1,172	—	0,055 6	4,7	0,015 8	1,4
C (PW 1)	15	45	6,3	—	0,673	—	0,107 3	15,9	0,009 5	1,4
C (PW 2)	15	44	8,3	—	1,127	—	0,067 6	6,0	0,010 8	1,0

Erläuterung der Symbole siehe Tabelle B.2.
ANMERKUNG $C_{V,R}$: Minimum 4,7 %; Maximum 15,9 %

$C_{V,r}$: Minimum 1,0 %; Maximum 1,6 %

B.2 Verfahrenskenndaten für das in Anhang C beschriebene Verfahren

Die Bewertung des mesofluide Kolorimetrie-Verfahren durch das „USA-EPA Office of Drinking Water and Ground Water" ergab die in Tabelle B.4 enthaltenen Ergebnissen.

Tabelle B.4 — Analytische Parameter aus Laborvergleichsanalysen für freies Chlor

Wahrer Wert	Verfahren[a]	Anzahl der Labore (Überwachung)	Mittelwert	Standardabweichung
mg/l			mg/l	mg/l
0,20	A	21	0,21	0,01
	B	21	0,21	0,03
2,00	A	12	1,88	0,01
	B	12	1,94	0,04

[a] A: DPD colorimetric SM 4500-Cl G/ISO 7393-2:1985.
B: DPD-Reagenz befüllte Küvetten mit einem mesofluiden Kanalkolorimeter.

DIN EN ISO 7393-2:2019-03
EN ISO 7393-2:2018 (D)

Anhang C
(informativ)

Planare Einwegküvetten, befüllt mit Reagenzien unter Verwendung einer mesofluiden Kanalpumpe/eines Kolorimeters

C.1 Allgemeines

Dieser Anhang legt ein Verfahren für die Bestimmung von freiem Chlor und Gesamtchlor in Wasser fest, das sofort für Prüfungen unter Labor- und natürlichen Bedingungen eingesetzt werden kann. Das Verfahren beruht auf planaren, mit Reagenzien befüllten Einwegküvetten. Der Anwendungsbereich dieses Verfahrens ist dem für Konzentrationen von freiem Chlor und Gesamtchlor (siehe Abschnitt 1) ähnlich.

C.2 Grundlage des Verfahrens

C.2.1 Bestimmung von freiem Chlor

Freies Chlor ist bestimmt durch die direkte Reaktion von *N,N*-Dialkyl-1,4-Phenylendiamin (DPD) mit Chlor in einem pH-Bereich von 6,2 bis 6,5. Dies führt zur Bildung eines roten Farbkomplexes. Die entwickelte Farbintensität wird mit einem mesofluiden Kanalkolorimeter gemessen.

C.2.2 Bestimmung des Gesamtchlors

Die Reaktion mit DPD wird bei Vorliegen eines Überschusses an Kaliumiodid durchgeführt. Die Messung der entwickelten Farbintensität erfolgt mit einem mesofluiden Kanalkolorimeter.

C.3 Reagenzien

Die Reagenzien, die bei diesem Verfahren verwendet werden, sind in den vom Hersteller bereitgestellten, vorgefüllten Einwegküvetten enthalten.

C.3.1 Planare Einwegküvetten.

Die planaren Einwegküvetten sind mit pulverisierten *N,N*-Dialkyl-1,4-Phenylendiamin (DPD), Puffer, Kaliumiodid und Ascorbinsäure vorbefüllt.

C.4 Geräte

Mesofluides Kanalkolorimeter mit folgenden Bestandteilen:

C.4.1 **Mesofluide Pumpe/Kolorimeter**, entwickelt für planare, mit DPD-Reagenz befüllte Küvetten, geeignet für Chlorkonzentrationen im Bereich von 0,12 mg/l bis 4,6 mg/l. Das Kolorimeter, geeignet für die Verwendung bei 510 nm, für Probevolumen von 0,030 ml bis 0,050 ml und mit einer optischen Weglänge von 10 mm oder größer.

G 4-2

Bestimmung von freiem Chlor und Gesamtchlor – Teil 2:
Kolorimetrisches Verfahren mit N,N-Dialkyl-1,4-Phenylendiamin
für Routinekontrollen

DIN EN ISO 7393-2:2019-03
EN ISO 7393-2:2018 (D)

C.5 Durchführung

C.5.1 Prüfprobe

Prüfproben werden vor Ort ohne Vorbehandlung untersucht. Das heißt, dass abfiltrierbare Stoffe vor der Analyse nicht entfernt werden. In Bädern gesammelte Proben oder solche, die eine Verdünnung oder Vorbehandlung zur Verringerung von Störungen erfordern, werden, wie in Abschnitt 8 beschrieben, gesammelt.

C.5.2 Verifizierung der Kalibrierung und Anpassung

Zur Verifizierung der Kalibrierung wird eine wässrige Standardlösung mit einer Konzentration von 2,0 mg/l aus der Chlor-Stammlösung hergestellt. Eine planare, mit der Reagenz vorbefüllte Einwegküvette wird in die mesofluide Pumpe/das Kolorimeter eingeführt und die Probe wird analysiert. Wenn sich das gemessene Ergebnis der Verifizierung des Kalibrierstandards vom erwarteten Wert unterscheidet, wird eine Anpassung der Steigung der mesofluiden Kanalpumpe/des Kolorimeters und eine erneute Verifizierung des Kalibrierstandards durchgeführt.

C.5.3 Bestimmung von freiem Chlor

Eine planare, mit Reagenzien für die Bestimmung von freiem Chlor vorbefüllte Einwegküvette wird in die mesofluide Kanalpumpe/das Kolorimeter eingeführt. Das freiliegende Ende der Küvette wird in den zu messenden Probenstrom platziert und die Pumpe des Kolorimeters wird in Betrieb gesetzt. Die Probe wird in die Küvette gezogen und mit DPD und dem Puffer gemischt. Die sich ergebende Reaktion wird dann durch das mesofluide Kolorimeter analysiert und angezeigt.

C.5.4 Bestimmung des Gesamtchlors

Eine planare, mit Reagenzien für die Bestimmung des Gesamtchlors vorbefüllte Einwegküvette wird in die mesofluide Kanalpumpe/das Kolorimeter eingeführt. Das freiliegende Ende der Küvette wird in den zu messenden Probenstrom platziert und die Pumpe des Kolorimeters wird in Betrieb gesetzt. Die Probe wird in die Küvette gezogen und mit DPD und dem Puffer gemischt. Die sich ergebende Reaktion wird dann durch das mesofluide Kolorimeter analysiert und angezeigt.

C.6 Berechnung

Die Konzentration an freiem Chlor oder Gesamtchlor wird automatisch, beruhend auf der internen Kalibrierung des Kolorimeters für eine unverdünnte Probe, berechnet und wird in mg/l Chlor (Cl_2) ausgedrückt.

C.7 Ergebnisse eines Validierungsringversuchs

Die Verfahrenskenndaten sind in Anhang B angegeben.

DIN EN ISO 7393-2:2019-03
EN ISO 7393-2:2018 (D)

Literaturhinweise

[1] ISO 5667-1, *Water quality — Sampling — Part 1: Guidance on the design of sampling programmes and sampling techniques*

[2] BENDER, D. F.: Comparison of methods for the determination of total available residual chlorine in various sample matrices, Report No. EPA-600/4-78-019. Cincinnati, Ohio 45268, USA, US Environmental Protection Agency, 1978

[3] DOE. *Chemical Disinfecting Agents in Waters, and Effluents, and Chlorine Demand, Methods for the Examination of Waters and Associated Materials.* HMSO, London, UK, 1980

[4] NICOLSON, N. J. An evaluation of the methods of determining residual chlorine in water. *Analyst* 1965, **90** p. 187

[5] PALIN, A.T. Methods for the determination in water of free and combined available chlorine, chlorine dioxide and chlorite, bromine, iodine and ozone, using diethyl-p-phenylenediamine. *J. Inst. Water Eng.* 1967, **21** p. 537

[6] PALIN, A.T. Analytical control of water disinfection with special reference to differential DPD methods for chlorine, chlorine dioxide, bromine, iodine and ozone. *J. Inst. Water Eng.* 1974, **28** p. 139

[7] Studies WS007 and WS008, Cincinnati, Ohio 45268, USA, Quality Assurance Branch, Environmental Monitoring and Support Laboratory, Office of Research and Development, US Environmental Protection Agency, 1980

[8] PALIN, A.T. New correction procedures for chromate interference in the DPD method for residual free and combined chlorine. *J. Inst. Water Eng. Sci.* 1982, **36** p. 351

[9] HARBRIDGE, J. *Free and Total Chlorine Using Disposable „Planar" Reagent-Filled Cuvettes.* Hach Company, Loveland, Colorado, 2013

[10] *Standard Methods for the Examination of Water and Wastewater,* American Public Health Association, 16th Edition, 1985, pp. 309-310

G 4-2 Bestimmung von freiem Chlor und Gesamtchlor – Teil 2: Kolorimetrisches Verfahren mit N,N-Dialkyl-1,4-Phenylendiamin für Routinekontrollen

	DEUTSCHE NORM	April 2019
	DIN EN 1484	**DIN**

ICS 13.060.50   Ersatz für
DIN EN 1484:1997-08

**Wasseranalytik –
Anleitungen zur Bestimmung des gesamten organischen
Kohlenstoffs (TOC) und des gelösten organischen Kohlenstoffs (DOC);
Deutsche Fassung EN 1484:1997**

Water analysis –
Guidelines for the determination of total organic carbon (TOC) and dissolved organic
carbon (DOC);
German version EN 1484:1997

Analyse de l'eau –
Lignes directrices pour le dosage du carbone organique total (COT) et carbone organique
dissous (COD);
Version allemande EN 1484:1997

Gesamtumfang 20 Seiten

DIN-Normenausschuss Wasserwesen (NAW)

H 3

Anleitungen zur Bestimmung des gesamten organischen Kohlenstoffs (TOC) und des gelösten organischen Kohlenstoffs (DOC)

II

DIN EN 1484:2019-04

Nationales Vorwort

Dieses Dokument (EN 1484:1997) wurde vom Technischen Komitee CEN/TC 230 „Wasseranalytik" erarbeitet, dessen Sekretariat von DIN (Deutschland) gehalten wird.

Das zuständige deutsche Normungsgremium ist der Arbeitsausschuss NA 119-01-03 AA „Wasseruntersuchung" im DIN-Normenausschuss Wasserwesen (NAW).

Bezeichnung des Verfahrens:

Anleitungen zur Bestimmung des gesamten organischen Kohlenstoffs (TOC) und des gelösten organischen Kohlenstoffs (DOC) (H 3):

Verfahren DIN EN 1484 — H 3

Anmerkungen zum Ringversuch

Die Wiederfindungsrate von 130 % bei der Probe 1 mit niedrigem TOC-Gehalt ist möglicherweise auf systematische Fehler (Nicht- oder nur Teilberücksichtigung der TOC-Massenkonzentration des Verdünnungswassers) zurückzuführen. Der positive Achsenabschnitt der Kalibriergeraden ist bei der Ermittlung der Analysenergebnisse prinzipiell zu berücksichtigen.

Die erhöhte Wiederfindungsrate bei Probe 4 ist auf den sehr hohen Anteil TIC zurückzuführen. Bei diesen Proben sind die Vorgaben des Herstellers bezüglich Säurevolumen und Austreibzeit oftmals nicht ausreichend.

Massenkonzentrationen < 1 mg/l werden auf eine Nachkommastelle gerundet.

Anmerkungen zur AbwV

Für die Bestimmung des gesamten organischen Kohlenstoffs (TOC) in Abwasser gemäß Abschnitt III, Nummer 502 der Anlage zu § 4 der Verordnung über Anforderungen an das Einleiten von Abwasser in Gewässer (AbwV) Abwasserverordnung in der Fassung der Bekanntmachung vom 17. Juni 2004 (BGBl. I S. 1108, 2625), die zuletzt durch Artikel 1 der Verordnung vom 22. August 2018 (BGBl. I S. 1327) geändert worden ist, sind bei der Untersuchung partikelhaltiger Abwasserproben Kontrollmessungen gemäß Anhang C der DIN EN 1484 (H 3) (August 1997) durchzuführen. Im Rahmen dieser Anwendung ist Anhang C von DIN EN 1484 (August 1997) normativ.

Hinweise zum TOC- bzw. TNb-Verfahren (Nummern 305 und 306)

Es ist ein Gerät mit thermisch-katalytischer Verbrennung (Mindesttemperatur 670 °C) zu verwenden.

Es gelten die Regelungen zur Homogenisierung nach DIN 38402 Teil 30 (A 30) (Ausgabe Juli 1998), insbesondere die Abschnitte 8.3 und 8.4.5 sind zu beachten. Bei der Untersuchung partikelhaltiger Abwasserproben sind Kontrollmessungen gemäß Anhang C der DIN EN 1484 (H 3) (Ausgabe August 1997) durchzuführen.

Anleitungen zur Bestimmung des gesamten organischen Kohlenstoffs (TOC) und des gelösten organischen Kohlenstoffs (DOC) **H 3**

DIN EN 1484:2019-04

Änderungen

Gegenüber DIN 38409-3:1983-06 wurden folgende Änderungen vorgenommen:

a) Inhalt geändert hinsichtlich Durchführung, Aufbau und Darstellung des Analysenverfahrens.

Gegenüber DIN EN 1484:1997-08 wurde folgende Korrektur vorgenommen:

a) im Anhang C, Abschnitt C.2, muss es wie folgt richtig lauten: „Um diese Suspension herzustellen, werden 225 mg Cellulose ..." (statt „225 g");

b) in Tabelle C.1 wurde der Gesamtmittelwert für die Probe 1b auf 0,53 korrigiert.

Frühere Ausgaben

DIN 38409-3: 1983-06
DIN EN 1484: 1997-08

H 3

Anleitungen zur Bestimmung des gesamten organischen Kohlenstoffs (TOC) und des gelösten organischen Kohlenstoffs (DOC)

DIN EN 1484:2019-04

Es ist erforderlich, bei den Untersuchungen nach dieser Norm Fachleute oder Facheinrichtungen einzuschalten und bestehende Sicherheitsvorschriften zu beachten.

Bei Anwendung der Norm ist im Einzelfall je nach Aufgabenstellung zu prüfen, ob und inwieweit die Festlegung von zusätzlichen Randbedingungen erforderlich ist.

Die vorliegende Norm enthält das vom DIN-Normenausschuss Wasserwesen (NAW) und von der Wasserchemischen Gesellschaft – Fachgruppe in der Gesellschaft Deutscher Chemiker (GDCh) – gemeinsam erarbeitete Deutsche Einheitsverfahren zur Wasser-, Abwasser- und Schlammuntersuchung:

> Anleitungen zur Bestimmung des gesamten organischen Kohlenstoffs (TOC) und
> des gelösten organischen Kohlenstoffs (DOC) (H 3).

Die als DIN-Normen veröffentlichten Deutschen Einheitsverfahren sind bei der Beuth Verlag GmbH einzeln oder zusammengefasst erhältlich. Außerdem werden die genormten Deutschen Einheitsverfahren in der Loseblattsammlung „Deutsche Einheitsverfahren zur Wasser-, Abwasser- und Schlammuntersuchung" gemeinsam von der Beuth Verlag GmbH und der Wiley-VCH Verlag GmbH & Co. KGaA publiziert.

Normen oder Norm-Entwürfe mit dem Gruppentitel „*Deutsche Einheitsverfahren zur Wasser-, Abwasser- und Schlammuntersuchung*" sind in folgende Gebiete (Haupttitel) aufgeteilt:

Allgemeine Angaben (Gruppe A)

Sensorische Verfahren (Gruppe B)

Physikalische und physikalisch-chemische Kenngrößen (Gruppe C)

Anionen (Gruppe D)

Kationen (Gruppe E)

Gemeinsam erfassbare Stoffgruppen (Gruppe F)

Gasförmige Bestandteile (Gruppe G)

Summarische Wirkungs- und Stoffkenngrößen (Gruppe H)

Mikrobiologische Verfahren (Gruppe K)

Testverfahren mit Wasserorganismen (Gruppe L)

Biologisch-ökologische Gewässeruntersuchung (Gruppe M)

Einzelkomponenten (Gruppe P)

Schlamm und Sedimente (Gruppe S)

Suborganismische Testverfahren (Gruppe T)

Über die bisher erschienenen Teile dieser Normen gibt die Geschäftsstelle des Normenausschusses Wasserwesen (NAW) im DIN Deutsches Institut für Normung e.V., Telefon 030 2601-2448, oder die Beuth Verlag GmbH, 10772 Berlin (Hausanschrift: Am DIN-Platz, Burggrafenstr. 6, 10787 Berlin), Auskunft.

| 1 | Anleitungen zur Bestimmung des gesamten organischen Kohlenstoffs (TOC) und des gelösten organischen Kohlenstoffs (DOC) | **H 3** |

EUROPÄISCHE NORM
EUROPEAN STANDARD
NORME EUROPÉENNE

EN 1484

Mai 1997

ICS 13.060.30

Deskriptoren: Umgebungsprüfung, Wasseruntersuchung, Trinkwasser, Grundwasser, Seewasser, Oberflächenwasser, Abwasser, chemische Analyse, Gehaltsbestimmung, organischer Kohlenstoff

Deutsche Fassung

Wasseranalytik —
Anleitungen zur Bestimmung des gesamten organischen Kohlenstoffs (TOC) und des gelösten organischen Kohlenstoffs (DOC)

Water analysis —
Guidelines for the determination of total organic carbon (TOC) and dissolved organic carbon (DOC)

Analyse de l'eau —
Lignes directrices pour le dosage du carbone organique total (COT) et carbone organique dissous (COD)

Diese Europäische Norm wurde von CEN am 1997-04-06 angenommen.

Die CEN-Mitglieder sind gehalten, die CEN/CENELEC-Geschäftsordnung zu erfüllen, in der die Bedingungen festgelegt sind, unter denen dieser Europäischen Norm ohne jede Änderung der Status einer nationalen Norm zu geben ist.

Auf dem letzten Stand befindliche Listen dieser nationalen Normen mit ihren bibliographischen Angaben sind beim Zentralsekretariat oder bei jedem CEN-Mitglied auf Anfrage erhältlich.

Diese Europäische Norm besteht in drei offiziellen Fassungen (Deutsch, Englisch, Französisch). Eine Fassung in einer anderen Sprache, die von einem CEN-Mitglied in eigener Verantwortung durch Übersetzung in seine Landessprache gemacht und dem Zentralsekretariat mitgeteilt worden ist, hat den gleichen Status wie die offiziellen Fassungen.

CEN-Mitglieder sind die nationalen Normungsinstitute von Belgien, Dänemark, Deutschland, Finnland, Frankreich, Griechenland, Irland, Island, Italien, Luxemburg, Niederlande, Norwegen, Österreich, Portugal, Schweden, Schweiz, Spanien, der Tschechischen Republik und dem Vereinigten Königreich.

EUROPÄISCHES KOMITEE FÜR NORMUNG
EUROPEAN COMMITTEE FOR STANDARDIZATION
COMITÉ EUROPÉEN DE NORMALISATION

Zentralsekretariat: rue de Stassart, 36 B-1050 Brüssel

© 1997 CEN   Alle Rechte der Verwertung, gleich in welcher Form und in welchem Verfahren, sind weltweit den nationalen Mitgliedern von CEN vorbehalten.

Ref. Nr. EN 1484:1997 D

DEV – 109. Lieferung 2019

H 3 Anleitungen zur Bestimmung des gesamten organischen Kohlenstoffs (TOC) und des gelösten organischen Kohlenstoffs (DOC) 2

DIN EN 1484:2019-04
EN 1484:1997 (D)

Inhalt

Seite

Vorwort ... 3
Einleitung ... 4
1 Anwendungsbereich ... 5
2 Normative Verweisungen ... 5
3 Begriffe ... 5
4 Grundlagen des Verfahrens ... 6
5 Reagenzien ... 7
6 Geräte ... 8
7 Probenahme und Probenvorbereitung ... 9
7.1 Probenahme ... 9
7.2 Vorbereitung der Wasserprobe ... 9
8 Durchführung ... 9
8.1 Kalibrierung ... 9
8.2 Kontrolluntersuchungen ... 10
8.3 Bestimmung ... 10
9 Auswertung der Ergebnisse ... 11
9.1 Berechnung ... 11
9.2 Angabe der Ergebnisse ... 11
10 Analysenbericht ... 12
Anhang A (informativ) Literaturhinweise ... 13
Anhang B (informativ) Ergebnisse eines Ringversuches zur TOC-Bestimmung ... 14
Anhang C (informativ) Bestimmung von partikelhaltigen Proben ... 15
C.1 Zusätzliche Bedingungen ... 15
C.2 Suspension zur Prüfung der Partikelgängigkeit ... 15
C.3 Prüfung der Homogenität und der Wiederfindung unvollständig gelöster Probenteile (Partikelgängigkeit) ... 15
C.4 Verfahrenskenndaten ... 16

DIN EN 1484:2019-04
EN 1484:1997 (D)

Vorwort

Diese Europäische Norm wurde vom Technischen Komitee CEN/TC 230 „Wasseranalytik" erarbeitet, dessen Sekretariat von DIN gehalten wird.

Diese Europäische Norm enthält drei informative Anhänge.

Diese Europäische Norm muss den Status einer nationalen Norm erhalten, entweder durch Veröffentlichung eines identischen Textes oder durch Anerkennung bis November 1997, und etwaige entgegenstehende nationale Normen müssen bis November 1997 zurückgezogen werden.

Entsprechend der CEN-CENELEC-Geschäftsordnung sind die nationalen Normungsinstitute der folgenden Länder gehalten, diese Europäische Norm zu übernehmen: Belgien, Dänemark, Deutschland, Finnland, Frankreich, Griechenland, Irland, Island, Italien, Luxemburg, Niederlande, Norwegen, Österreich, Portugal, Schweden, Schweiz, Spanien, die Tschechische Republik und das Vereinigte Königreich.

| H 3 | Anleitungen zur Bestimmung des gesamten organischen Kohlenstoffs (TOC) und des gelösten organischen Kohlenstoffs (DOC) | 4 |

DIN EN 1484:2019-04
EN 1484:1997 (D)

Einleitung

Es ist unbedingt wichtig, dass die Untersuchungen nach dieser Europäischen Norm von geeignet qualifiziertem Personal durchgeführt werden.

Der gesamte organische Kohlenstoff (TOC) ist ein Maß für den Kohlenstoffgehalt gelöster und ungelöster organischer Stoffe in Wasser. Er liefert keinen Hinweis auf die Art der organischen Substanz.

Anleitungen zur Bestimmung des gesamten organischen Kohlenstoffs (TOC) und des gelösten organischen Kohlenstoffs (DOC) **H 3**

DIN EN 1484:2019-04
EN 1484:1997 (D)

1 Anwendungsbereich

Diese Europäische Norm gibt Anleitung zur Bestimmung der Massenkonzentration an organischem Kohlenstoff in Trink-, Grund-, Oberflächen-, See- und Abwasser. Sie behandelt Festlegungen, Störungen, Reagenzien und die Probenvorbehandlung von Wasserproben mit einem Gehalt von 0,3 mg/l bis 1 000 mg/l, wobei der untere Wert nur in besonderen Fällen, z. B. bei Trinkwasser erreicht werden kann, wenn mit Geräten gemessen wird, die eine Bestimmung in einem derart niedrigen Bereich erlauben. Höhere Konzentrationen können nach entsprechender Verdünnung bestimmt werden. Diese Europäische Norm befasst sich nicht mit gerätespezifischen Festlegungen.

Neben organischem Kohlenstoff kann die Wasserprobe Kohlenstoffdioxid oder Carbonat-Ionen enthalten. Vor der TOC-Bestimmung ist es erforderlich, den anorganischen Kohlenstoff aus der angesäuerten Probe mit einem Gas, frei von CO_2 und organischen Verbindungen, auszublasen. Alternativ können der gesamte Kohlenstoff (TC) und der gesamte anorganische Kohlenstoff (TIC) bestimmt werden; der organische Kohlenstoff (TOC) kann durch Subtraktion des TIC vom TC ermittelt werden. Dieses Verfahren eignet sich vor allem für Wasserproben, in denen der TIC niedriger ist als der TOC.

Austreibbare organische Substanzen, wie beispielsweise Benzol, Toluol, Cyclohexan und Chloroform können beim Ausblasen teilweise entweichen. Der TOC-Gehalt wird deshalb getrennt, oder mit dem Differenzverfahren (TC - TIC = TOC) bestimmt. Bei der Anwendung des Differenzverfahrens sollte der TOC-Wert größer oder gleich dem TIC-Wert sein.

Enthält die Probe Cyanid, Cyanat und Partikel elementaren Kohlenstoffs (Ruß), so werden diese zusammen mit dem organischen Kohlenstoff bestimmt.

ANMERKUNG   In Gegenwart von Huminstoffen können Minderbefunde auftreten, wenn eine UV-Bestrahlung eingesetzt wird.

2 Normative Verweisungen

Diese Europäische Norm enthält durch datierte oder undatierte Verweisungen Festlegungen aus anderen Publikationen. Diese normativen Verweisungen sind an den jeweiligen Stellen im Text zitiert, und die Publikationen sind nachstehend aufgeführt. Bei datierten Verweisungen gehören spätere Änderungen oder Überarbeitungen dieser Publikation nur zu dieser Europäischen Norm, falls sie durch Änderung oder Überarbeitung eingearbeitet sind. Bei undatierten Verweisungen gilt die letzte Ausgabe der in Bezug genommenen Publikationen.

EN ISO 5667-3:1995, *Wasserbeschaffenheit — Probenahme — Teil 3: Anleitung zur Konservierung und Handhabung von Proben (ISO 5667-3:1994)*

3 Begriffe

Für die Anwendung dieser Europäischen Norm gelten die folgenden Definitionen.

3.1
gesamter Kohlenstoff
TC
im Wasser enthaltener organisch gebundener und anorganisch gebundener Kohlenstoff, einschließlich des elementaren Kohlenstoffs

H 3 Anleitungen zur Bestimmung des gesamten organischen Kohlenstoffs (TOC) und des gelösten organischen Kohlenstoffs (DOC) 6

DIN EN 1484:2019-04
EN 1484:1997 (D)

3.2
gesamter anorganischer Kohlenstoff
TIC
im Wasser enthaltener Kohlenstoff; elementarer Kohlenstoff, gesamtes Kohlenstoffdioxid, Kohlenstoffmonoxid, Cyanid, Cyanat und Thiocyanat. Die meisten käuflichen TOC-Geräte erfassen hauptsächlich CO_2 aus Hydrogencarbonaten und Carbonaten

3.3
gesamter organischer Kohlenstoff
TOC
im Wasser enthaltener organisch gebundener Kohlenstoff, gebunden an gelösten oder suspendierten Stoffen. Cyanat, Thiocyanat und elementarer Kohlenstoff werden auch erfasst

3.4
gelöster organischer Kohlenstoff
DOC
im Wasser enthaltener organisch gebundener Kohlenstoff aus Verbindungen, die ein Membranfilter der Porenweite 0,45 μm passieren. Cyanat und Thiocyanat werden auch erfasst

3.5
flüchtiger organischer Kohlenstoff
VOC, POC
Anteil des TOC, der unter den Bedingungen dieses Verfahrens austreibbar ist

3.6
nicht flüchtiger organischer Kohlenstoff
NVOC, NPOC
Anteil des TOC, der unter den Bedingungen dieses Verfahrens nicht austreibbar ist

4 Grundlagen des Verfahrens

Oxidation von organischem Kohlenstoff (org. C) in Wasser durch Verbrennung zu Kohlenstoffdioxid, nach Zugabe eines geeigneten Oxidationsmittels, mittels UV- oder einer anderen energiereichen Strahlung.

Die Anwendung des UV-Verfahrens, wobei lediglich Sauerstoff als Oxidationsmittel eingesetzt wird, beschränkt sich auf mit TOC niedrig belastete Wässer.

Anorganischer Kohlenstoff wird durch Ansäuern und Austreiben entfernt oder getrennt bestimmt.

Das durch die Oxidation gebildete Kohlenstoffdioxid wird entweder direkt oder nach Reduktion, z. B. zu Methan (CH_4), bestimmt.

Die Endbestimmung des CO_2 wird nach verschiedenen Verfahren durchgeführt, z. B.: Infrarot-Spektrometrie, Titration (vorzugsweise in nicht-wäßriger Lösung), Wärmeleitfähigkeitsdetektion, Leitfähigkeitsmessung, Coulometrie, CO_2-empfindliche Sensoren und - nach Reduktion des CO_2 unter anderem zu Methan - mit Flammenionisationsdetektor.

| | Anleitungen zur Bestimmung des gesamten organischen Kohlenstoffs (TOC) und des gelösten organischen Kohlenstoffs (DOC) | **H 3** |

DIN EN 1484:2019-04
EN 1484:1997 (D)

5 Reagenzien

5.1 Allgemeines

Es sind nur Chemikalien des Reinheitsgrades „zur Analyse" zu verwenden.

In dieser Europäischen Norm werden nur die Chemikalien und Gase aufgeführt, die in den meisten TOC-Verfahren verwendet werden. Die Chemikalien sollten entsprechend den Angaben des Geräteherstellers eingesetzt und nötigenfalls vorbehandelt werden.

Der TOC des Verdünnungswassers und des Wassers zur Herstellung der Bezugslösungen sollte im Vergleich zur geringsten zu bestimmenden TOC-Konzentration vernachlässigbar klein sein.

Das Verfahren zur Wasseraufbereitung hängt von dem zu bestimmenden Konzentrationsbereich ab; siehe Tabelle 1.

ANMERKUNG Zur Messung von TOC-Massenkonzentrationen < 0,5 mg/l ist es vorteilhaft, das Wasser für die Blindwertbestimmungen und die Bezugslösungen unmittelbar vor seiner Verwendung herzustellen (siehe Tabelle 1).

Tabelle 1 — Kenndaten für Verdünnungswasser

TOC der Probe mg/l C	Höchster zulässiger TOC des Verdünnungswassers mg/l C	Beispiele für Wasseraufbereitung
< 10	0,1* 0,3	UV-Behandlung Kondensation
10 bis 100	0,5	doppelte Destillation in Gegenwart von $KMnO_4/K_2Cr_2O_7$
> 100	1	Destillation

* Nur für Reinstwasser (ultrapur)

5.2 Kaliumhydrogenphthalat, Stammlösung ρ(org. C) = 1 000 mg/l

2,125 g Kaliumhydrogenphthalat, ($C_8H_5KO_4$), 1 h zwischen 105 °C und 120 °C getrocknet, in einem 1 000-ml-Messkolben in 700 ml Wasser lösen und mit Wasser bis zur Marke auffüllen.

Die Lösung ist, in einer fest verschlossenen Flasche im Kühlschrank aufbewahrt, etwa zwei Monate haltbar.

5.3 Kaliumhydrogenphthalat, Standardlösung ρ(org. C) = 100 mg/l

100 ml der Kaliumhydrogenphthalat-Stammlösung (5.2) in einen 1 000-ml-Messkolben pipettieren und mit Wasser bis zur Marke auffüllen.

Die Lösung ist, in einer fest verschlossenen Flasche im Kühlschrank aufbewahrt, etwa eine Woche haltbar.

H 3

Anleitungen zur Bestimmung des gesamten organischen Kohlenstoffs (TOC) und des gelösten organischen Kohlenstoffs (DOC)

DIN EN 1484:2019-04
EN 1484:1997 (D)

5.4 Standardlösung für die Bestimmung von anorganischem Kohlenstoff, ρ(anorg. C) = 1 000 mg/l.

4,415 g Natriumcarbonat (Na_2CO_3), 1 h bei (285 ± 5)° C getrocknet, in einem 1 000-ml-Messkolben in etwa 500 ml Wasser lösen.

3,500 g Natriumhydrogencarbonat ($NaHCO_3$), über Silicagel 2 h getrocknet, zugeben, mit Wasser bis zur Marke auffüllen und mischen.

Diese Lösung ist bei Raumtemperatur etwa zwei Wochen haltbar.

5.5 Schwer oxidierbare Substanzen

Um die operativen Voraussetzungen des Geräts zu prüfen, muss eine Standardlösung verwendet werden.

ANMERKUNG   In dem Ringversuch wurde zu diesem Zweck Kupferphthalocyanin verwendet. Eine geeignete Lösung von Kupferphthalocyanin, ρ(org. C) = 100 mg/l, kann wie folgt hergestellt werden:

In einem 1 000-ml-Messkolben werden 0,256 g Kupferphthalocyanintetrasulfonsäure-Tetranatriumsalz ($C_{32}H_{12}CuN_8O_{12}S_4Na_4$) in 700 ml Wasser gelöst und mit Wasser bis zur Marke aufgefüllt.

Die Lösung ist etwa zwei Wochen haltbar.

WARNUNG — Dieses Reagenz ist toxisch.

5.6 Weitere Reagenzien

5.6.1 Die Reagenzien 5.2, 5.4 und 5.5 dürfen durch andere Reagenzien ersetzt werden, sofern es sich dabei um stabile Urtitersubstanzen handelt.

5.6.2 Schwerflüchtige Säuren für das Austreiben des Kohlenstoffdioxids, z. B. Phosphorsäure $c(H_3PO_4)$ = 0,5 mol/l; nötigenfalls eine höher konzentrierte Lösung verwenden.

5.7 Gase

Luft, Stickstoff, Sauerstoff, frei von Kohlenstoffdioxid und organischen Verunreinigungen. Andere Gase nach Angaben des Geräteherstellers verwenden.

6 Geräte

Übliches Laborgerät und:

6.1 Gerät zur Bestimmung des organischen Kohlenstoffs

6.2 Homogenisierungseinrichtung, z. B. Magnetrührer mit ausreichender Leistung zur Homogenisierung dispergierter Stoffe; geeignetes Ultraschallgerät oder ein Hochgeschwindigkeitsrührer.

7 Probenahme und Probenvorbereitung

7.1 Probenahme

Siehe auch EN ISO 5667-3.

Bei der Probenahme darauf achten, dass die genommenen Proben repräsentativ sind (insbesondere in Anwesenheit ungelöster Stoffe) und die Proben nicht mit organischen Stoffen verunreinigt werden.

Wasserproben in Glas- oder Kunststoffflaschen, vollständig mit der Probe gefüllt, nehmen. Auf pH < 2 ansäuern, wenn eine biologische Aktivität erwartet wird, [z. B. mit Phosphorsäure (5.6.2)]. In einigen Fällen können die Ergebnisse durch den Verlust flüchtiger Substanzen durch das Freisetzen von Kohlenstoffdioxid niedriger ausfallen. Besteht der Verdacht auf flüchtige organische Verbindungen, die Probe ohne Ansäuern innerhalb von 8 h nach der Probenahme messen. Andernfalls die Proben im Kühlschrank bei einer Temperatur von 2 °C bis 5 °C aufbewahren und innerhalb von sieben Tagen analysieren. Ist das nicht möglich, können die angesäuerten Proben bei −15 °C bis −20 °C einige Wochen aufbewahrt werden.

7.2 Vorbereitung der Wasserprobe

Wenn bei Inhomogenität die Entnahme einer repräsentativen Probe auch nach sorgfältigem Schütteln nicht möglich ist, die Probe mit Hilfe von Geräten nach 6.2 homogenisieren.

Zur Prüfung der Homogenität ist es zulässig, z. B. je eine Probe aus dem oberen und aus dem unteren Teil des Flascheninhalts zu untersuchen.

Soll lediglich der Anteil des gelösten organischen Kohlenstoffs (DOC) bestimmt werden, wird die Probe durch ein Membranfilter, Porenweite 0,45 µm, filtriert, aus dem zuvor mit heißem Wasser die anhaftenden organischen Stoffe ausgewaschen wurden. Trotzdem muss der DOC des Filtrats bestimmt und bei der Berechnung berücksichtigt werden.

8 Durchführung

8.1 Kalibrierung

Vergleichsverfahren, z. B. IR-Detektion, erfordern eine Kalibrierung; bei Absolutverfahren, wie z. B. Acidimetrie oder Coulometrie, dient die Kalibrierung der Prüfung des analytischen Systems.

Das Gerät nach den Anweisungen des Herstellers kalibrieren.

Eine Bezugskurve erstellen, indem Kaliumhydrogenphthalat-Standardlösungen geeigneter Konzentration analysiert werden. Für Massenkonzentrationen im Bereich von 10 mg/l bis 100 mg/l wie folgt vorgehen: Aus der Kaliumhydrogenphthalat-Stammlösung (5.2) eine Serie von mindestens 5 Bezugslösungen herstellen.

Zur Herstellung der Bezugslösungen in eine Serie von 100-ml-Messkolben z. B. 0 ml (Blindprobe) 1 ml, 2 ml, 3 ml, 5 ml und 10 ml der Kaliumhydrogenphthalat-Stammlösung (5.2) pipettieren und mit Wasser bis zur Marke auffüllen.

Jede Lösung und das Verdünnungswasser (Probe ohne Zusatz von Kaliumhydrogenphthalat) nach den Angaben des Geräteherstellers analysieren.

Eine Bezugskurve erstellen, indem die Massenkonzentrationen an TOC, in Milligramm je Liter Kohlenstoff, gegen die gerätespezifischen Messwerte (I) aufgetragen werden.

Der reziproke Wert der Steigung der erhaltenen Bezugsgeraden ergibt den Kalibrierfaktor f in Milligramm je Liter Kohlenstoff.

H 3

Anleitungen zur Bestimmung des gesamten organischen Kohlenstoffs (TOC) und des gelösten organischen Kohlenstoffs (DOC)

DIN EN 1484:2019-04
EN 1484:1997 (D)

Bei der direkten Bestimmung von TIC muss die Kalibrierkurve durch Analyse der aus 5.4 hergestellten Lösung erstellt werden.

Bei der Bestimmung von TOC aus der Differenz TC - TIC muss die Bezugskurve durch Analyse bekannter- Mischungen aus den Standardlösungen 5.3 und 5.4 in gleicher Weise erstellt werden.

8.2 Kontrolluntersuchungen

Mit jeder Probenserie die Testlösung (entweder 5.2, oder 5.3, oder 5.4, oder 5.5 oder 5.6.1) untersuchen, um die Richtigkeit der mit dem Verfahren erhaltenen Ergebnisse zu verifizieren.

Sind die gefundenen Abweichungen größer als bei der laborinternen Qualitätskontrolle, können folgende Fehlerursachen untersucht werden:

— Störung im Gerät (z. B. am Oxidations- oder Detektionssystem, Undichtigkeiten, Fehler in der Temperatur- oder Gasregulierung);

— Veränderung der Konzentration in der Testlösung;

— Verschmutzung der Messeinrichtung.

Das gesamte Messsystem nach den Angaben des Herstellers regelmäßig prüfen. Außerdem das gesamte System regelmäßig auf Undichtigkeiten untersuchen.

Diese Kontrolluntersuchungen werden zusätzlich zu den vom Gerätehersteller vorgeschriebenen Geräte- prüfungen vorgenommen.

8.3 Bestimmung

Die TOC-Massenkonzentration der Proben nach Angaben des Geräteherstellers bestimmen.

Im Fall einer direkten TOC-Bestimmung den gesamten anorganischen Kohlenstoff vor der Analyse entfernen. Sicherstellen, dass der pH-Wert < 2 ist. Den Verlust flüchtiger organischer Substanzen möglichst klein halten.

Die Massenkonzentration an TOC sollte im Arbeitsbereich der Kalibrierung liegen. Das kann durch Verdünnen der Probe erreicht werden.

Vor jeder Serie von TOC-Bestimmungen (z. B. 10 Bestimmungen) entsprechende Kontrolluntersuchungen in den vom Hersteller empfohlenen Zeitabständen durchführen, oder in den laborüblichen Abständen.

Nach dem Ansäuern reines Inertgas, frei von CO_2 und organischen Verunreinigungen, etwa 5 min durch das System blasen, um CO_2 zu entfernen.

9 Auswertung der Ergebnisse

9.1 Berechnung

In Abhängigkeit vom eingesetzten TOC-Gerät können verschiedene Arten von Messgrößen erhalten werden, aus denen die TOC- oder DOC-Konzentration der analysierten Proben berechnet wird. Im Fall von diskontinuierlichen Messungen können diese Messgrößen z. B. Peakhöhen, Peakflächen oder verbrauchtes Titrationsvolumen sein. Üblicherweise werden Peakflächen angegeben. Peakhöhen nur dann verwenden, wenn sie der TOC-Konzentration proportional sind.

Im Fall quasi-kontinuierlicher TOC-Messungen wird die bei der Verbrennung des organischen Materials erzeugte CO_2-Konzentration registriert, z. B. als eine Linie auf einem Schreiber. Der Abstand der Linie von der Grundlinie ist der CO_2-Konzentration proportional.

Die Massenkonzentration (TOC) oder (DOC) mit Hilfe der Bezugskurve (8.1) berechnen.

Die Massenkonzentration an TOC oder DOC, berechnet in Milligramm je Liter, kann auch mit folgender Formel ermittelt werden:

$$\frac{I \cdot f \cdot V}{V_p}$$

Dabei ist

- I der gerätespezifische Messwert;
- f der nach 8.1 ermittelt Kalibrierfaktor, in Milligramm je Liter Kohlenstoff;
- V das Volumen der verdünnten Wasserprobe, in Milliliter;
- V_p das Probenvolumen, das auf V ml verdünnt wird, in Milliliter.

9.2 Angabe der Ergebnisse

Die Ergebnisse werden in Milligramm je Liter Kohlenstoff angegeben. Die Ergebnisangabe hängt vom zufälligen Fehler (Präzision) der Messung ab. 2 bis 3 signifikante Stellen sollen angegeben werden.

BEISPIEL

ρ(TOC) = 0,76 mg/l Kohlenstoff oder

ρ(TOC) = 530 mg/l Kohlenstoff oder

ρ(TOC) = 6,32 × 10^3 mg/l Kohlenstoff.

Informationen über Wiederholbarkeit und Vergleichbarkeit aus einem Ringversuch sind im Anhang aufgeführt.

DIN EN 1484:2019-04
EN 1484:1997 (D)

10 Analysenbericht

Der Analysenbericht muss folgende Informationen enthalten:

a) Bezug auf diese Europäische Norm;

b) alle Daten für eine vollständige Identifizierung der Probe;

c) Einzelheiten zur Lagerung der Laborproben vor der Analyse; einschließlich der Zeit zwischen Probenahme und Analyse;

d) Probenvorbereitung, z. B. Zeit zum Absetzen, Filtration;

e) die TOC- oder DOC-Massenkonzentration in der Probe, in Milligramm je Liter;

f) jede Abweichung von dem in dieser Europäischen Norm beschriebenen Verfahren oder alle Umstände, die das Ergebnis beeinflusst haben könnten.

Anhang A
(informativ)

Literaturhinweise

[1] Dürr, W., und Merz, W., „Auswertung des ISO-TOC-Ringversuches und Diskussion der Ergebnisse". Vom Wasser **55**, 287-294 (1980).

[2] Methods for the examination of waters and associated materials. The instrumental determination of total organic carbon, total oxygen demand and related determinants. Her Majesty's Stationery Office, London 1995.

[3] ENV (WI 00230055) Richtlinie zur analytischen Qualitätssicherung (AQS) in der Wasseranalytik

DIN EN 1484:2019-04
EN 1484:1997 (D)

Anhang B
(informativ)

Ergebnisse eines Ringversuches zur TOC-Bestimmung

Tabelle B.1 — Ergebnisse eines Ringversuches zur TOC-Bestimmung

Probe	Nennwert	Gesamtmittelwert	Wiederfindungsrate	Vergleichbarkeit Standardabweichung	Vergleichbarkeit Variationskoeffizient	Wiederholbarkeit Standardabweichung	Wiederholbarkeit Variationskoeffizient	Anzahl der Teilnehmer	Zahl der Einzelwerte nach Eliminierung der Ausreißer	Zahl der Ausreißer
	mg/l	mg/l	%	mg/l	%	mg/l	%			
1	2,3	2,99	129,9	0,687	23	0,19	6,3	55	259	13
2	18,5	19,2	103,9	1,23	6,4	0,38	2	56	260	9
3	120	139	115,9	12,4	8,9	2,8	2	54	236	16
4		307		13,9	4,5	3,8	1,2	54	244	20

Probe 1: Kupferphthalocyanintetrasulfonsäure, Tetranatriumsalz
Probe 2: Mischung aus Kaliumhydrogenphthalat und Kupferphthalocyanintetrasulfonsäure, Tetranatriumsalz
Probe 3: Mischung aus Kaliumhydrogencarbonat, Kaliumhydrogenphthalat und Kupferphthalocyanintetrasulfonsäure, Tetranatriumsalz
Probe 4: Industrielles Abwasser, Realprobe, filtriert

ANMERKUNG Der Grund für die Wiederfindung von 130 %, wie für die Probe 1 angegeben (Probe mit geringer TOC-Konzentration) ist vermutlich auf systematische Fehler (Nichtberücksichtigung oder nur teilweise Berücksichtigung der TOC-Massenkonzentration in der Blindwertlösung) zurückzuführen.

Die erhöhte Wiederfindung im Fall der Probe 3 ist vermutlich durch die sehr hohe TIC-Massenkonzentration verursacht. In ähnlichen Fällen sind die Angaben der Gerätehersteller bezüglich des zu verwendenden Säurevolumens und der Ausblaszeit nicht ausreichend.

DIN EN 1484:2019-04
EN 1484:1997 (D)

Anhang C
(informativ)

Bestimmung von partikelhaltigen Proben

C.1 Zusätzliche Bedingungen

Die instrumentellen Parameter zur TOC-Messung sollten zumindest ausreichend sein, um Partikel bis zu 100 µm (Konvention) zu messen.

ANMERKUNG 1   In dem Ringversuch (siehe Tabelle C.1) wurden Proben mit Partikeln bis zu 100 µm gemessen.

ANMERKUNG 2   Führt die TOC-Bestimmung eine partikelhaltigen Probe auch nach intensiver Homogenisierung nicht zu reproduzierbaren Werten, so kann die Probe filtriert und der TOC des Filtrats gesondert bestimmt werden.

Systeme, die auf einer UV-Oxidation beruhen, sind zur Bestimmung von Mikrocellulose als ein Beispiel für eine partikelhaltige Probe nicht geeignet (siehe Tabelle C.1, Ergebnisse des Ringversuchs, Probe 1 b).

C.2 Suspension zur Prüfung der Partikelgängigkeit

Diese Suspension dient der Prüfung der Homogenisierung und der Wiederfindung unvollständig gelöster Komponenten (Partikel).

Um diese Suspension herzustellen, werden 225 mg Cellulose $(C_6H_{10}O_5)_n$ (Partikelgröße zwischen 20 µm und 100 µm, Konzentration der Suspension 100 mg/l C) in einen 1 000-ml-Messkolben gegeben, mit Wasser angefeuchtet, mit Wasser bis zur Marke aufgefüllt und mit einem Magnetrührer gerührt, bis die Suspension homogen ist. Ultraschall sollte hier nicht angewendet werden, da dies die Partikelgröße verringert. Die Suspension ist im Kühlschrank etwa 2 Wochen haltbar, es ist aber notwendig, sie vor jeder Verwendung zu rühren.

Suspensionen ähnlich geeigneter Substanzen können ebenfalls als Standard verwendet werden, z. B. für die Untersuchung von Zellstoffabläufen.

C.3 Prüfung der Homogenität und der Wiederfindung unvollständig gelöster Probenateile (Partikelgängigkeit)

Es ist vorteilhaft, bei jeder Analysenserie mit feststoffhaltigen Proben, die Proben mit Feststoffen enthält, die Homogenität und die Wiederfindung unvollständig gelöster Probenanteile (Partikelgängigkeit) mit Hilfe einer Testsuspension (C.2) zu prüfen. Die Teilproben dabei unter Rühren entnehmen. Wird ein automatischer Probengeber verwendet, sollten die Teilproben in ihrem Gefäßen gerührt werden. Der Mittelwert einer Dreifachbestimmung sollte zwischen 90 mg/l und 110 mg/l liegen, der Wiederholvariationskoeffizient < 10 % betragen.

ANMERKUNG 1   Für diesen Test ist die Partikelgröße wichtig.

ANMERKUNG 2   Eine optimale Homogenisierung ohne Segregation wird z. B. mit einem oszillierenden Rührer erreicht.

DIN EN 1484:2019-04
EN 1484:1997 (D)

C.4 Verfahrenskenndaten

Tabelle C.1 — Ergebnisse eines Ringversuchs zur TOC-Bestimmung

Probe	Nennwert	Gesamtmittelwert	Wiederfindungsrate	Vergleichbarkeit Standardabweichung	Vergleichbarkeit Variationskoeffizient	Wiederholbarkeit Standardabweichung	Wiederholbarkeit Variationskoeffizient	Anzahl der Teilnehmer	Zahl der Einzelwerte nach Eliminierung der Ausreißer	Zahl der Ausreißer
	mg/l	mg/l	%	mg/l	%	mg/l	%			
1a	20	16,65	83,2	7,5	45,1	2	12,0	32	149	0
1b	20	0,53	2,7	0,4	75,0	0,15	27,3	15	56	10

Probe 1a: Mikrokristalline Cellulose, Bestimmung nach Verbrennung
Probe 1b: Mikrokristalline Cellulose, UV-Oxidation

DEV

Deutsche Einheitsverfahren zur Wasser-, Abwasser- und Schlamm-Untersuchung

Physikalische, chemische, biologische und mikrobiologische Verfahren

Herausgegeben von der
Wasserchemischen Gesellschaft –
Fachgruppe in der Gesellschaft
Deutscher Chemiker
in Gemeinschaft mit dem
Normenausschuss Wasserwesen
(NAW) im DIN Deutsches Institut
für Normung e. V.

Band 7

109. Lieferung (2019)
ISSN 0932-1004
ISBN: 978-3-527-34700-1 (Wiley-VCH)
ISBN: 978-3-410-29097-1 (Beuth)

WILEY-VCH
Verlag GmbH & Co. KGaA

Beuth
Berlin · Wien · Zürich

Wasserchemische Gesellschaft –
Fachgruppe in der GDCh
IWW Zentrum Wasser
Moritzstraße 26
45476 Mülheim an der Ruhr

Normenausschuss Wasserwesen (NAW)
im DIN Deutsches Institut für
Normung e.V.
Saatwinkler Damm 42/43
13627 Berlin

Gemeinschaftlich verlegt durch:
WILEY-VCH Verlag GmbH & Co. KGaA
Beuth Verlag GmbH

Das vorliegende Werk wurde sorgfältig erarbeitet. Dennoch übernehmen Autoren, Herausgeber und Verlag für die Richtigkeit von Angaben, Hinweisen und Ratschlägen sowie für eventuelle Druckfehler keine Haftung.

© 2019 WILEY-VCH Verlag GmbH & Co. KGaA, Weinheim
Alle Rechte, insbesondere die der Übersetzung in andere Sprachen, vorbehalten. Kein Teil dieses Buches darf ohne schriftliche Genehmigung des Verlages in irgendeiner Form - durch Photokopie, Mikrofilm oder irgendein anderes Verfahren - reproduziert oder in eine von Maschinen, insbesondere von Datenverarbeitungsmaschinen, verwendbare Sprache übertragen oder übersetzt werden.
All rights reserved (including those of translation into other languages).
Die Wiedergabe von Warenbezeichnungen, Handelsnamen oder sonstigen Kennzeichen in diesem Buch berechtigt nicht zu der Annahme, daß diese von jedermann frei benutzt werden dürfen. Vielmehr kann es sich auch dann um eingetragene Warenzeichen oder sonstige gesetzlich geschützte Kennzeichen handeln, wenn sie als solche nicht eigens markiert sind.
No part of this book may be reproduced in any form - by photoprint, microfilm, or any other means - nor transmitted or translated into a machine language without written permission from the publishers. Registered names, trademarks, etc. used in this book, even when not specifically marked as such, are not to be considered unprotected by law.
Druck: betz-druck GmbH, Darmstadt.
Printed in the Federal Republic of Germany.

DEV

Deutsche Einheitsverfahren zur Wasser-, Abwasser- und Schlamm-Untersuchung

Physikalische, chemische, biologische und mikrobiologische Verfahren

Herausgegeben von der Wasserchemischen Gesellschaft – Fachgruppe in der Gesellschaft Deutscher Chemiker in Gemeinschaft mit dem Normenausschuss Wasserwesen (NAW) im DIN Deutsches Institut für Normung e. V.

Band 8

109. Lieferung (2019)
ISSN 0932-1004
ISBN: 978-3-527-34700-1 (Wiley-VCH)
ISBN: 978-3-410-29097-1 (Beuth)

WILEY-VCH
Verlag GmbH & Co. KGaA

Beuth
Berlin · Wien · Zürich

Wasserchemische Gesellschaft –
Fachgruppe in der GDCh
IWW Zentrum Wasser
Moritzstraße 26
45476 Mülheim an der Ruhr

Normenausschuss Wasserwesen (NAW)
im DIN Deutsches Institut für
Normung e.V.
Saatwinkler Damm 42/43
13627 Berlin

Gemeinschaftlich verlegt durch:
WILEY-VCH Verlag GmbH & Co. KGaA
Beuth Verlag GmbH

Das vorliegende Werk wurde sorgfältig erarbeitet. Dennoch übernehmen Autoren, Herausgeber und Verlag für die Richtigkeit von Angaben, Hinweisen und Ratschlägen sowie für eventuelle Druckfehler keine Haftung.

© 2019 WILEY-VCH Verlag GmbH & Co. KGaA, Weinheim
Alle Rechte, insbesondere die der Übersetzung in andere Sprachen, vorbehalten. Kein Teil dieses Buches darf ohne schriftliche Genehmigung des Verlages in irgendeiner Form - durch Photokopie, Mikrofilm oder irgendein anderes Verfahren - reproduziert oder in eine von Maschinen, insbesondere von Datenverarbeitungsmaschinen, verwendbare Sprache übertragen oder übersetzt werden.
All rights reserved (including those of translation into other languages).
Die Wiedergabe von Warenbezeichnungen, Handelsnamen oder sonstigen Kennzeichen in diesem Buch berechtigt nicht zu der Annahme, daß diese von jedermann frei benutzt werden dürfen. Vielmehr kann es sich auch dann um eingetragene Warenzeichen oder sonstige gesetzlich geschützte Kennzeichen handeln, wenn sie als solche nicht eigens markiert sind.
No part of this book may be reproduced in any form - by photoprint, microfilm, or any other means - nor transmitted or translated into a machine language without written permission from the publishers. Registered names, trademarks, etc. used in this book, even when not specifically marked as such, are not to be considered unprotected by law.
Druck: betz-druck GmbH, Darmstadt.
Printed in the Federal Republic of Germany.

| I | Anleitung zur Probenahme und Durchführung biologischer Testverfahren | L 1 |

DEUTSCHE NORM   März 2019

DIN EN ISO 5667-16

ICS 13.060.70

Ersatz für
DIN EN ISO 5667-16:1999-02

**Wasserbeschaffenheit –
Probenahme –
Teil 16: Anleitung zur Probenahme und Durchführung biologischer
Testverfahren (ISO 5667-16:2017);
Deutsche Fassung EN ISO 5667-16:2017**

Water quality –
Sampling –
Part 16: Guidance on biotesting of samples (ISO 5667-16:2017);
German version EN ISO 5667-16:2017

Qualité de l'eau –
Échantillonnage –
Partie 16: Lignes directrices pour les essais biologiques des échantillons (ISO 5667-16:2017);
Version allemande EN ISO 5667-16:2017

Gesamtumfang 41 Seiten

DIN-Normenausschuss Wasserwesen (NAW)

DEV – 109. Lieferung 2019

L 1 Anleitung zur Probenahme und Durchführung biologischer Testverfahren   II

DIN EN ISO 5667-16:2019-03

Nationales Vorwort

Dieses Dokument (EN ISO 5667-16:2017) wurde vom Technischen Komitee ISO/TC 147 „Water quality" in Zusammenarbeit mit dem Technischen Komitee CEN/TC 230 „Wasseranalytik" erarbeitet, dessen Sekretariat von DIN (Deutschland) gehalten wird.

Das zuständige deutsche Gremium ist der Arbeitskreis NA 119-01-03-05-01 AK „Biotest" des Arbeitsausschusses NA 119-01-03 AA „Wasseruntersuchung" im DIN-Normenausschuss Wasserwesen (NAW).

Bezeichnung des Verfahrens:

Anleitung zur Probenahme und Durchführung biologischer Testverfahren (L 1)

Verfahren DIN EN ISO 5667-16 (L 1)

Für die in diesem Dokument zitierten internationalen Dokumente wird im Folgenden auf die entsprechenden deutschen Dokumente hingewiesen:

ISO 5667-1:2006	siehe	DIN EN ISO 5667-1:2007-04
ISO 5667-3:2012	siehe	DIN EN ISO 5667-3:2013-03
ISO 5667-14:2014	siehe	DIN EN ISO 5667-14:2016-12
ISO 5667-15:2009	siehe	DIN EN ISO 5667-15:2010-01
ISO 5667-19:2004	siehe	DIN EN ISO 5667-19:2004-09
ISO 10253:2016	siehe	DIN EN ISO 10253:2018-08
ISO 10872:2010	siehe	DIN ISO 10872:2012-10
ISO 10993-12:2012	siehe	DIN EN ISO 10993-12:2012-10
ISO 11074:2015	siehe	DIN EN ISO 11074:2015-11
ISO 11885:2007	siehe	DIN EN ISO 11885:2009-09
ISO 15088:2007	siehe	DIN EN ISO 15088:2009-06
ISO 15473:2002	siehe	DIN ISO 15473:2002-12
ISO 16133:2004	siehe	DIN EN ISO 16133:2011-08
ISO 19458:2006	siehe	DIN EN ISO 19458:2006-12
ISO 20079:2005	siehe	DIN EN ISO 20079:2006-12
ISO/IEC 17025:2005	siehe	DIN EN ISO/IEC 17025:2005-08
ISO/TR 15462:2006	siehe	DIN SPEC 1164:2010-05

DIN EN ISO 5667-16:2019-03

Es ist erforderlich, bei den Untersuchungen nach dieser Norm Fachleute oder Facheinrichtungen einzuschalten und bestehende Sicherheitsvorschriften zu beachten.

Betriebliche Arbeitsschutzanforderungen sind in der Europäischen Union nicht vollständig harmonisiert. Daher können Mitgliedstaaten Anforderungen definieren, die über die Mindestanforderungen einer Europäischen Richtlinie zum Schutz der Gesundheit und Sicherheit der Arbeitnehmer hinausgehen. Die in Deutschland geltenden Vorschriften und Regeln haben Vorrang vor Normen.

Dieses Dokument listet nicht nur die Risiken auf, die beim Umgang mit Chemikalien oder Arbeitsmitteln auftreten können, sondern auch einzelne Schutzmaßnahmen. In Deutschland muss der Arbeitgeber die notwendigen Schutzmaßnahmen auf Grundlage einer Gefährdungsbeurteilung festlegen (Arbeitsschutzgesetz, in der jeweils geltenden Fassung). Daher kann eine Norm die Beschreibung der Maßnahmen nicht vorwegnehmen. Die Maßnahmen können zudem – da die konkrete Gefährdungssituation dem Normungsgremium nicht bekannt sein kann – nicht vollständig sein. Eine Ergreifung aller in der Norm genannten Schutzmaßnahmen heißt also nicht, dass der Anwender alle Anforderungen nach dem nationalen Vorschriften- und Regelwerk erfüllt.

Bei Anwendung der Norm ist im Einzelfall je nach Aufgabenstellung zu prüfen, ob und inwieweit die Festlegung von zusätzlichen Randbedingungen erforderlich ist.

Die vorliegende Norm enthält das vom DIN-Normenausschuss Wasserwesen (NAW) und von der Wasserchemischen Gesellschaft — Fachgruppe in der Gesellschaft Deutscher Chemiker (GDCh) — gemeinsam erarbeitete Deutsche Einheitsverfahren zur Wasser-, Abwasser- und Schlammuntersuchung:

Anleitung zur Probenahme und Durchführung biologischer Testverfahren (L 1).

Die als DIN-Normen veröffentlichten Deutschen Einheitsverfahren sind bei der Beuth Verlag GmbH einzeln oder zusammengefasst erhältlich. Außerdem werden die genormten Deutschen Einheitsverfahren in der Loseblattsammlung „Deutsche Einheitsverfahren zur Wasser-, Abwasser- und Schlammuntersuchung" gemeinsam von der Beuth Verlag GmbH und der Wiley-VCH Verlag GmbH & Co. KGaA publiziert.

Normen oder Norm-Entwürfe mit dem Gruppentitel „Deutsche Einheitsverfahren zur Wasser-, Abwasser- und Schlammuntersuchung" sind in folgende Gebiete (Haupttitel) aufgeteilt:

Allgemeine Angaben (Gruppe A)

Sensorische Verfahren (Gruppe B)

Physikalische und physikalisch-chemische Kenngrößen (Gruppe C)

Anionen (Gruppe D)

Kationen (Gruppe E)

Gemeinsam erfassbare Stoffgruppen (Gruppe F)

Gasförmige Bestandteile (Gruppe G)

Summarische Wirkungs- und Stoffkenngrößen (Gruppe H)

Mikrobiologische Verfahren (Gruppe K)

Testverfahren mit Wasserorganismen (Gruppe L)

Biologisch-ökologische Gewässeruntersuchung (Gruppe M)

Einzelkomponenten (Gruppe P)

Schlamm und Sedimente (Gruppe S)

Suborganismische Testverfahren (Gruppe T)

DIN EN ISO 5667-16:2019-03

Über die bisher erschienenen Teile dieser Normen gibt die Geschäftsstelle des Normenausschusses Wasserwesen (NAW) im DIN Deutsches Institut für Normung e. V., Telefon 030 2601–2448, oder die Beuth Verlag GmbH, 10772 Berlin (Hausanschrift: Am DIN-Platz, Burggrafenstr. 6, 10787 Berlin), Auskunft.

Änderungen

Gegenüber DIN EN ISO 5667-16:1999-02 wurden folgende Änderungen vorgenommen:

a) Abschnitt 3 Begriffe aufgenommen;

b) Aufbau und Struktur der Norm unter Anpassung aktueller fachlicher Weiterentwicklungen geändert;

c) Norm redaktionell überarbeitet.

Frühere Ausgaben

DIN 38412-1: 1982-06
DIN EN ISO 5667-16: 1999-02

| 1 | Anleitung zur Probenahme und Durchführung biologischer Testverfahren | **L 1** |

DIN EN ISO 5667-16:2019-03

Nationaler Anhang NA
(informativ)

Literaturhinweise

DIN EN ISO 5667-1:2007-04, *Wasserbeschaffenheit — Probenahme — Teil 1: Anleitung zur Erstellung von Probenahmeprogrammen und Probenahmetechniken (ISO 5667-1:2006); Deutsche Fassung EN ISO 5667-1:2006*

DIN EN ISO 5667-3:2013-03, *Wasserbeschaffenheit — Probenahme — Teil 3: Konservierung und Handhabung von Wasserproben (ISO 5667-3:2012); Deutsche Fassung EN ISO 5667-3:2012*

DIN EN ISO 5667-14:2016-12, *Wasserbeschaffenheit — Probenahme — Teil 14: Anleitung zur Qualitätssicherung und Qualitätskontrolle bei der Entnahme und Handhabung von umweltrelevanten Wasserproben (ISO 5667-14:2014); Deutsche Fassung EN ISO 5667-14:2016*

DIN EN ISO 5667-15:2010-01, *Wasserbeschaffenheit — Probenahme — Teil 15: Anleitung zur Konservierung und Handhabung von Schlamm- und Sedimentproben (ISO 5667-15:2009); Deutsche Fassung EN ISO 5667-15:2009*

DIN EN ISO 5667-19:2004-09, *Wasserbeschaffenheit — Probenahme — Teil 19: Anleitung zur Probenahme mariner Sedimente (ISO 5667-19:2004); Deutsche Fassung EN ISO 5667-19:2004*

DIN EN ISO 10253:2018-08, *Wasserbeschaffenheit — Wachstumshemmtest mit marinen Algen Skeletonema costatum und Phaeodactylum tricornutum (ISO 10253:2016)*

DIN EN ISO 10993-12:2012-10, *Biologische Beurteilung von Medizinprodukten — Teil 12: Probenvorbereitung und Referenzmaterialien (ISO 10993-12:2012); Deutsche Fassung EN ISO 10993-12:2012*

DIN EN ISO 11074:2015-11, *Bodenbeschaffenheit — Wörterbuch (ISO 11074:2015); Dreisprachige Fassung EN ISO 11074:2015*

DIN EN ISO 11885:2009-09, *Wasserbeschaffenheit — Bestimmung von ausgewählten Elementen durch induktiv gekoppelte Plasma-Atom-Emissionsspektrometrie (ICP-OES) (ISO 11885:2007); Deutsche Fassung EN ISO 11885:2009*

DIN EN ISO 15088:2009-06, *Wasserbeschaffenheit — Bestimmung der akuten Toxizität von Abwasser auf Zebrafisch-Eier (Danio rerio) (ISO 15088:2007); Deutsche Fassung EN ISO 15088:2008*

DIN EN ISO 16133:2011-08, *Bodenbeschaffenheit — Leitfaden zur Einrichtung und zum Betrieb von Beobachtungsprogrammen (ISO 16133:2004); Deutsche Fassung EN ISO 16133:2011*

DIN EN ISO/IEC 17025:2005-08, *Allgemeine Anforderungen an die Kompetenz von Prüf- und Kalibrierlaboratorien (ISO/IEC 17025:2005); Deutsche und Englische Fassung EN ISO/IEC 17025:2005*

DIN EN ISO 19458:2006-12, *Wasserbeschaffenheit — Probenahme für mikrobiologische Untersuchungen (ISO 19458:2006); Deutsche Fassung EN ISO 19458:2006*

DIN EN ISO 20079:2006-12, *Wasserbeschaffenheit — Bestimmung der toxischen Wirkung von Wasserinhaltsstoffen und Abwasser gegenüber Wasserlinsen (Lemna minor) — Wasserlinsen-Wachstumshemmtest (ISO 20079:2005); Deutsche Fassung EN ISO 20079:2006*

DEV – 109. Lieferung 2019

L 1 Anleitung zur Probenahme und Durchführung biologischer Testverfahren

DIN EN ISO 5667-16:2019-03

DIN ISO 10872:2012-10, *Wasserbeschaffenheit — Bestimmung der toxischen Wirkung von Sediment- und Bodenproben auf Wachstum, Fertilität und Reproduktion von Caenorhabditis elegans (Nematoda) (ISO 10872:2010)*

DIN ISO 15473:2002-12, *Bodenbeschaffenheit — Anleitung für Laboratoriumsuntersuchungen zur biologischen Abbaubarkeit von organischen Chemikalien im Boden unter anaeroben Bedingungen (ISO 15473:2002)*

DIN SPEC 1164:2010-05, *Wasserbeschaffenheit — Auswahl von Prüfverfahren für die biologische Abbaubarkeit (ISO/TR 15462:2006); Deutsche Fassung CEN ISO/TR 15462:2009*

EUROPÄISCHE NORM
EUROPEAN STANDARD
NORME EUROPÉENNE

EN ISO 5667-16

Mai 2017

ICS 13.060.45

Ersatz für EN ISO 5667-16:1998

Deutsche Fassung

Wasserbeschaffenheit — Probenahme — Teil 16: Anleitung zur Probenahme und Durchführung biologischer Testverfahren (ISO 5667-16:2017)

Water quality —
Sampling —
Part 16: Guidance on biotesting of samples
(ISO 5667-16:2017)

Qualité de l'eau —
Échantillonnage —
Partie 16: Lignes directrices pour les essais biologiques des échantillons
(ISO 5667-16:2017)

Diese Europäische Norm wurde vom CEN am 9. Februar 2017 angenommen.

Die CEN-Mitglieder sind gehalten, die CEN/CENELEC-Geschäftsordnung zu erfüllen, in der die Bedingungen festgelegt sind, unter denen dieser Europäischen Norm ohne jede Änderung der Status einer nationalen Norm zu geben ist. Auf dem letzten Stand befindliche Listen dieser nationalen Normen mit ihren bibliographischen Angaben sind beim CEN-CENELEC-Management-Zentrum oder bei jedem CEN-Mitglied auf Anfrage erhältlich.

Diese Europäische Norm besteht in drei offiziellen Fassungen (Deutsch, Englisch, Französisch). Eine Fassung in einer anderen Sprache, die von einem CEN-Mitglied in eigener Verantwortung durch Übersetzung in seine Landessprache gemacht und dem Management-Zentrum mitgeteilt worden ist, hat den gleichen Status wie die offiziellen Fassungen.

CEN-Mitglieder sind die nationalen Normungsinstitute von Belgien, Bulgarien, Dänemark, Deutschland, der ehemaligen jugoslawischen Republik Mazedonien, Estland, Finnland, Frankreich, Griechenland, Irland, Island, Italien, Kroatien, Lettland, Litauen, Luxemburg, Malta, den Niederlanden, Norwegen, Österreich, Polen, Portugal, Rumänien, Schweden, der Schweiz, Serbien, der Slowakei, Slowenien, Spanien, der Tschechischen Republik, der Türkei, Ungarn, dem Vereinigten Königreich und Zypern.

EUROPÄISCHES KOMITEE FÜR NORMUNG
EUROPEAN COMMITTEE FOR STANDARDIZATION
COMITÉ EUROPÉEN DE NORMALISATION

CEN-CENELEC Management-Zentrum: Avenue Marnix 17, B-1000 Brüssel

© 2017 CEN Alle Rechte der Verwertung, gleich in welcher Form und in welchem Verfahren, sind weltweit den nationalen Mitgliedern von CEN vorbehalten.

Ref. Nr. EN ISO 5667-16:2017 D

DEV – 109. Lieferung 2019

L 1 Anleitung zur Probenahme und Durchführung biologischer Testverfahren 4

DIN EN ISO 5667-16:2019-03
EN ISO 5667-16:2017 (D)

Inhalt

Seite

Europäisches Vorwort 4
Vorwort 5
Einleitung 6
1 Anwendungsbereich 8
2 Normative Verweisungen 8
3 Begriffe 8
4 Allgemeine Hinweise zum Testdesign 13
4.1 Allgemeines 13
4.2 Replikate 13
4.2.1 Allgemeines 13
4.2.2 Geringste, nicht wirksame Verdünnung (G-Wert) 13
4.2.3 Hypothesenprüfung — Zwei-Stichproben-Vergleiche 14
4.2.4 Konzentrations- /Verdünnungs-Wirkungsbeziehung 15
5 Auswertung 15
5.1 Allgemeines 15
5.2 Statistische Analyse 15
6 Probenahme und Transport 16
6.1 Allgemeines 16
6.2 Probenahmeausrüstung 16
6.2.1 Allgemeines 16
6.2.2 Probenbehälter 17
6.3 Befüllung von Probenbehältern 18
6.4 Probenkennzeichnung und Aufzeichnungen 18
6.5 Probenteilung 18
6.6 Transport 19
6.7 Kontamination während der Probenahme 19
6.8 Qualitätskontrolltechniken der Probenahme 19
7 Vorbehandlung 20
7.1 Allgemeines 20
7.2 Konservierung und Lagerung 20
7.3 Auftauen 21
7.4 Homogenisieren 21
7.5 Trennung von gelösten und partikulären Bestandteilen 22
7.6 Probenanreicherung 23
7.6.1 Allgemeines 23
7.6.2 Extraktionsverfahren 23
7.7 pH-Wert-Einstellung 24
8 Geräte und Ausrüstung 24
8.1 Auswahl der Geräte 24
8.2 Reinigung der Geräte und Ausrüstung 25

5　　Anleitung zur Probenahme und Durchführung biologischer Testverfahren　　**L 1**

DIN EN ISO 5667-16:2019-03
EN ISO 5667-16:2017 (D)

Seite

9	Beeinträchtigung der Testdurchführung	25
9.1	Probleme und Präventionsmaßnahmen bei Proben, die entfernbare Bestandteile enthalten	25
9.1.1	Allgemeines	25
9.1.2	Verflüchtigung	26
9.1.3	Aufschäumen	26
9.1.4	Adsorption	26
9.1.5	Ausfällung/Ausflockung	26
9.1.6	Abbau	26
9.2	Probleme und Präventionsmaßnahmen bei farbigen und/oder trüben Proben	27
10	Herstellung von Stammlösungen und Testansätzen	27
10.1	Wasserlösliche Substanzen	27
10.2	Schwerlösliche Stoffe	27
10.2.1	Allgemeines	27
10.2.2	Untersuchungen im Bereich der Wasserlöslichkeit	28
10.2.3	Dispersionen und Emulsionen	28
10.2.4	Spezielle Probleme bei Substanzgemischen oder technischen Produkten	29
10.2.5	Limit-Test	29
11	Qualitätssicherung für biologische Testverfahren	30
11.1	Allgemeines	30
11.2	Qualitätssicherung im Zusammenhang mit der Untersuchung von Umweltproben	30
12	Untersuchungsbericht	31
Literaturhinweise		34

DEV – 109. Lieferung 2019

DIN EN ISO 5667-16:2019-03
EN ISO 5667-16:2017 (D)

Europäisches Vorwort

Dieses Dokument (EN ISO 5667-16:2017) wurde vom Technischen Komitee ISO/TC 147 „Water quality" in Zusammenarbeit mit dem Technischen Komitee CEN/TC 230 „Wasseranalytik" erarbeitet, dessen Sekretariat von DIN gehalten wird.

Diese Europäische Norm muss den Status einer nationalen Norm erhalten, entweder durch Veröffentlichung eines identischen Textes oder durch Anerkennung bis November 2017, und etwaige entgegenstehende nationale Normen müssen bis November 2017 zurückgezogen werden.

Es wird auf die Möglichkeit hingewiesen, dass einige Elemente dieses Dokuments Patentrechte berühren können. CEN ist nicht dafür verantwortlich, einige oder alle diesbezüglichen Patentrechte zu identifizieren.

Dieses Dokument ersetzt EN ISO 5667-16:1998.

Entsprechend der CEN-CENELEC-Geschäftsordnung sind die nationalen Normungsinstitute der folgenden Länder gehalten, diese Europäische Norm zu übernehmen: Belgien, Bulgarien, Dänemark, Deutschland, die ehemalige jugoslawische Republik Mazedonien, Estland, Finnland, Frankreich, Griechenland, Irland, Island, Italien, Kroatien, Lettland, Litauen, Luxemburg, Malta, Niederlande, Norwegen, Österreich, Polen, Portugal, Rumänien, Schweden, Schweiz, Serbien, Slowakei, Slowenien, Spanien, Tschechische Republik, Türkei, Ungarn, Vereinigtes Königreich und Zypern.

Anerkennungsnotiz

Der Text von ISO 5667-16:2017 wurde von CEN als EN ISO 5667-16:2017 ohne irgendeine Abänderung genehmigt.

DIN EN ISO 5667-16:2019-03
EN ISO 5667-16:2017 (D)

Vorwort

ISO (die Internationale Organisation für Normung) ist eine weltweite Vereinigung nationaler Normungsorganisationen (ISO-Mitgliedsorganisationen). Die Erstellung von Internationalen Normen wird üblicherweise von Technischen Komitees von ISO durchgeführt. Jede Mitgliedsorganisation, die Interesse an einem Thema hat, für welches ein Technisches Komitee gegründet wurde, hat das Recht, in diesem Komitee vertreten zu sein. Internationale staatliche und nichtstaatliche Organisationen, die in engem Kontakt mit ISO stehen, nehmen ebenfalls an der Arbeit teil. ISO arbeitet bei allen elektrotechnischen Themen eng mit der Internationalen Elektrotechnischen Kommission (IEC) zusammen.

Die Verfahren, die bei der Entwicklung dieses Dokuments angewendet wurden und die für die weitere Pflege vorgesehen sind, werden in den ISO/IEC-Direktiven, Teil 1 beschrieben. Es sollten insbesondere die unterschiedlichen Annahmekriterien für die verschiedenen ISO-Dokumentenarten beachtet werden. Dieses Dokument wurde in Übereinstimmung mit den Gestaltungsregeln der ISO/IEC-Direktiven, Teil 2 erarbeitet (siehe www.iso.org/directives).

Es wird auf die Möglichkeit hingewiesen, dass einige Elemente dieses Dokuments Patentrechte berühren können. ISO ist nicht dafür verantwortlich, einige oder alle diesbezüglichen Patentrechte zu identifizieren. Details zu allen während der Entwicklung des Dokuments identifizierten Patentrechten finden sich in der Einleitung und/oder in der ISO-Liste der erhaltenen Patenterklärungen (siehe www.iso.org/patents).

Jeder in diesem Dokument verwendete Handelsname dient nur zur Unterrichtung der Anwender und bedeutet keine Anerkennung.

Eine Erläuterung zum freiwilligen Charakter von Normen, der Bedeutung ISO-spezifischer Begriffe und Ausdrücke in Bezug auf Konformitätsbewertungen sowie Informationen darüber, wie ISO die Grundsätze der Welthandelsorganisation (WTO) hinsichtlich technischer Handelshemmnisse (TBT) berücksichtigt, enthält der folgende Link: www.iso.org/iso/foreword.html.

Das für dieses Dokument verantwortliche Komitee ist ISO/TC 147, *Water quality*, Unterkomitee SC 6, *Sampling (general methods)*.

Diese zweite Ausgabe ersetzt die erste Ausgabe (ISO 5667-16:1998), die technisch überarbeitet wurde.

Eine Auflistung aller Teile der Normenreihe ISO 5667 ist auf der ISO-Internetseite abrufbar.

DIN EN ISO 5667-16:2019-03
EN ISO 5667-16:2017 (D)

Einleitung

Biologische Testverfahren eignen sich für die Bestimmung der Wirkung von Umweltproben oder chemischen Substanzen auf die jeweiligen Testorganismen unter den im Experiment festgelegten Bedingungen. Umweltproben sind. z. B. behandeltes kommunales Abwasser und Industrieabwasser, Süßwasser, wässrige Extrakte von Feststoffen (z. B. Sickerwasser, Eluate), Porenwasser von Sedimenten. Die Wirkung kann fördernd oder hemmend sein und kann durch die Reaktion der Organismen (z. B. Tod, Wachstum, morphologische und physiologische Veränderungen oder allgemein Änderungen molekularer Wirkmechanismen) festgestellt werden. Hemmwirkungen werden durch toxische Wasserinhaltsstoffe oder andere Wirkungen von Schadstoffe (Noxen) ausgelöst werden.

Die im biologischen Testverfahren messbare Toxizität ist das Ergebnis einer Wechselwirkung zwischen einer einzelnen toxischen Substanz, einem Substanzgemisch oder den Bestandteilen einer Umweltprobe und dem Testorganismus. Das Schutzpotential des biologischen Systems, d. h. dem Testorganismus, z. B. durch metabolische Entgiftung und Exkretion, ist ein integraler Bestandteil des biologischen Testverfahrens.

Außer der direkten toxischen Wirkung eines oder mehrerer Probenbestandteile können biologische Wirkungen durch das Zusammenwirken aller Stoffe verursacht werden. Solch ein Zusammenwirken schließt die Wirkung von beispielsweise Substanzen ein, die an sich nicht toxisch sind, aber die chemischen oder physikalischen Eigenschaften der Testansätze stören, indem sie mit den testspezifischen Zusatzstoffen (z. B. Nährstoffe, Salze) interagieren und infolgedessen auch die Lebensbedingungen der Testorganismen beeinflussen. Dieses gilt beispielsweise für sauerstoffzehrende Substanzen, und Farb- oder Trübstoffe, die den Lichteinfall vermindern.

Zu den biologischen Testverfahren gehören auch solche Verfahren, bei denen die Wirkung von Organismen auf Substanzen geprüft wird (z. B. Untersuchungen zum mikrobiellen Abbau).

Die Ergebnisse des biologischen Testverfahrens beziehen sich vor allem auf die im Test verwendeten Organismen und die für das Testverfahren vereinbarten Bedingungen. Eine durch standardisierte biologische Testverfahren festgestellte schädigende Wirkung kann einen Hinweis geben, dass die aquatischen Organismen und die Biozönose gefährdet sein könnten. Die Ergebnisse erlauben jedoch keine direkten oder extrapolativen Hinweise in Bezug auf das Auftreten ähnlicher Effekte in der aquatischen Umwelt. Dies gilt in besonderer Weise für suborganismische Testverfahren, da wichtige Eigenschaften und physiologische Funktionen intakter Organismen (z. B. schützende Körperhüllen, Reparaturmechanismen) entfernt oder deaktiviert werden.

Grundsätzlich gibt es keine einzelne Testspezies, die eingesetzt werden kann, um alle möglichen Auswirkungen auf die Biozönose oder das Ökosystem unter den verschiedenen Kombinationen abiotischer oder biotischer Bedingungen zu untersuchen. Lediglich wenige („Modell"-)Arten, die relevante ökologische Funktionen repräsentieren, können in der Praxis getestet werden.

Neben diesen grundsätzlichen und praktischen Grenzen bei der Auswahl der Testorganismen sollten verschiedene Aspekte bei der Probenahme und der Probenbehandlung berücksichtigt werden, um eine Veränderung der Probeneigenschaften zu vermeiden. Dies gilt für das Verfahren der Probenahme, einschließlich Probenahmeausrüstung und Probenbehälter, genauso wie für den Transport zum Labor. Die Probenvorbehandlung und -lagerung sowie das Herstellen von z. B. Stammlösungen können das Testergebnis ebenfalls beeinflussen.

Darüber hinaus kann auch die zu untersuchende Probe bei der Durchführung des Biotests experimentelle Schwierigkeiten verursachen. Umweltproben (z. B. Abwasser, Eluate) sind komplexe Gemische und können beispielsweise schwerlösliche, flüchtige, instabile, farbige Stoffe oder suspendierte, manchmal kolloidale, Partikel enthalten. Die Komplexität und Heterogenität der Testmaterialien sind Ursache verschiedener experimenteller Probleme bei der Durchführung von Biotests.

Spezielle Probleme ergeben sich aus der Instabilität des Testmaterials, verursacht beispielsweise durch folgende Reaktionen und Prozesse:

— physikalischer Art (z. B. Phasentrennung, Sedimentation, Verflüchtigung);

— chemischer Art (z. B. Hydrolyse, Photodegradation, Bildung von Niederschlägen) und/oder

— biologischer Art (z. B. biologischer Abbau, Biotransformation, biologische Aufnahme in Organismen).

Weitere Probleme, besonders wenn spektroskopische Messungen erforderlich sind, treten in Zusammenhang mit Trübung und Färbung des Testansatzes auf.

Die statistische Analyse der mit einem Biotest gewonnen Daten zu Umweltproben sollte entsprechend dem Stand der Technik durchgeführt werden, sofern das Verfahren nicht in der spezifischen Biotest-Norm festgelegt ist.

Schließlich wird empfohlen, ein Qualitätsmanagementsystem einzuführen und zu pflegen und zwar unabhängig davon, ob ein Labor sich mit der Prüfung von chemische Stoffen oder Umweltproben befasst.

Dieses Dokument ist eines aus einer Reihe von Internationalen Normen, die sich mit der Probenahme von Wasser und Sedimenten befassen und ist in Verbindung mit den anderen Teilen der Normenreihe ISO 5667, insbesondere mit ISO 5667-1, ISO 5667-3 und ISO 5667-15, zu lesen.

L 1   Anleitung zur Probenahme und Durchführung biologischer Testverfahren

DIN EN ISO 5667-16:2019-03
EN ISO 5667-16:2017 (D)

1 Anwendungsbereich

Dieses Dokument gibt praktische Hinweise zur Probenahme, Vorbehandlung, Durchführung und Bewertung von Umweltproben in Verbindung mit der Durchführung von biologischen Testverfahren. Es werden Informationen gegeben, wie bei biologischen Testverfahren mit Problemen umzugehen ist, die das Probenmaterial und das Testdesign mit sich bringen.

Es ist das Ziel, praktische Erfahrung hinsichtlich zu treffender Vorkehrungen zu vermitteln, indem erfolgreich bewährte Verfahren beschrieben werden, um einige der experimentellen Probleme bei der Untersuchung von z. B. Wässern mit biologischen Testverfahren zu lösen oder zu umgehen.

Vor allem werden substanzbezogene Probleme in Bezug auf die Probenahme und Vorbehandlung von Umweltproben (z. B. Abwasserproben) bei der Durchführung von Biotests berücksichtigt.

Diese Anleitung behandelt ökotoxikologische Testverfahren mit Organismen (Tests mit jeweils einer Art; *in-vivo* und *in-vitro*). Einige Ausführungen in diesem Dokument beziehen sich auch auf Biotests, die einzelne Mikroorganismen (*in-vitro*-Biotests) verwenden, und auf Untersuchungen zum biologischen Abbau, sofern die Probenahme und die Probenvorbereitung betroffen sind. Ebenso wird auf die Untersuchung von Substanzen im Bereich ihrer Wasserlöslichkeit eingegangen.

Soweit möglich, wird auf bestehende Internationale Normen und Anleitungen verwiesen. Die Informationen aus Veröffentlichungen und mündliche Mitteilungen sind ebenfalls berücksichtigt worden.

Dieses Dokument gilt für biologische Testverfahren zur Bestimmung der Wirkung von Umweltproben, wie behandeltes kommunales und Industrieabwasser, Grundwasser, Süßwasser, wässrige Extrakte (z. B. Sickerwasser, Eluate), Porenwasser von Sedimenten und Gesamtsedimente. Dieses Dokument ist auch auf chemische Substanzen übertragbar.

Dieses Dokument ist nicht anwendbar auf die bakteriologische Untersuchung von Wasser. Entsprechende Verfahren sind in anderen Dokumenten beschrieben (siehe ISO 19458) [17].

2 Normative Verweisungen

Es gibt keine normativen Verweisungen in diesem Dokument.

3 Begriffe

Für die Anwendung dieses Dokuments gelten die folgenden Begriffe.

ISO und IEC stellen terminologische Datenbanken für die Verwendung in der Normung unter den folgenden Adressen bereit:

— IEC Electropedia: unter http://www.electropedia.org/

— ISO Online Browsing Platform: unter http://www.iso.org/obp

3.1
Blindprobe
Gemisch von Wasser und Nährstoffen ohne den Testorganismus

DIN EN ISO 5667-16:2019-03
EN ISO 5667-16:2017 (D)

3.2
Zelldichte
x
Anzahl der Zellen je Volumeneinheit Medium

Anmerkung 1 zum Begriff: Die Zelldichte wird in Zellen je Milliliter angegeben.

[QUELLE: ISO 10253:2016, 3.1] [6]

3.3
Kontrolle
Kontrollmedium (3.4) oder *Kontrollsediment* (3.5) einschließlich der Organismen, die im Test eingesetzt werden, ohne das Testgut

3.4
Kontrollmedium
Gemisch aus Verdünnungswasser und/oder Nährmedium, das im Test verwendet wird

[QUELLE: ISO 20079:2005, 3.6] [18]

3.5
Kontrollsediment
definiertes künstliches oder natürliches Sediment, das im Test verwendet wird

3.6
Verdünnungsstufe
G
reziproker Wert des Volumenanteils einer Probe im *Verdünnungswasser* (3.7), in dem der Test durchgeführt wird

BEISPIEL   250 ml Abwasser in einem Gesamtvolumen von 1 000 ml (Volumenanteil 25 %) bedeutet Verdünnungsstufe $G = 4$.

[QUELLE: ISO 15088:2007, 3.2, modifiziert — „Abwasser" durch „Probe" ersetzt] [13]

3.7
Verdünnungswasser
Wasser, das dem Testgut zugegeben wird, um eine Serie definierter Verdünnungen herzustellen

Anmerkung 1 zum Begriff: Die Zusammensetzung des Wassers ist in der jeweiligen Norm festgelegt.

[QUELLE: ISO 20079:2005, 3.7, modifiziert — „Anmerkung 1 zum Begriff" hinzugefügt] [18]

3.8
effektive Konzentration
EC_x
Konzentration des Testguts im Wasser oder Sediment, die zu einer Veränderung der Reaktion von x % während einer festgelegten Zeitspanne führt

[QUELLE: ISO/TS 20281:2006, 3.8.1, modifiziert — „quantal" wurde aus der Vorzugsbenennung und der Abkürzung gelöscht; „Boden" und „(z. B. Immobilität)" wurden aus der Definition gelöscht; das BEISPIEL und Anmerkungen 1 und 2 zum Begriff sind nicht inbegriffen] [20]

DIN EN ISO 5667-16:2019-03
EN ISO 5667-16:2017 (D)

3.9
Feldblindprobe
im Labor vorbereiteter, mit Wasser oder anderer Blindwertmatrix befüllter Behälter, der durch das Probenahmepersonal während der Probenahme am Ort der Probenahme ausgebracht wird, um mögliche Kontaminationen während der Probenahme zu verifizieren

[QUELLE: ISO 11074:2015, 4.5.3] [9]

3.10
Wachstumsrate
proportionale Zuwachsrate der Biomasse je Zeiteinheit: (1/Tag)

[QUELLE: ISO 10253:2016, 3.2, modifiziert — „spezifische Wachstumsrate" durch „Wachstumsrate" ersetzt; Formel und Anmerkung 1 zum Begriff nicht inbegriffen] [6]

3.11
geringste nicht wirksame Verdünnung
Verdünnungsstufe
G-Wert
LID
(en: lowest ineffective dilution)
geringste nicht wirksame untersuchte Verdünnung, angegeben als *Verdünnungsstufe G* (3.6), bei der keine Hemmung oder nur Effekte, die die testspezifische Schwankung nicht überschreiten, beobachtet werden

[QUELLE: ISO 15088:2007, 3.5] [13]

3.12
Nährmedium
wässrige Lösung von Nährstoffen und Spurenelementen, die für das Wachstum der Testorganismen notwendig sind

[QUELLE: ISO 20079:2005, 3.17, modifiziert — „Wasserlinsen" ersetzt durch „Testorganismen"] [18]

3.13
Positivkontrolle
gut beschriebene *Referenzsubstanz* (3.14), die, wenn nach einem bestimmten Testverfahren bewertet, die Eignung des Testsystems zur Erzielung einer reproduzierbaren, in geeignetem Maße positiven oder reaktiven Antwort im Testsystem nachweist

[QUELLE: ISO 10993-12:2010, 3.14, modifiziert — „beliebiges" vor „gut beschriebenes" gelöscht; „Material und/oder Substanz, das/die" ersetzt durch „Referenzsubstanz, die"] [8][N1]

3.14
Referenzsubstanz
bekannte Substanz zur Verifizierung der Empfindlichkeit des Verfahrens

3.15
Referenzansatz
Mischung aus Verdünnungswasser, testspezifischen Zusätzen und der Referenzsubstanz einschließlich Testorganismen

---

N1 Nationale Fußnote: In der englischen Fassung von ISO 5667-16:2017 wird die falsche Quelle angegeben, richtig ist QUELLE: ISO 10993-12:2012, 3.12

3.16
Replikat
einzelner Ansatz aus einer bestimmten Anzahl gleicher *Testansätze* (3.24) oder gleicher *Referenzansätze* (3.15)

3.17
Probe
Menge von Material, die aus einer großen Materialmenge ausgewählt wurde

Anmerkung 1 zum Begriff: Das Verfahren der Probenauswahl kann im Probenahmeplan beschrieben werden.

Anmerkung 2 zum Begriff: Das Material stammt aus der Umwelt (z. B. Abwasser, Sediment oder ein Eluat), ist ein chemischer Stoff oder eine Zubereitung oder ein ähnliches Material.

[QUELLE: ISO 16133:2004, 2.11, modifiziert — Anmerkungen 1 und 2 zum Begriff wurden hinzugefügt] [15]

3.18
Probenvorbehandlung
Sammelbegriff für sämtliche Verfahrensweisen zur Konditionierung einer Probe bis zu einem definierten Zustand, der eine anschließende Untersuchung ermöglicht

Anmerkung 1 zum Begriff: In Abhängigkeit von den Anforderungen des Verfahrens umfasst die Vorbehandlung der Probe beispielsweise die Konservierung und Lagerung, Zentrifugation, Filtration, Homogenisierung, Vorkonzentrierung sowie die Einstellung des pH-Werts.

3.19
Probenlagerung
Vorgang und Ergebnis des Aufbewahrens einer Probe unter vorab festgelegten Bedingungen für eine (üblicherweise) festgelegte Dauer zwischen der Probenahme und der weiteren Bearbeitung einer Probe

Anmerkung 1 zum Begriff: Die angegebene Zeit ist die maximale Zeitspanne.

[QUELLE: ISO 5667-3:2012, 3.3] [2]

3.20
Stammkultur
Kultur einer einzelnen Art zur Bewahrung der ursprünglich definierten Art im Labor

[QUELLE: ISO 20079:2005, 3.21, modifiziert — gelöscht „Wasserlinsen", *„Lemna"*, „zur Bereitstellung von Impfmaterial für die Vorkultur"] [18]

3.21
Stammlösung
aus Chemikalien mit angemessener Reinheit hergestellte Lösung mit exakt bekannter Konzentration des oder der Analyten

[QUELLE: ISO 11885:2007, 3.23] [10]

3.22
Aufbewahrungszeit
Zeitspanne zwischen Füllen des Probenbehälters und weiterer Behandlung der Probe im Labor bei Lagerung unter festgelegten Bedingungen

Anmerkung 1 zum Begriff: Die Probenahme endet, sobald der Probenbehälter mit der Probe gefüllt worden ist. Die Aufbewahrungszeit endet, sobald der Analytiker die Probe entnimmt, um die Probe vor Beginn der Analyse vorzubereiten.

DIN EN ISO 5667-16:2019-03
EN ISO 5667-16:2017 (D)

[QUELLE: ISO 5667-3:2012, 3.4, modifiziert — Anmerkung 2 zum Begriff nicht inbegriffen] [2]

3.23
Teilprobe
repräsentative Teilmenge, die einer Probe entnommen wurde

[QUELLE: ISO 5667-19:2004, 3.7] [5]

3.24
Testansatz
Testmedium und Organismen, die für die Untersuchung verwendet werden

[QUELLE: ISO 20079:2005, 3.22] [18]

3.25
Testmedium
Gemisch aus Testgut oder Testsubstanz, Verdünnungswasser und Nährmedium (ohne Testorganismen)

[QUELLE: ISO 20079:2005, 3.23 , modifiziert — „Kombination" ersetzt durch „Gemisch", nach Testgut „oder Testsubstanz" hinzugefügt, „/oder" gelöscht, „Nährmedium, wie es im Test verwendet wird" ersetzt durch „Nährmedium (ohne Testorganismen)"] [18]

3.26
Testgut
zu untersuchende Probe, nach Abschluss aller Vorbereitungsschritte

BEISPIEL   Die Vorbereitungen schließen die Zentrifugation, Homogenisierung, das Einstellen des pH-Werts und die Messung der Leitfähigkeit ein.

[QUELLE: ISO 13829:2000, 3.7] [11]

3.27
Testsubstanz
chemischer Stoff, der zur Untersuchung dem Testsystem zugegeben wird

[QUELLE: ISO 15473:2002, 3.10] [14]

3.28
Testmaterial
zu untersuchendes Material

[QUELLE: ISO 17126:2005, 3.3, modifiziert — BEISPIELE gelöscht] [16]

4 Allgemeine Hinweise zum Testdesign

4.1 Allgemeines

Bei jedem Testverfahren sollten mehrere Replikate der Kontrolle und der Behandlungsgruppen untersucht werden. Die Mindestanzahl der Replikate ist üblicherweise in der entsprechenden Norm beschrieben. In 4.2.3 ist ein Beispiel angegeben, wie die erforderliche Anzahl von Beobachtungen (Replikaten) berechnet werden kann.

Es wird empfohlen, den Einfluss von Abweichungen bei den Testbedingungen (z. B. Licht, Temperatur) auf ein Mindestmaß zu verringern, beispielsweise durch Randomisierung der Anordnung der Testgefäße in der Testkammer.

Um sicherzustellen, dass die Testbedingungen des Labors (einschließlich des Zustands und der Empfindlichkeit der Testorganismen) angemessen sind und sich nicht signifikant verändert haben, sollte eine Referenzsubstanz als Positivkontrolle untersucht werden.

4.2 Replikate

4.2.1 Allgemeines

Vorzugsweise werden drei statistische Ansätze bei der statistischen Analyse der Ergebnisse aus den ökotoxikologischen Untersuchungen mit Umweltproben durchgeführt.

a) Bestimmung der geringsten nicht wirksamen Verdünnung (G-Wert) bei der Untersuchung von z. B. Abwasser;

b) Zwei-Stichproben-Vergleiche zwischen der Kontrolle (oder dem Referenzansatz) und entweder dem Testansatz oder den Ansätzen der Positivkontrolle (toxischer Standard);

c) Berechnung von Punktschätzungen [z. B. EC_{20}, LC_{50} (letale Konzentration)] aus der modellierten Konzentrations- oder Verdünnungswirkungsbeziehung.

Bei der ökotoxikologischen Untersuchung von Umweltproben ist die Bestimmung der NOEC (en: no observed effect concentration) und LOEC (en: lowest observed effect concentration) üblicherweise nicht vorgesehen und wird daher in diesem Dokument nicht weiter berücksichtigt. Sollte die Bewertung der NOEC ausnahmsweise durchgeführt werden, ist ISO/TS 20281 [20] zu beachten.

Die Anzahl der Replikate ist hauptsächlich bei der Hypothesenprüfung (z. B. Zwei-Stichproben-Vergleiche) kritisch und ist von der Variabilität des auszuwertenden Endpunkts, der Mindestwirkungsgröße, die durch einen statistischen Test nachgewiesen werden muss, und der Teststärke abhängig. Die Abschätzung einer EC_x stellt andere Anforderungen an das Testdesign als der Zwei-Stichproben-Vergleich (siehe ISO/TS 20281 [20]).

4.2.2 Geringste nicht wirksame Verdünnung (G-Wert)

Bei der Toxizitätsprüfung, z. B. von Abwasser oder Eluaten, wird die Wasserprobe nach einem definierten Schema von Verdünnungsstufen (G) verdünnt. Die geringste nicht wirksame Verdünnung (G-Wert) bezeichnet den Testansatz mit der höchsten Konzentration, bei dem noch keine Hemmung oder Mortalität beobachtet wird oder nur Wirkungen auftreten, die die testspezifisch festgelegte Grenze nicht überschreiten (z. B. ISO 20079 [18]: 10%ige Hemmung der Wachstumsrate von *Lemna* spec.). G wird als reziproker Wert des Volumenanteils von z. B. Abwasser im Testansatz angegeben.

Dieser Ansatz erfordert keine weitere statistische Analyse (z. B. Hypothesenprüfung).

DIN EN ISO 5667-16:2019-03
EN ISO 5667-16:2017 (D)

4.2.3 Hypothesenprüfung — Zwei-Stichproben-Vergleiche

Die statistischen Zwei-Stichproben-Vergleiche spielen eine wichtige Rolle bei der Untersuchung von Umweltproben. Sie werden durchgeführt, um Proben von verschiedenen Probenahmestellen mit einer Referenzstelle zu vergleichen (z. B. Proben aus einem belasteten Bereich von Fließgewässern mit einer Probe aus einer unbelasteten Referenzstelle stromaufwärts) oder um Proben miteinander zu vergleichen, die zu unterschiedlichen Zeiten genommen wurden.

Soll beispielsweise nur ermittelt werden, ob eine gegebene Verdünnungsstufe eine Wirkung zeigt, kann ein Zwei-Stichproben-Vergleich durchgeführt werden (siehe 10.2.5), der einen Vergleich von Reaktionen in einer Kontrolle und einer Testkonzentration oder einer Positivkontrolle umfasst.

Bei der Durchführung von Zwei-Stichproben-Vergleichen ist der Typ der Endpunktdaten, d. h. ob quantale (qualitative) oder metrische (quantitative) Variablen untersucht werden, von entscheidender Bedeutung für die Auswahl des Testverfahrens und die Berechnung der erforderlichen Stichprobengrößen (Zahl der Replikate). Zusätzlich erfordert eine statistische Untersuchung auf der Grundlage einer Varianzanalyse (ANOVA, en: analysis of variance) die Normalverteilung und Varianzhomogenität der Daten.

Die im akuten Test ermittelte Mortalität (oder Immobilität) der Testorganismen ist eine typische quantale Variable.

Im Gegensatz dazu zeigen metrische Variablen kontinuierliche Zuwächse, d. h. einen Wirkungsgradienten. Typische metrische Variablen sind z. B. Körperlänge oder Biomasse, Stoffwechselraten, Sauerstoffproduktions- oder -verbrauchsraten oder enzymatische Umwandlungsraten. Auch die Anzahl von Jungtieren darf näherungsweise als metrische Variable betrachtet werden.

Formeln zur Berechnung der erforderlichen Anzahl von Beobachtungen (Replikaten) werden von statistischen Fachbüchern und -zeitschriften (z. B. [24]) bereitgestellt. Beispielsweise wird ein Zwei-Stichproben-t-Test durchgeführt, um eine gemessene metrische Variable (z. B. Biomasse) einer Wasser- oder Sedimentprobe an einem kontaminierten Standort mit Proben eines Referenzstandortes zu vergleichen. Die Berechnung der erforderlichen Stichprobengröße ist in Gleichung (1) (siehe [24]) angegeben:

$$n \geq 2\left(\frac{\sigma}{\delta}\right)^2 \left(t_{\alpha,df} + t_{2\beta,df}\right)^2 \tag{1}$$

Dabei ist

n	die Anzahl der Replikate;
σ	die wahre Standardabweichung des Endpunktes;
δ	die kleinste wahre Differenz;
df	die Freiheitsgrade (hier: $df = n_1 + n_2 - 2$);
α	das gewünschte Signifikanzniveau (z. B. 0,05);
β	der gewünschte Typ-II-Fehler ($1 - \beta$ wird als „Teststärke" des statistischen Tests bezeichnet und gibt die gewünschte Wahrscheinlichkeit an, dass eine signifikante Differenz ermittelt wird (wenn sie so klein wie δ ist));
$t_\alpha / t_{2\beta}$	die Werte aus einer zweiseitigen t-Tabelle mit df-Freiheitsgraden.

Es ist hinreichend, wenn nur das Verhältnis von σ zu δ bekannt ist, nicht deren tatsächliche Werte (z. B. wenn der Variationskoeffizient 20 % und die gewünschte nachweisbare Differenz 10 % beträgt, ist das Verhältnis gleich 2). In Bezug auf die Formeln von anderen Testverfahren sind statistische Fachbücher oder ISO/TS 20281 [20] zu berücksichtigen.

DIN EN ISO 5667-16:2019-03
EN ISO 5667-16:2017 (D)

4.2.4 Konzentrations- und Verdünnungswirkungsbeziehung

Die Modellierung der Konzentrations- und Verdünnungswirkungen können zur Bestimmung der durch die Volumenanteile des Testgutes hervorgerufenen definitiven Wirkungsgrößen (z. B. EC_{10}, EC_{50}, LC_{50}) eingesetzt werden. Sie sollte zur Analyse der Wirkungen von Referenzsubstanzen eingesetzt werden, um die Leistungsfähigkeit des Testsystems (z. B. ISO 20079 [18]) nachzuweisen.

Das Testverfahren gilt als gültig, wenn die ermittelte EC_{50} für die Referenzsubstanz im Bereich von einer in früheren Ringversuchen bestimmten unteren und oberen Grenze des-EC_{50}-Werts liegt.

Die wichtigste Anforderung an das Design ist das Vorhandensein einer ausreichenden Anzahl von Konzentrations- (Verdünnungs-)gruppen. Dieses könnte zu Lasten der Anzahl der Replikate je Gruppe erfolgen (z. B. unter Beibehaltung der Gesamtgröße der Untersuchung), da die Präzision der geschätzten EC_x überwiegend von der Gesamtgröße der Untersuchung abhängt, anstatt von der Anzahl der Replikate je Konzentrations- oder Verdünnungsgruppe.

Wiederum ist der Typ der Endpunktdaten, d. h. ob quantale (qualitative) oder metrische (quantitative) Variablen betrachtet werden, von entscheidender Bedeutung für die Testkonzeption und das statistische Verfahren. Hinsichtlich weiterer Informationen siehe ISO/TS 20281 [20].

5 Auswertung

5.1 Allgemeines

Die Auswertung der Testergebnisse umfasst zunächst eine kritische Datenprüfung sowie eine Darstellung und Beschreibung der Testergebnisse unter Anwendung von Diagrammen, Tabellen und geeigneten statistischen Kenngrößen, z. B. von Mittelwerten und Streuungsmaßen (beschreibende Statistik).

In vielen Fällen schließt sich eine weitergehende statistische Bearbeitung an, die der Ermittlung von Konzentrations- oder Verdünnungswirkungsbeziehungen dient, um geeignete statistische Kenngrößen für das Wirkungsquantum zu berechnen und um die statistische Signifikanz zu überprüfen (schätzende und testende Statistiken). Diese weitergehende statistische Auswertung ist aber nur dann sinnvoll, wenn die Daten für diesen Zweck geeignet sind. Dieses erfordert eine kritische Prüfung der Daten.

5.2 Statistische Analyse

Die statistische Analyse der Daten aus der Ökotoxizitätsprüfung von Umweltproben sollte nach dem aktuellen Stand der Technik erfolgen, wie in ISO/TS 20281 [20] oder in der entsprechenden Norm des Ökotoxizitätstests festgelegt. Insbesondere sollte das Folgende berücksichtigt werden.

— Die Daten sollten vollständig in tabellarischer oder graphischer Form dokumentiert werden.

— Auf der Grundlage des Typs der Datenskala sollte ein geeignetes statistisches Verfahren ausgewählt werden.

— Bei der Hypothesenprüfung sollte ein Maß für die statistische Teststärke der erfolgten statistischen Testung angegeben werden, z. B. kleinste nachweisbare (= signifikante) Differenz (siehe [24] und [25]).

— Bei der Modellierung der Konzentrations- oder Verdünnungswirkungsbeziehung sollten Vertrauensbereiche (z. B. 95 %-Vertrauensbereich) für die angegebenen EC_x- oder LC_x-Werte angegeben werden.

— Es wird ausdrücklich empfohlen, sämtliche statistischen Berechnungen mithilfe einer validierten statistischen Software durchzuführen.

L 1 Anleitung zur Probenahme und Durchführung biologischer Testverfahren

DIN EN ISO 5667-16:2019-03
EN ISO 5667-16:2017 (D)

6 Probenahme und Transport

6.1 Allgemeines

Die Probenahme ist der erste Arbeitsschritt bei der Durchführung biologischer, chemischer und physikalischer Untersuchungen. Das Ziel der Probenahme sollte es sein, eine repräsentative Probe für das Untersuchungsziel zu erhalten und sie dem Labor einwandfrei zur Verfügung zu stellen.

Umweltproben unterliegen Veränderungen aufgrund physikalischer, chemischer oder biologischer Reaktionen, die im Zeitraum zwischen der Probenahme und Analyse ablaufen können. Art und Umfang dieser Reaktionen sind oft derart, dass die Probe wesentlich verändert werden kann und somit nicht mehr repräsentativ für die ursprüngliche Probe ist, wenn die erforderlichen Vorkehrungen während der Probenahme, des Transportes und der Lagerung nicht getroffen werden. Das Ausmaß dieser Veränderungen hängt von der chemischen und biologischen Beschaffenheit der Probe, vom Material der Probenahmeausrüstung (Probenahmegefäß und Probenbehälter), vom Transport und der Vorbehandlung (z. B. Lagerung, Konservierung) ab. Fehler, die durch eine unsachgemäße Probenahme und Vorbehandlung der Probe entstehen, können nicht korrigiert werden.

Dieses Dokument ist für die Anwendung in Verbindung mit ISO 5667-1 [1] vorgesehen, die die allgemeinen Grundlagen darlegt und eine Anleitung zur Aufstellung von Probenahmeprogrammen und -techniken für alle Aspekte der Probenahme von Wasser (einschließlich Abwasser, Schlämme, Ausläufe und Sedimente) bereitstellt: z. B. die Auswahl von repräsentativen Probenahmestellen, Zeitpunkt und Häufigkeit der Probenahme, Probenahmetechniken, Ausrüstung zur Bestimmung physikalischer oder chemischer Kenngrößen, Vermeidung von Kontamination, Transport der Proben zum Labor und ihre Lagerung, Probenidentifizierung und Aufzeichnungen.

ISO 5667-3 [2] enthält Anleitungen hinsichtlich der Bestimmung von physikalisch-chemischen Kenngrößen, wenn Stich- oder Mischproben nicht vor Ort untersucht werden können und zur Analyse ins Labor transportiert werden müssen. Sie legt allgemeine Grundsätze für die Handhabung und Konservierung von Proben, den Probentransport, die Probenannahme und -identifizierung und die Probenlagerung fest. Hinsichtlich der Konservierung und Handhabung von Schlamm- und Sedimentproben siehe ISO 5667-15 [4].

Im Allgemeinen entspricht die Vorgehensweise der Probenahme für die Durchführung von Biotests der für die chemische Analyse. In jedem Fall wird eine Absprache mit dem Labor, das den Biotest durchführt, dringend empfohlen.

6.2 Probenahmeausrüstung

6.2.1 Allgemeines

Die Vorgaben zur Probenahmeausrüstung, insbesondere zum verwendeten Material, gelten sowohl für das Probenahmegefäß als auch für die Probenbehälter. Die Art der Behälter und Ausrüstungsteile für die Probenahme sollten in Abstimmung mit dem untersuchenden Labor ausgewählt werden, weil für einige Biotests nur bestimmte Materialien für die Probenahme, den Transport und die Lagerung geeignet sind. Die in einer nationalen oder internationalen Biotest-Norm beschriebenen Anforderungen in Bezug auf das Probenahmematerial sind verbindlich.

6.2.2 Probenbehälter

Die Wahl des Probenbehälters ist von wesentlicher Bedeutung und ISO 5667-1 [1] sowie ISO 5667-3 [2] enthalten diesbezügliche Anleitungen.

Die folgenden Angaben und Empfehlungen sind im Wesentlichen aus ISO 5667-1 [1] zitiert.

Der Probenbehälter sollte so beschaffen sein, dass die Zusammensetzung der Probe nicht durch Adsorption und Ausgasen oder Verunreinigung durch Fremdsubstanzen verändert wird. Die am häufigsten vorkommenden Probleme sind die Adsorption an den Wänden der Probenahmegeräte und Probenbehälter, Verunreinigung durch vor der Probenahme schlecht gereinigte Probenahmegeräte und Probenbehälter oder durch Kontamination durch den Werkstoff des Probenahmegeräts oder des Probenbehälters.

Bei der Auswahl des Probenbehälters zum Sammeln und Aufbewahren der Probe sollten z. B. folgende Gesichtspunkte beachtet werden: Beständigkeit gegen extreme Temperaturen, Bruchfestigkeit, gutes Verschließen und Öffnen, Größe, Form, Gewicht, Verfügbarkeit, Preis, Reinigungsmöglichkeit, Wiederverwendbarkeit.

Für lichtempfindliche Substanzen sollte lichtabsorbierendes Glas verwendet werden. Nichtrostender Stahl sollte für Wasserproben hoher Temperatur und/oder Druck oder für die Probenahme von organischen Spurenstoffen verwendet werden.

Zusätzlich zu den erwähnten physikalischen Eigenschaften sollten bei der Auswahl der Probenbehälter die folgenden wesentlichen Kriterien berücksichtigt werden (besonders, wenn die zu analysierenden Inhaltsstoffe nur in Spuren vorliegen):

a) Minimierung der Verunreinigung der Wasserprobe durch den Werkstoff, aus dem Behälter und Verschluss hergestellt sind, z. B. durch Auslaugen von anorganischen Bestandteilen aus Glas (besonders Alkaliglas) und organischen Verbindungen und Metallen aus Kunststoffen und Elastomeren (Verschlussauskleidung aus PVC, Hülsen aus Polychloropren);

b) Möglichkeit, die Wände des Behälters zu reinigen und vorzubehandeln, zur Verringerung der Gefahr der Oberflächenverunreinigung durch Spurenbestandteile wie beispielsweise Schwermetalle;

c) Verwendung chemisch und biologisch inerter Behälterwerkstoffe, um die Reaktion zwischen den Bestandteilen der Probe und dem Behälter zu vermeiden oder herabzusetzen;

d) Probenbehälter können auch Fehler verursachen, wenn die zu bestimmenden Substanzen an den Behälterwänden adsorbiert werden. Spurenmetalle sind dafür besonders anfällig, aber dieser Effekt kann auch bei anderen Substanzen zu Fehlern führen (z. B. Detergentien, Pflanzenbehandlungsmittel und Phosphate).

Der Probenbehälter sollte beständig gegen Erhitzen und Gefrieren sein; er sollte autoklavierbar und leicht zu reinigen sein. Behälter aus Polypropylen (PP), Polytetrafluorethylen (PTFE) oder Polyethylen (PE) sind geeignet, jedoch ist Polyethylen nicht autoklavierbar. Glasflaschen sind grundsätzlich (jedoch nicht immer) für organische chemische Bestandteile und biologische Spezies geeignet.

Das Volumen, die Form und das Material der Probenbehälter hängen ab von der Art der Probe, der Anzahl der Replikate, dem für die Biotests erforderlichen Volumen sowie von der Notwendigkeit der Konservierung und Lagerung der Proben vor der weiteren Bearbeitung.

Das Volumen der gesammelten Probe sollte für die geforderten Analysen und für die Wiederholungsanalysen ausreichen. Die Verwendung von sehr kleinen Probenvolumina kann dazu führen, dass die gesammelten Proben nicht repräsentativ sind. Zusätzlich können kleine Probenvolumina infolge des relativ großen Oberfläche/Volumen-Verhältnisses auch das Problem der Adsorption vergrößern.

L 1   Anleitung zur Probenahme und Durchführung biologischer Testverfahren   20

DIN EN ISO 5667-16:2019-03
EN ISO 5667-16:2017 (D)

6.3 Befüllung von Probenbehältern

Um mögliche Einflüsse auf die Probe während des Transportes zu minimieren, wird empfohlen, die Behälter vollständig zu füllen.

Sofern das Einfrieren zur Konservierung vorgesehen ist, sollten die Probenbehälter nur so weit gefüllt werden, dass eine Volumenvergrößerung möglich ist (Vermeidung von Bruch).

Zu den Problemen, die bei einer Teilfüllung auftreten können zählen:

— verstärktes Durchschütteln während des Transports, das zu einem Auseinanderfallen von Agglomeraten führen kann;

— Wechselwirkung mit der Gasphase, was zum Ausgasen führen kann und

— Oxidation von Substanzen, was z. B. bei Schwermetallen zu Ausfällungen führen kann.

Werden wie empfohlen vollständig gefüllte Probenbehälter transportiert, erfolgt die Volumenreduzierung für das Einfrieren nach der Homogenisierung im Labor.

6.4 Probenkennzeichnung und Aufzeichnungen

Die Probenbehälter sollten deutlich und zweifelsfrei gekennzeichnet werden, damit später die analytischen Ergebnisse richtig zugeordnet werden können.

Auf dem Etikett des Probenbehälters sollte eine eindeutige Kennung vorhanden sein, die mindestens die Probennummer, das Probenahmedatum und den Probenahmeort umfasst. Alle anderen Angaben sind ergänzend und hängen von den Zielen des jeweiligen Messprogramms und den Anforderungen des nachfolgenden Biotests ab und können im Bericht zur Probe angegeben werden. Behälteretiketten sollten beständig gegen Befeuchten, Trocknen und Einfrieren sein ohne sich dabei abzulösen oder unleserlich zu werden. Das Markierungssystem sollte wasserfest sein, um die Anwendung am Probenahmeort zu ermöglichen.

Etiketten oder Formulare sollten immer bei der Probennahme vollständig ausgefüllt werden.

6.5 Probenteilung

Eine Probenteilung kann aus mehreren Gründen erforderlich sein. Häufig ist sie z. B. notwendig, um eine Rückstellprobe zu erhalten oder falls verschiedene Biotests nicht gleichzeitig durchgeführt werden können oder wenn unterschiedliche Testverfahren die Handhabung und Aufbewahrung der Probe auf eine spezielle Weise erfordern.

Die Probenteilung kann gleich nach der Probenahme vor Ort, im Labor vor der weiteren Bearbeitung oder nach dem Auftauen erfolgen. Der Zeitpunkt hängt vom Untersuchungsziel ab.

Die Verfahrensweise der Probenteilung sollte sicherstellen, dass die Teilproben repräsentativ bleiben. Für die Entnahme einer Teilprobe sollte die Probe vor der Aufteilung sorgfältig gemischt werden. Um Teilproben von gleicher Qualität zu erhalten, sollte sichergestellt sein, dass die Probe während des Teilungsprozesses ihre Homogenität beibehält (z. B. durch kontinuierliches Schütteln oder Rühren). Das gilt besonders im Fall von Zweiphasen-Gemischen, z. B. bei Wässern, die suspendierte Partikel enthalten.

Übriggebliebene Teilproben, die tiefgefroren getrennt gelagert wurden, sollten aufbewahrt werden, bis die Endauswertung durchgeführt wurde.

DIN EN ISO 5667-16:2019-03
EN ISO 5667-16:2017 (D)

6.6 Transport

Die Proben sollten nach der Probenahme möglichst schnell an das Labor überstellt werden.

Den Probenbehälter während des Transportes frost- und bruchsicher lichtgeschützt aufbewahren, sowie vor Erwärmung und vor externer Kontamination schützen.

Verfahren zum Kühlen oder Tiefgefrieren (siehe 7.2) sollten bei Proben angewendet werden, um die für den Transport und die Lagerung verfügbare Zeitspanne zu verlängern. Die Kühlung sollte nach der Probenahme möglichst schnell beginnen, beispielsweise in Kühlboxen mit Eis (kein Trockeneis), gefrorenen Gelpackungen oder Kühlelementen. Eine Kühleinrichtung im Transportfahrzeug ist auch geeignet. Eine Kühltemperatur während des Transportes von 2 °C bis 8 °C hat sich für viele Anwendungen als geeignet erwiesen. Die empfohlene Kühltemperatur gilt für die Umgebung der Probe (z. B. innerhalb der Kühlbox) und nicht für die Probe selbst.

Die zum Kühlen oder Einfrieren angewendeten Verfahren sollten den Anweisungen des analysierenden Labors entsprechen.

Sofern die Proben durch Kühlen konserviert werden, sollte die Zeitspanne zwischen der Probenahme und der Analyse (Lagerungsdauer) innerhalb der für den jeweiligen Biotest festgelegten Zeit bleiben. Üblicherweise beträgt die Lagerungsdauer 48 h.

Für weitere Informationen siehe ISO 5667-3 [2], ISO 5667-14 [3] und ISO 5667-15 [4].

6.7 Kontamination während der Probenahme

Die Vermeidung von Kontaminationen während der Probenahme ist unerlässlich. Sämtliche möglichen Kontaminationsquellen sollten berücksichtigt und, falls erforderlich, geeignete Kontrollmaßnahmen ergriffen werden. Mögliche Kontaminationsquellen sind z. B. Rückstände von früheren Proben an den Probenbehältern, Trichtern, Schöpfgefäßen, Spateln und anderen Ausrüstungsgegenständen, die Kontamination durch den Probenahmeort während der Probenahme oder die Kontamination der Deckel oder Verschlüsse der Flaschen durch Staub oder Wasser.

Für ausführliche Informationen siehe ISO 5667-14 [3].

6.8 Qualitätskontrolltechniken der Probenahme

ISO 5667-14 [3] gibt unter anderem Anleitungen zu Qualitätskontrolltechniken der Probenahme. Derartige Techniken sind insbesondere:

— **Feldblindproben:** Diese Technik kann genutzt werden, um etwaige Fehler im Zusammenhang mit Kontaminationen der Probenahmegefäße und dem Probenahmeverfahren zu ermitteln. Feldblindproben sind Blindproben, die vom Labor zum Probenahmeort gebracht werden, wie die Proben behandelt und zur Überprüfung des Probenahmeverfahrens analysiert werden.

— **Wiederfindung bei der Filtration:** Diese Technik kann genutzt werden, um etwaige Fehler im Zusammenhang mit der Kontamination der Probenahmegefäße und dem Probenahmeverfahren in Verbindung mit der Filtration von Proben zu ermitteln.

Falls es erforderlich ist, Proben vor Ort oder im Labor zu filtrieren, sollten die Feldblindproben und/oder Proben, die der Qualitätssicherung dienen, mit dem gleichen Filtrationsverfahren wie für reale Proben behandelt werden.

L 1 Anleitung zur Probenahme und Durchführung biologischer Testverfahren

DIN EN ISO 5667-16:2019-03
EN ISO 5667-16:2017 (D)

7 Vorbehandlung

7.1 Allgemeines

Die Vorbehandlung umfasst die Verarbeitung einer Probe unter Laborbedingungen zu einem homogenen Testgut für die anschließende Untersuchung.

Das Fließdiagramm (Bild 1) enthält Informationen über üblicherweise (aber teilweise unterschiedlich) verwendete Begriffe in Biotestnormen und Leitfäden

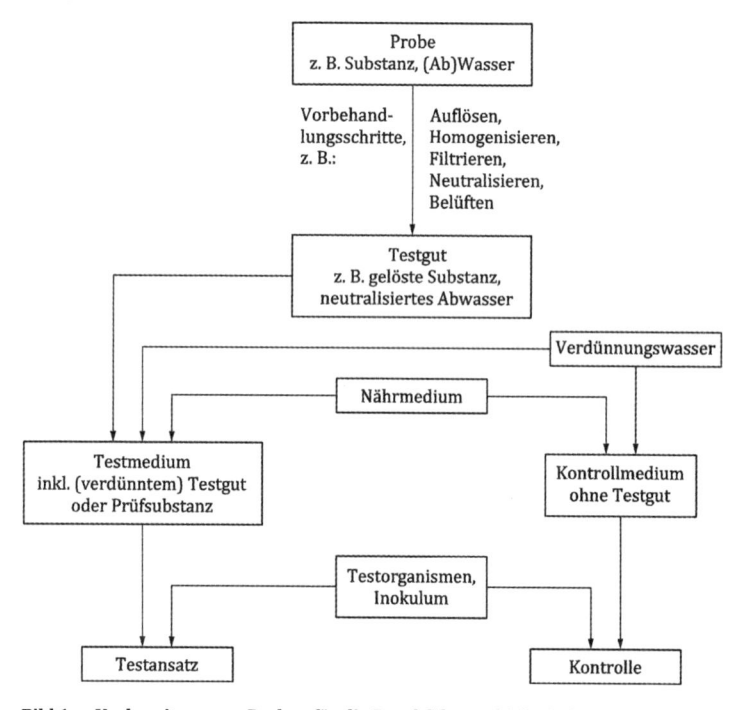

```
                    Probe
              z. B. Substanz, (Ab)Wasser

       Vorbehand-      | Auflösen,
       lungsschritte,  | Homogenisieren,
       z. B.:          | Filtrieren,
                       | Neutralisieren,
                       | Belüften

                    Testgut
              z. B. gelöste Substanz,
              neutralisiertes Abwasser

                                  Verdünnungswasser
                     Nährmedium

   Testmedium                        Kontrollmedium
   inkl. (verdünntem) Testgut        ohne Testgut
   oder Prüfsubstanz

                  Testorganismen,
                  Inokulum

       Testansatz                      Kontrolle
```

Bild 1 — Vorbereitung von Proben für die Durchführung biologischer Testverfahren

7.2 Konservierung und Lagerung

Proben für biologische Testverfahren sollten vorzugsweise ohne Verzögerung nach der Probenahme verarbeitet werden, um Veränderungen der ursprünglichen Beschaffenheit durch physikalische und chemische Reaktionen und/oder biologische Prozesse so gering wie möglich zu halten.

Die Probe auf Temperaturen zwischen 2 °C und 8 °C abkühlen, wenn die Untersuchung unmittelbar nach der Probenahme nicht möglich ist. Die Proben sollten im Dunkeln aufbewahrt werden, um Algenwachstum zu verhindern. Bei Kühlung in diesem Temperaturbereich und Aufbewahrung im Dunkeln sind die meisten Proben bis zu 48 h stabil.

DIN EN ISO 5667-16:2019-03
EN ISO 5667-16:2017 (D)

Wasserproben möglichst schnell nach der Probenahme bei einer Temperatur ≤ −18 °C einfrieren, wenn es nicht möglich ist, den Test innerhalb von 48 h anzusetzen. Die für das Einfrieren und Auftauen erforderliche Zeitspanne sollte auf ein Mindestmaß begrenzt werden, indem das Probenvolumen reduziert wird, d. h. die Größe des Probenbehälters. Im Allgemeinen eignet sich ein 1-Liter-Behälter (gefüllt mit maximal 0,5 l bis 0,7 l der Probe) zum Einfrieren. Bei Testverfahren, die größere Volumina erfordern, sollte die Probe homogenisiert und in Teilproben (siehe 6.5) aufgeteilt werden.

Eine Lagerungsdauer von bis zu zwei Monaten hat sich bei den meisten Biotests als maximale Lagerungsdauer bewährt.

Die Verwendung von Bioziden als Konservierungsmittel wird für biologische Testverfahren ausgeschlossen. Die Zugabe von hochkonzentrierten Säuren oder Laugen zur Probenkonservierung, z. B. HCl oder NaOH, ist ebenfalls nicht zu empfehlen. Untersuchungen haben gezeigt, dass die Abwasserqualität während des Einfrierens und Auftauens beeinträchtigt werden kann. Spezifische Anforderungen in Bezug auf die Probenkonservierung, die in einer bestehenden nationalen oder internationalen Biotest-Norm beschrieben sind, sind verbindlich. Falls notwendig, sollte das Verfahren und die Dauer der Lagerung für jede Probenart und jedes biologische Testverfahren einzeln bestimmt werden.

Besonders das Tiefgefrieren erfordert eine genaue Kontrolle des Einfrier- und Auftauvorgangs, um die Probe nach dem Auftauen in ihr ursprüngliches Gleichgewicht zurückzuführen.

Zur Konservierung von Sedimentproben wird empfohlen, diese auf Temperaturen zwischen 1 °C und 5 °C abzukühlen und im Dunkeln zu lagern (siehe ISO 5667-15 [4]).

Es sollte beachtet werden, dass bei Unklarheiten, die Person(en), die die Biotests durchführt(en), und der chemische Analytiker sich miteinander abstimmen sollten, bevor über das Verfahren der Handhabung und Konservierung der Proben entschieden wird. Wenn die Konservierungstechniken für das biologische Testverfahren und für die chemische Analyse nicht kompatibel sind, sollten getrennte Teilproben für die verschiedenen Zwecke bereitgestellt werden.

7.3 Auftauen

Tiefgefroren gelagerte Proben werden am Tag der Untersuchung unmittelbar vor der Verwendung aufgetaut. Um lokale Überhitzung zu vermeiden, wird ein Wasserbad bei einer Temperatur von nicht mehr als 25 °C zusammen mit leichtem Schütteln empfohlen. Alternativ kann die Probe im Dunkeln bei einer Temperatur zwischen 2 °C und 8 °C über Nacht aufgetaut und direkt für den Test verwendet werden.

Das vollständige Auftauen einer Probe vor der Verwendung ist entscheidend, da sich beim Einfrieren bestimmte Bestandteile im zuletzt durchfrierenden inneren Bereich der Probe konzentrieren können. Die Probe darf nicht mithilfe einer Mikrowellenbehandlung aufgetaut werden. Für die Durchführung von Biotests sollte eine einmal aufgetaute Probe nicht wieder eingefroren oder in einem Kühlschrank bis zur Prüfung an nachfolgenden Tagen gelagert werden.

7.4 Homogenisieren

Es sollte sichergestellt sein, dass sämtliche gelöste und partikuläre Substanzen gleichmäßig verteilt sind (z. B. durch leichtes Rühren oder kräftiges Schütteln). Während dieses Behandlungsschrittes sollte der mögliche Verlust flüchtiger Bestandteile beachtet werden. Eine Ultraschallbehandlung oder mechanische Dispersion mittels Hochgeschwindigkeitsrührer (z. B. Homogenisator) wird bei Umweltproben nicht angewendet, da die Probe durch diese Verfahren erheblich verändert werden kann, besonders bei Vorhandensein von Feststoffpartikeln. Hinsichtlich schlecht löslicher Substanzen siehe 10.2.

In der Regel sollte darauf geachtet werden, dass der Originalzustand der Probe wiederhergestellt oder zumindest so wenig wie möglich verändert wird.

DEV – 109. Lieferung 2019

DIN EN ISO 5667-16:2019-03
EN ISO 5667-16:2017 (D)

7.5 Trennung von gelösten und partikulären Bestandteilen

Im Allgemeinen werden Biotests mit der Originalprobe durchgeführt. In einigen Fällen beeinträchtigen jedoch größere Mengen an Feststoffpartikeln, Schlamm und Sediment in aquatischen Testsystemen die Testorganismen (z. B. Verstopfen der Kiemen von Fischen, Behinderung des Filtrierens bei Daphnien und Lichtlimitation bei Algen).

Eine hohe Anzahl an Hintergrundpartikeln kann die Messungen stören (z. B. wenn ein Partikelzähler oder ein Spektralphotometer eingesetzt wird). Auch die mikroskopische Auszählung ist hiervon stark betroffen. Eine kontinuierliche Dosierung liefert unzuverlässige Werte, da Feststoffe sich ablagern und die Schlauchleitungen verstopfen können.

Wenn diese schädlichen Effekte auf die Testorganismen nicht im Testergebnis abgebildet werden sollen, gibt es verschiedene Möglichkeiten, diese Störungen zu vermeiden oder zu umgehen, z. B. durch Filtration oder Zentrifugieren.

Filtration, Zentrifugation oder andere Trennverfahren bergen jedoch das Risiko, dass wirksame partikelgebundene Bestandteile vor der Untersuchung entfernt werden. Außerdem sind Probleme im Zusammenhang mit der Filtration zu berücksichtigen (z. B. Adsorption oder Auswaschung von Stoffen aus dem Filtermaterial). Sedimentation und Zentrifugation umgehen diese Probleme. Eine Zentrifugation (z. B. 10 min bei $4\,500\,g \pm 1\,500\,g$) ist im Allgemeinen einer Filtration vorzuziehen.

Werden aquatische Tests bei Vorhandensein von Partikeln durchgeführt, die schwerwiegende Probleme verursachen, wird empfohlen, die Probe für 30 min bis 2 h absetzen zu lassen. Die benötigte Menge des Überstandes kann mithilfe einer Pipette entnommen werden. Die Pipettenspitze sollte in der Mitte des Behälters und mittig zwischen der Oberfläche des abgesetzten Anteils und der Flüssigkeitsoberfläche positioniert werden. Ein anderes Verfahren zur Abtrennung großer Partikel ist eine Grobfiltration (> 50 µm). Die abgetrennten Feststoffe können dann getrennt untersucht werden.

Das Filtermaterial sollte aus inerten Materialien hergestellt sein. Die Filter sollten vor der Anwendung mit hochreinem Wasser gespült werden, um das Risiko von Kontamination des Testmaterials mit toxischen Rückständen zu reduzieren. Die Filter auf toxische Rückstände prüfen, indem Verdünnungswasser oder Medium filtriert und anschließend im Biotest untersucht werden. Die Adsorption des Testmaterials kann durch Vorkonditionierung der Filter mit den entsprechenden Lösungen des Testmaterials reduziert werden. Die Filtration kann unter Druck oder mit Vakuum erfolgen.

Bei einigen Testverfahren besteht die Möglichkeit, einen Korrekturfaktor für Kenngrößen, wie z. B. Trübung, zu bestimmen.

Bakterienreiche Wasserproben beeinträchtigen Tests, die die bakterielle Aktivität betreffen, z. B. die Atmungshemmung. Die Störung durch Bakterienaktivität kann teilweise kompensiert werden, indem geeignete Kontrollansätze mitgeführt werden. Bei bestimmten Untersuchungen mit Algen, Eiern, Fischlarven oder Zellkulturen, können Störungen durch bakterielle Kontaminationen auftreten. Übliche Sterilisationsverfahren, z. B. thermische oder UV-Behandlung oder Membranfiltration (0,2 µm), beinhalten stets das Risiko von Nebeneffekten. Sollte eine Filtration notwendig sein, ist Glasfaserfiltration zu bevorzugen.

Bei Verfahren der Probenanreicherung (siehe 7.6) ist die Filtration der Proben obligatorisch, da Partikel die Kartusche verstopfen könnten und eine erfolgreiche Extraktion verhindern. Zu diesem Zweck sind Glasfaserfilter mit einer Porenweite von etwa 1 µm geeignet.

Jedes für die Abtrennung von Partikeln angewendete Verfahren sollte im Untersuchungsbericht angegeben werden.

DIN EN ISO 5667-16:2019-03
EN ISO 5667-16:2017 (D)

7.6 Probenanreicherung

7.6.1 Allgemeines

Bei bestimmten Aufgabenstellungen (z. B. der Bestimmung von Ursache-Wirkungs-Beziehungen zur Risikobewertung einer Umweltbelastung oder für einen Vergleich von Proben) ist die Untersuchung angereicherter Proben oder Teilen davon mit Biotests in Kombination mit einer chemischen Analyse eine übliche Verfahrensweise.

Eine Probenvorkonzentration könnte auch geeignet sein, falls Schadstoffe in der Umweltprobe nur in sehr geringen Konzentrationen vorliegen oder wenn einige spezifische *In-vitro*-Biotests eingesetzt werden sollen. Insbesondere ermöglicht eine Anreicherung von Wasserproben den Nachweis von Stoffen in geringen Konzentrationen mit Kurzzeit-*In-vitro*-Biotests.

Die Probenanreicherung kann nicht nur die Konzentration von Schadstoffen, sondern auch die von anderen Wasserinhaltsstoffen erhöhen. Diese Inhaltsstoffe können im Biotest bei höheren Konzentrationen störend wirken.

Die Anreicherung umfasst üblicherweise ein Verfahren, bei dem eine Auswahl an Verbindungen aus einer Probe selektiv angereichert wird (d. h. eine Extraktion). Bei diesem Verfahren können sowohl Matrixkomponenten, beispielsweise Salze (z. B. Nährstoffe, die die Toxizität der Proben maskieren könnten), als auch andere potentiell toxische Verbindungen, z. B. Metalle (siehe [27]) aus der Probe entfernt werden. Es ist wichtig, zu berücksichtigen, dass die Anreicherung selektiv ist. Das Ausmaß dieser Selektivität hängt vom angewendeten Verfahren ab.

Es sollte beachtet werden, dass es bislang nicht möglich ist, von Wirkungen, die in einem akuten Test mit angereicherten Proben gemessen wurden, auf chronische Wirkungen der Originalprobe zu schließen. Eine Extrapolation würde eine gründliche Kalibrierung des Extraktionsverfahrens und einen Kurzzeit-Biotest erfordern, der die chronische Toxizität anzeigt. Ein geeignetes Beispiel für eine derartige Extrapolation wurde bisher nicht berichtet.

Wird ein Anreicherungsverfahren angewendet (z. B. wenn kein empfindliches Verfahren zur Untersuchung der Originalprobe verfügbar ist), sollten die mit einer angereicherten Probe gewonnenen Ergebnisse mit Vorsicht interpretiert werden. In Abhängigkeit von 1) der Selektivität der Anreicherung und 2) vom angewendeten Anreicherungsfaktor ist es mehr oder weniger schwierig, die Ergebnisse in Beziehung zur Originalprobe zu setzen.

7.6.2 Extraktionsverfahren

Während der Anreicherung wird die ursprüngliche Probenzusammensetzung der Wasserinhaltsstoffe verändert, z. B.:

— sind eine Flüssig/Flüssig-Extraktion mit organischen Lösemitteln und eine Festphasenextraktion durch Adsorption an Feststoffe (z. B. C18-Säulen) besonders effektiv für organische Schadstoffe. Ionenstärke und osmotischer Druck der Probe können herabgesetzt werden. Toxische Ionen und andere Wasserinhaltsstoffe, die möglicherweise zur Wirkung beitragen (z. B. diese maskieren), wie beispielsweise Huminsäuren, können ausgeschlossen werden;

— Eindampfung und Gefriertrocknung sowie Sorptionsmittel-Extraktion können zum Verlust flüchtiger Substanzen führen; Eindampfung und Gefriertrocknung erhöhen auch die Ionenstärke und den osmotischen Druck;

— Ultrafiltration kann insbesondere zu einem Verlust von kleinen Molekülen, die die Membran durchdringen, führen.

DIN EN ISO 5667-16:2019-03
EN ISO 5667-16:2017 (D)

Eine Konzentrationserhöhung einer spezifischen Verbindung über deren Löslichkeitsgrenzen hinaus kann zur Ausfällung oder Ausflockung zuvor gelöster Stoffe führen.

Gewisse angereicherte Wasserinhaltsstoffe können in größerem Maße chemische Reaktionen eingehen als in der Originalprobe.

Derartige Aspekte sollten vor der Auswahl eines Extraktionsverfahrens gründlich bewertet werden. Für weitere Informationen zu diesem Thema wird auf [27] und [28] verwiesen.

7.7 pH-Wert-Einstellung

Die Wahl des einzustellenden pH-Werts wird durch das Untersuchungsziel und die physiologischen Anforderungen der Testorganismen bestimmt.

Bei vielen Biotests können Proben ohne Anpassung untersucht werden, wenn der pH-Wert zwischen ≥ 6 und ≤ 9 liegt. pH-Werte zwischen 6 und 9 (ein Bereich, der üblicherweise für aquatische Biota verträglich ist) ermöglichen eine Aussage über ionisierbare toxische Stoffe, die andernfalls durch die pH-Bedingungen außerhalb dieses Bereichs maskiert würden.

Proben mit extremen pH-Werten, die außerhalb der Toleranzgrenzen für die meisten Testorganismen liegen (üblicherweise pH-Werte < 6 oder > 9, abhängig vom Organismus), sollten auf einen pH-Wert von $7,0 \pm 0,2$ eingestellt werden. Die physiologischen Grenzen der Organismen sollten in den jeweiligen Normen festgelegt werden. Beim Einstellen sollte ein Überschreiten des neutralen pH-Werts vermieden werden.

Die Konzentration der für die Einstellung benötigten Säure oder Lauge sollte so gewählt werden, dass die Volumenänderung so klein wie möglich ist.

Das Hinzufügen von Säure oder Lauge sollte nicht zu einer Ausfällung oder zur Komplexbildung führen. Die Bioverfügbarkeit von Stoffen wird vermindert, wenn sie aus dem Testmedium entfernt werden. Auch sollte die Zugabe von Säure oder Lauge die Testorganismen nicht übermäßig beeinflussen. Üblicherweise werden Salzsäure oder Natriumhydroxid-Lösungen empfohlen.

Die Einstellung sollte unterlassen werden, wenn die Wirkung des pH-Werts in dem Testergebnis abgebildet werden soll oder wenn physikalische Veränderungen oder chemische Reaktionen (z. B. Ausfällung) infolge der Einstellung des pH-Werts beobachtet werden.

8 Geräte und Ausrüstung

8.1 Auswahl der Geräte

Art, Form und Material der technischen Ausrüstung sind vom Testverfahren und der Probenart abhängig. Alle Materialien, die mit dem Testgut in Berührung kommen, sollten so beschaffen sein, dass Störungen durch Sorption oder Diffusion des Testmaterials, durch Elution von Fremdstoffen (z. B. Weichmacher) oder durch Bewuchs mit Organismen auf ein Mindestmaß beschränkt bleiben. Inerte Materialien sind geeignet, z. B. Glas, Polytetrafluorethylen (PTFE), nichtrostender Stahl. Schlauchverbindungen sollten möglichst kurz sein und von Zeit zu Zeit ausgewechselt werden. Neue Schläuche sollten vor der Anwendung mehrfach gespült werden, um das Auswaschen von Weichmachern oder anderen Fremdstoffen aus dem Material auf ein Mindestmaß zu verringern. Die Kontamination des Testmaterials (z. B. durch Schlifffett von Stopfen oder Verbindungen) sollte vermieden werden. Rohrleitungen aus Kupfer, Kupferlegierung oder nicht-inerten Kunststoffen sind nicht geeignet.

DIN EN ISO 5667-16:2019-03
EN ISO 5667-16:2017 (D)

8.2 Reinigung der Geräte und Ausrüstung

Die Geräte und Ausrüstung sollten vor der Anwendung mit geeigneten Reinigungsmitteln, z. B. Salzsäure, Natriumhydroxid-Lösung, Detergentien, Lösemittel (Ethanol, Aceton, Methanol), Schwefelsäure/Wasserstoffperoxid gereinigt werden und gegebenenfalls thermisch oder chemisch, z. B. mit Hypochlorit-Lösung, sterilisiert werden. Chromschwefelsäure sollte nicht verwendet werden.

Mehrfaches Nachspülen der Geräte mit destilliertem Wasser (oder Wasser mit dem gleichen Reinheitsgrad) stellt sicher, dass keine Spuren des Reinigungs- oder Desinfektionsmittels zurückbleiben.

Um Spuren der vorherigen Anwendung gründlich zu entfernen, wird eine Säurespülung vor dem letzten Spülen mit destilliertem Wasser empfohlen.

9 Beeinträchtigung der Testdurchführung

9.1 Probleme und Präventionsmaßnahmen bei Proben, die entfernbare Bestandteile enthalten

9.1.1 Allgemeines

Bestandteile einer Wasserprobe können aus verschiedenen Gründen aus dem Testsystem verloren gehen:

— Verdunstung flüchtiger Stoffe;

— Aufschäumen von oberflächenaktiven Stoffen;

— Sorption an oder in Gefäßmaterialien oder Filtern, insbesondere bei hydrophoben Bestandteilen;

— Ausfällung;

— Ausflockung;

— biologischer Abbau;

— abiotischer Abbau (z. B. Hydrolyse, Photolyse);

— geringe Verteilung oder Bindung bei Flüssig/Flüssig-Extraktion oder Festphasenextraktion.

In diesen Fällen sind die in den Testsystemen eingesetzten Stoffanteile für die Organismen nicht über die gesamte Testdauer in konstanter Menge verfügbar.

Stoffverluste während des biologischen Testverfahrens können jedoch nur auf der Adsorption an und der Akkumulation in die Testorganismen oder auf der Adsorption an Futterpartikel beruhen. In diesen Fällen sind die Organismen dennoch im Wesentlichen exponiert, obgleich nur ein Teil der Stoffe analytisch im Wasser bestimmt werden kann. Durch vergleichende Analysen von Ansätzen ohne Organismen und Futter kann geklärt werden, ob reale oder scheinbare Substanzverluste auftreten.

Es gibt Hinweise, dass bei Mikroorganismen (z. B. Algen, Bakterien) die Empfindlichkeit des Testsystems mit steigender Organismendichte abnehmen kann. Außerdem bestimmt das Verhältnis von Testorganismen oder -zellen zum Expositionsvolumen den potentiellen Verlust von Verbindungen aus der Probe, insbesondere bei lipophilen Verbindungen. Stoffverluste können durch Nachdosierung kompensiert werden oder besser durch semistatische Systeme oder Durchflusssysteme, um die Anreicherung von Stoffwechsel-/Abbauprodukten im Testsystem zu vermeiden.

L 1 Anleitung zur Probenahme und Durchführung biologischer Testverfahren

DIN EN ISO 5667-16:2019-03
EN ISO 5667-16:2017 (D)

9.1.2 Verflüchtigung

Insbesondere bei Testverfahren, die in offenen Systemen durchgeführt werden oder die eine Belüftung erfordern, werden flüchtige Substanzen sehr rasch aus dem Testsystem entfernt. In derartigen Fällen sollte der Einsatz von geschlossenen Testsystemen oder Durchflusssystemen erwogen werden (hinsichtlich weiterer Informationen siehe ISO 14442 [12]). Es sollte jedoch bedacht werden, dass z. B. beim Zellvermehrungshemmtest mit Bakterien oder Algen ein ausreichender Gasaustausch sichergestellt sein sollte.

Flüchtige Substanzen entweichen nicht nur aus dem Testsystem sondern diffundieren auch aus einem Testansatz in einen anderen. Höher konzentrierte Testansätze können geringer konzentrierte beeinflussen. Dies sollte bei der Inkubation der Testansätze im Brutschrank oder bei der Arbeit mit Mikroplatten berücksichtigt werden.

Bei flüchtigen toxischen Substanzen sollte sichergestellt werden, dass für das Personal, das den Test durchführt, kein Risiko besteht.

9.1.3 Aufschäumen

Oberflächenaktive Substanzen reichern sich an der Oberfläche einer Flüssigkeit an und neigen zur Blasenbildung, wenn der Testansatz belüftet wird.

Durch Vergrößerung des Oberflächen-Volumen-Verhältnisses (flache Testgefäße) oder gegebenenfalls mithilfe eines auf die Oberfläche blasenden Ventilators kann die notwendige Sauerstoffversorgung ohne Schaumbildung sicherstellt werden.

Die Verwendung von Antischaummitteln führt zu nicht vorhersehbaren Wechselwirkungen mit dem Testgut und sollte im Allgemeinen vermieden werden. Ausnahmen stellen Sonderfälle dar (z. B. Untersuchungen des biologischen Abbaus).

9.1.4 Adsorption

Hydrophobe Substanzen können, besonders bei niedrigen Konzentrationen, an Gefäßwandungen adsorbiert werden und sind dann nicht mehr vollständig bioverfügbar. Zur Vermeidung hoher Substanzverluste dürfen die Gefäße und das Material zum Pipettieren und Überführen vor der Untersuchung mit der Probe in der vorgesehenen Konzentration konditioniert werden. Nach der Vorbehandlung sollte die Probe entfernt und durch eine frische Probe ersetzt werden, um den Testansatz vorzubereiten.

9.1.5 Ausfällung/Ausflockung

Wasserproben, Abwasser, organische und anorganische Feststoffe und Flüssigkeiten können Bestandteile enthalten, die die Zusammensetzung des Testansatzes modifizieren können (durch Ausfällung eines limitierenden Nährstoffes, Komplexbildung von wichtigen Elementen, Addition von Nährstoffen) und später zu Auswirkungen auf den Testorganismus (z. B. Algenwachstum) führen können, die nicht in Verbindung zu toxischen Bestandteilen stehen. Hinsichtlich weiterer Anleitungen siehe ISO 14442 [12].

9.1.6 Abbau

Wasserinhaltsstoffe können während des Tests verschiedenen Arten des Abbaus, und zwar biologischem, hydrolytischem oder photolytischem, unterliegen. Dies kann zur Bildung von Folgeprodukten (Metaboliten) führen, deren Toxizität sich von dem des Originalproduktes unterscheidet. In Abhängigkeit von der Testdauer ist z. B. die Umwandlung einer Umweltprobe mehr oder weniger komplex und ein akzeptierter Faktor biologischer Testverfahren. Normalerweise ist es nicht möglich, den biologischen Abbau in statischen Testsystemen zu verhindern.

DIN EN ISO 5667-16:2019-03
EN ISO 5667-16:2017 (D)

Einige Wasserinhaltsstoffe (z. B. Isocyanate, Ester und Anhydride) hydrolysieren in Wasser. Das bedeutet, dass die Organismen im Laufe des Tests zunehmend Hydrolyseprodukten ausgesetzt werden. Bei Hydrolyse kann der pH-Wert des Testgutes verändert werden, das führt mitunter zu Veränderungen bei der Hydrolyserate.

Einige Bestandteile (z. B. Hexachlorcyclopentadien, EDTA und Hexacyanoferrat) werden unter Lichteinfluss zersetzt. Bei Biotests, die eine Beleuchtung der Testorganismen erfordern (z. B. Algentests), ist die Lichteinwirkung systemimmanent.

9.2 Probleme und Präventionsmaßnahmen bei farbigen und/oder trüben Proben

Bei einigen aquatischen biologischen Testverfahren beruht die Endpunktbestimmung auf einer spektrometrischen Messung (Photometrie, Fluorimetrie). Bei Proben mit einer starken Eigenfärbung oder -trübung kann auf diese Weise die eingetretene Hemmwirkung nicht mehr sicher bestimmt werden. Die folgenden Maßnahmen können ergriffen werden, um diesen Umstand zu umgehen:

— anderes Verfahren der Endpunktbestimmung (z. B. Zellzählung statt Trübungsmessung im Algentest);

— Messung der Trübung, die durch Organismen hervorgerufen wird, bei einer anderen Wellenlänge oder zwei verschiedenen Wellenlängen (Farbstoffe besitzen häufig eine andere Wellenlängencharakteristik als die Lichtstreuung durch Mikroorganismen);

— Kombination mit einem anderen geeigneten Verfahren (z. B. Messung der Sauerstoffverbrauchs- oder -produktionsrate am Ende eines Zellvermehrungshemmtests); in diesem Fall sollte das Nährmedium erneuert werden;

— Bestimmung der Beeinflussung des Ergebnisses durch Farbe und/oder Trübung mithilfe von kombinierten Mess-/Testgefäßen, in denen Testgut und Organismen räumlich getrennt sind (z. B. Farbkorrekturküvette im Leuchtbakterientest).

10 Herstellung von Stammlösungen und Testansätzen

10.1 Wasserlösliche Substanzen

Bei der Herstellung der Stammlösung sollte die Einwaage der Substanz die maximal lösliche Menge der Substanz nicht überschreiten (< Sättigungskonzentration). Durch Rühren und/oder Erwärmen kann die Lösungsgeschwindigkeit erhöht werden. Dies sollte jedoch nicht zu Substanzverlusten oder thermischer Zersetzung der Probe führen.

10.2 Schwerlösliche Stoffe

10.2.1 Allgemeines

Die Organisation für wirtschaftliche Zusammenarbeit und Entwicklung (OECD) [22] hat eine Richtlinie zur „Aquatischen Toxizitätstestung schwieriger Substanzen und Gemische" erarbeitet. Substanzen, deren Löslichkeit in Wasser etwa 100 mg/l unterschreitet, sollten als schwer löslich betrachtet werden. Bei der Prüfung schwerlöslicher Substanzen ist sicherzustellen, dass keine ungelösten Substanzen als Bodensatz, als Schwebeteilchen oder in dispergierter Form verbleiben. Um reproduzierbare Ergebnisse zu erzielen, sind deshalb Verfahren anzuwenden, die eine möglichst homogene Verteilung der Testsubstanz im Testansatz sicherstellen.

DIN EN ISO 5667-16:2019-03
EN ISO 5667-16:2017 (D)

10.2.2 Untersuchungen im Bereich der Wasserlöslichkeit

Für diesen Zweck wird eine definierte Einwaage der Substanz (z. B. 100 mg) im Dunkeln bei der vorgesehenen, an die Löslichkeit und Stabilität des Testbestandteils angepassten Temperatur mit 1 l destilliertem Wasser oder vorzugsweise im Testmedium (siehe ISO 14442 [12]) durch starkes Rühren oder Schütteln gemischt, z. B. für 24 h bis 48 h. Es ist anzumerken, dass die OECD [22] empfiehlt, dass die maximale Konzentration für die Herstellung des Testmediums durch direkte Zugabe unter 50 % der Wasserlöslichkeit liegen sollte. ISO 14442 [12] empfiehlt, dass bei der Herstellung einer gesättigten Lösung die notwendige Mindestmenge verwendet werden sollte, um die Anreicherung von Verunreinigungen mit höherer Löslichkeit zu vermeiden. Die Einwaage zur Herstellung der Testkonzentration sollte angegeben werden. Nach der Phasentrennung wird die ungelöste Phase durch Filtration (falls erforderlich mithilfe eines Membranfilters, Porenweite 0,2 µm bis 0,45 µm) oder vorzugsweise durch Zentrifugation vollständig abgetrennt. Die Verdünnungsreihe wird mit der wässrigen Phase aufgestellt.

Um eine Sättigungskonzentration zu erreichen, gibt es eine Vielfalt mechanischer oder chemischer Hilfsmittel, z. B. Ultraschallgerät/Hochgeschwindigkeitsrührer, Temperaturerhöhung, Einstellung des pH-Werts, Verwendung flüchtiger, nicht wassermischbarer Lösemittel, die nach der Dosierung verdampfen, oder Auflösung der Substanz in einem wassermischbaren, nichttoxischen Lösemittel, Sorption der Substanz auf einem inerten Trägermaterial. Es sollte jedoch berücksichtigt werden, dass mechanische Hilfsmittel bei der Herstellung gesättigter Lösungen vorzuziehen sind. Nur in Ausnahmefällen sollten chemische Hilfsmittel (Säuren, Basen, Lösemittel) eingesetzt werden. Nach [22] sollte die Verwendung von Lösemitteln auf Situationen beschränkt werden, bei denen kein anderes zuverlässiges Verfahren zur Herstellung der Medien verfügbar ist, da eine potenzielle Wechselbeziehung mit der Prüfsubstanz eine veränderte Wirkung zur Folge haben könnte. Werden Lösemittel verwendet, ist es erforderlich, deren Wirkungen auf die Testergebnisse durch geeignete Kontrollen (Lösemittel- oder Trägermaterialkontrollen) zu bestimmen, die in das Testkonzept einzubeziehen sind. Das maximale Lösemittelvolumen sollte auf < 0,1 ml/l begrenzt sein. OECD [22] und ISO 14442 [12] beschreiben einige Prinzipien, die bei der Verwendung von Lösemitteln zu berücksichtigen sind.

Bei Abbauuntersuchungen können schwerlösliche Substanzen auch oberhalb der Löslichkeitsgrenze durch direkte Dosierung einer angemessenen Masse oder eines angemessenen Volumens geprüft werden. Die Verwendung von inertem Trägermaterialien, z. B. Polyethylenfilme oder Objektträger, oder der Einsatz von nicht abbaubaren Lösemitteln (z. B. Dimethylsulfoxid) kann eine höhere Verteilungsrate für ungelöste Bestandteile sowie eine größere Kontaktfläche zwischen den Mikroorganismen und der Substanz unterstützen. Eine Anzahl geeigneter Verfahren zur Untersuchung der biologischen Abbaubarkeit ist in ISO/TR 15462 [21] beschrieben.

10.2.3 Dispersionen und Emulsionen

Die OECD [22] empfiehlt aus den folgenden Gründen keine Prüfung von wässrigen Dispersionen und Emulsionen:

— die bei Toxizitätstests beobachteten Wirkungen werden am besten erklärt, wenn sie im Verhältnis zu den Expositionskonzentrationen der gelösten Prüfsubstanz betrachtet werden;

— das Vorliegen von nicht gelöstem Material stellt signifikante Schwierigkeiten für die Bestimmung von Expositionskonzentrationen dar;

— in den Testmedien vorliegendes nicht gelöstes Material hat das Potential, physikalische Wirkungen auf den Testorganismus auszuüben, die in keinem Zusammenhang mit der Toxizität stehen.

Die Prüfung von Emulsionen könnte jedoch bei Vorliegen einer gesetzlichen Anforderung durchgeführt werden, z. B. die Bewertung von Dispergiermitteln für Öl oder die Prüfung von formulierten Produkten. Auch Prüfsubstanzen, die eine systemimmanente Tendenz zur Bildung einer wässrigen Dispersion oder Emulsion aufweisen, z. B. oberflächenaktive Substanzen (Tenside) und Detergentien, könnten in Emulsionen geprüft werden.

Stabile Dispersionen oder Emulsionen können mitunter durch entsprechendes physikalisches Durchmischen der Prüfsubstanz mit der wässrigen Phase hergestellt werden. Die Verwendung von chemischen Dispergier- oder Emulsionsmitteln wird infolge der Möglichkeit von physikalisch-chemischen Wechselbeziehungen, die die auftretende Toxizität beeinflussen, im Allgemeinen nicht empfohlen. ISO 14442 [12] beschreibt einige praktische Hinweise, falls Dispergier- oder Emulsionsmitteln verwendet werden.

10.2.4 Spezielle Probleme bei Substanzgemischen oder technischen Produkten

Gemische, die aus einer komplexen Mischung von Einzelsubstanzen mit unterschiedlicher Löslichkeit und unterschiedlichen chemischen Eigenschaften bestehen, werden als „komplexe Gemische" bezeichnet. Die OECD [22] beschreibt verschiedene Ansätze zur Herstellung von Medien und/oder zur Prüfung von Mehrkomponenten-Substanzen. Die Toxizität von komplexen Mehrkomponenten-Substanzen, die nur teilweise in Wasser löslich sind, kann durch die Herstellung von in Wasser eingestellten Anteilen (en: water-accommodated fractions, WAFs) bestimmt werden, die nur den Anteil von Mehrkomponenten-Substanzen enthält, der gelöst ist und/oder als stabile Dispersion oder Emulsion vorliegt.

WAFs werden individuell hergestellt und nicht durch schrittweise Verdünnung eines einzelnen Stamm-WAF. Die Mehrkomponenten-Substanzen werden direkt zum Wasser hinzugefügt und für eine Zeitspanne gemischt, die angemessen ist, um eine Gleichgewichtskonzentration der gelösten und dispergierten oder emulgierten Bestandteile in der wässrigen Phase (Nennkonzentration = Beladungsrate) zu erreichen. Die normalerweise erforderliche Zeitspanne für das Mischen und Absetzen (um die Phasentrennung zu ermöglichen) wird in Vortests bestimmt. Im Allgemeinen sollte jegliches nicht gelöste Testmaterial, das sich in den Testgefäßen sedimentiert hat oder ausgefallen ist, aus den Testmedien entfernt werden, z. B. mit einem Scheidetrichter. Wenn der WAF durch geeignete Filter filtriert wird, ergibt sich ein wasserlöslicher Anteil (en: water-soluble fraction, WSF) (siehe ISO 14442 [12]). Die Ergebnisse für teilweise lösliche Gemische werden als Beladungsraten bezeichnet. Die Wirkkonzentrationen könnten auch als die gemessene Konzentration der Prüfsubstanz im WAF bezeichnet werden.

10.2.5 Limit-Test

Unter bestimmten Umständen, z. B. für die Risikobewertung oder Kennzeichnung, ist die Information über die Wirkung einer bestimmten Konzentration ausreichend. Der Limit-Test ist ein Zwei-Proben-Vergleich, der eine Kontrolle und eine Testkonzentration umfasst. Der Limit-Test kann geeignet sein, wenn

— es einen hinreichenden Beweis (z. B. aus den Ergebnissen eines vorläufigen Toxizitätstests) gibt, dass die Prüfsubstanz keine signifikanten negativen Auswirkungen bis zu einer Konzentration von 100 mg/l oder bis zu ihrer Grenze der Wasserlöslichkeit (je nachdem, welcher Wert niedriger ist) verursacht. In diesem Fall wird ein Limit-Test bei 100 mg/l oder an der Grenze der Wasserlöslichkeit im Allgemeinen als geeignet angesehen, angemessene Informationen bereitzustellen, die z. B. für die Risikobewertung oder für Klassifizierungs- und Kennzeichnungszwecke erforderlich sind;

— eine Screening-Studie zum Ziel hat, ausschließlich eine Antwort auf die Frage zu geben, welche Wirkung, soweit vorhanden, bei einer gegebenen Konzentration oder Verdünnung auftritt. In diesem Fall besteht nicht die Notwendigkeit, den Testorganismus einem erweiterten Konzentrationsbereich oder einer vollständigen Verdünnungsreihe auszusetzen;

— möglicherweise Tierschutzbelange gegen die Informationen abgewogen werden müssen, die aus der Prüfung eines vollständigen Konzentrationsbereichs einer Prüfsubstanz im Vergleich zu einer Grenzkonzentration ermittelt werden (wobei letztere, abhängig vom spezifischen Sachverhalt, ausreichend sein könnte, um die richtigen Schlussfolgerungen zu ziehen).

Limit-Tests sind nicht für den Nachweis einer spezifischen Wirkung geeignet, die durch eine akute Toxizität bei höheren Konzentrationen des zu untersuchenden Bestandteils oder der Probe maskiert sein könnte. In derartigen Fällen ist die Dosis-Wirkungsbeziehung nicht stetig.

DIN EN ISO 5667-16:2019-03
EN ISO 5667-16:2017 (D)

11 Qualitätssicherung für biologische Testverfahren

11.1 Allgemeines

Für gesetzliche Zwecke gelten bei biologischen Testverfahren zwei Qualitätsmanagementsysteme. Für die Untersuchung von Umweltproben (z. B. Abwasser, Oberflächenwasser, Sedimente und Böden) ist ISO/IEC 17025 [19] ein anerkanntes Qualitätsmanagementsystem für Labore. Behörden fordern häufig, dass Labore, die auf diesem Gebiet tätig sind, nach dieser Norm akkreditiert sein müssen. Für die nicht-klinische Prüfung von Chemikalien, Pestiziden und Arzneimitteln wurden die OECD-Empfehlungen zur Guten Laborpraxis (en: Good Laboratory Practice, GLP) [23] beispielsweise durch die Richtlinie 2004/10/EG [29] in das Europarecht umgesetzt. Laboratorien, die unter den GLP-Grundsätzen arbeiten, müssen von den Behörden zertifiziert sein.

ISO/IEC 17025 [19] umfasst zwei Hauptbereiche: Anforderungen an das Management und technische Anforderungen. Die Anforderungen an das Management betreffen den Einsatz und die Wirksamkeit des Managementsystems und zielen auf die Zuweisung von Verantwortlichkeiten, die Lenkung von Dokumenten (Prüfung, Freigabe) sowie auf die Durchführung von internen Qualitätsaudits ab. Die technischen Anforderungen umfassen die Kompetenz des Personals, die Kalibrierung und Validierung von Verfahren, die Genauigkeit der Ausrüstung sowie die klare, eindeutige und objektive Erstellung von Ergebnisberichten. Ein Ziel von ISO/IEC 17025 [19] ist die ständige Verbesserung der Qualität durch Überwachung und Lenkung jeglicher fehlerhafter Arbeit, die Analyse der Gründe sowie die Auswahl und Umsetzung von Korrekturmaßnahmen.

Das Ziel der GLP-Grundsätze ist es, eine hohe Datenqualität bei nicht-klinischen gesundheits- und umweltrelevanten Prüfungen/Studien zu ermitteln und die gegenseitige Anerkennung dieser Daten bei der Bewertung von chemischen Produkten sicherzustellen. Die GLP-Grundsätze beschreiben die Verantwortlichkeiten der Leitung des Prüflabors, des Prüfleiters und des Qualitätssicherungspersonals. Jede Prüfung wird in einem detaillierten Prüfplan vorab beschrieben, der vom Prüfleiter, dem Auftraggeber und der Qualitätssicherung zu genehmigen ist. Sowohl sämtliche Berichte/Aufzeichnungen (z. B. Prüfplan, Rohdaten, Abschlussbericht, Aus-, Fort- und Weiterbildung) als auch die Proben und Materialien müssen in Archiven für einen festgelegten Zeitraum aufbewahrt werden.

11.2 Qualitätssicherung im Zusammenhang mit der Untersuchung von Umweltproben

Laboratorien, die Biotests mit Umweltproben im gesetzlich geregelten Bereich durchführen, z. B. Genehmigungen für Abwassereinleitungen, sollten über ein etabliertes Qualitätssicherungssystem nach ISO/IEC 17025 [19] verfügen. Die GLP-Grundsätze sind für die Anwendung bei Umweltproben nicht vorgesehen. Ist die Umsetzung von ISO/IEC 17025 [19] praktisch nicht möglich (z. B. für Forschungs- und Entwicklungseinrichtungen wie Universitäten), sollten einige Grundprinzipien der Qualitätssicherung umgesetzt sein. Dabei sollten mindestens die folgenden Punkte mit einbezogen werden:

— die Verantwortlichkeiten der beteiligten Personen;

— die durchzuführenden Qualitätssicherungsmaßnahmen, die z. B. in den Standardarbeitsanweisungen (SOPs, en: Standard Operating Procedures) und in einem Studien-/Prüfplan festgelegt sind;

— Informationen zum Prüfverfahren (z. B. Anwendungsbereich, Zeitplan, Prüfparameter und Validitätskriterien);

— Validierung der verwendeten Ausrüstung und Geräte;

— Probenahme und Vorbehandlung;

— Referenzsubstanzen, die regelmäßig im Test eingesetzt werden sollten, und Dokumentation der Ergebnisse (Regelkarten);

DIN EN ISO 5667-16:2019-03
EN ISO 5667-16:2017 (D)

— interne Qualitätssicherungsmaßnahmen;

— Überprüfungsintervalle der verwendeten Ausrüstung und Geräte, z. B. Waagen und Pipetten;

— Verfahrensweisen für Inspektionen und Kontrollen durch Personen, die nicht direkt in die Untersuchungen eingebunden sind;

— Dokumentation, Beurteilung der Ergebnisse und deren Aufzeichnung (Untersuchungsbericht);

— Zeitraum für die Aufbewahrung der Aufzeichnungen/Berichte und von Dokumenten, die relevante Daten oder Informationen zur Prüfung enthalten.

Eine externe Qualitätskontrolle kann durch die Teilnahme an Ringversuchen nachgewiesen werden.

12 Untersuchungsbericht

Der Untersuchungsbericht sollte mindestens die folgenden Informationen enthalten:

a) Angabe des verwendeten Tests mit einer Verweisung auf die jeweilige Norm oder das Prüfverfahren;

b) die Bezeichnung der Originalprobe vor der Behandlung, z. B.

— die Probenart (z. B. Abwasser, Abflüsse, Sickerwasser, Oberflächenwasser, Grundwasser, Sediment);

— Identität der Probe (z. B. Herkunft, Probenahmeverfahren, Datum und Zeitraum der Probenahme);

— physikalisch-chemische und weitere Kenngrößen, wie pH-Wert, Sauerstoffkonzentration in Milligramm je Liter (oder prozentuale Sättigung), Leitfähigkeit oder Salzgehalt, und falls gefordert, Erscheinungsbild, wie Geruch, Farbe und Trübung, sowie bei Sedimenten z. B. Wassergehalt, organische Substanz und Korngrößenverteilung;

— sofern vorhanden, alle Informationen, die für die vollständige Identifizierung einer zu prüfenden chemischen Substanz erforderlich sind (z. B. CAS-Nummer, Chargennummer, Herkunft, Reinheit und Verfallsdatum);

c) eine Beschreibung der Probenvorbehandlung, z. B.

— Lagerung der Probe (Lagerungsbedingungen und -dauer), sofern die Analyse nicht unmittelbar nach Probenahme durchgeführt wird;

— Material des Probenahmebehälters;

— Auftauen;

— Homogenisierung;

— Sedimentation;

— Zentrifugation (einschließlich des Wertes für g und Zeitdauer);

— Filtration (einschließlich Filtermaterial und Porengröße) und andere Bearbeitungsschritte;

— Anreicherung;

— Belüftung;

DIN EN ISO 5667-16:2019-03
EN ISO 5667-16:2017 (D)

- Einstellung des Salzgehaltes;

- Einstellung des pH-Wertes, Art des Neutralisierungsmittels;

- pH-Wert und Sauerstoffkonzentration, in Milligramm je Liter (oder prozentuale Sättigung) der Verdünnungen bei Testbeginn;

- bei chemischen Substanzen das Verfahren der Herstellung der Stamm- und Testlösungen;

d) Testeinzelheiten, z. B.

- Beginn des Tests und Zeitdauer;

- geprüfte Verdünnungsstufen oder Konzentrationen;

- Kulturapparatur und Art der Inkubation (z. B. Lichtintensität und -qualität);

- Temperatur (mittlere Abweichung und Standardabweichung),

- pH-Wert, Sauerstoffkonzentration, in Milligramm je Liter (oder prozentuale Sättigung) der Testlösungen einschließlich der Kontrollen bei Testbeginn und -ende;

- Kontrollsubstanz(en) und Referenzsubstanz(en) (chemischer Name, Bezugsquelle, Chargennummer oder vergleichbare Daten, falls verfügbar);

- Testbedingungen bei Testbeginn, z. B. Zelldichte (angegeben in Zellen je Milliliter), Bakteriendichte in Formazin-Trübungseinheiten (FAU, en: formazin attenuation units) oder anfängliche Körperlänge der eingesetzten Testorganismen;

e) die ermittelten Testergebnisse, einschließlich einer Angabe zur Messunsicherheit, falls möglich, z. B.

- Endpunkt des Tests (z. B. Wachstumshemmung);

- Einzelheiten der Testergebnisse (z. B. Daten zur Vermehrung, Zelldichte in jedem Ansatz);

- Mittelwert und Standardabweichung der Testparameter in den Testansätzen und Kontrollen;

- prozentuale Hemmung von Testparametern in allen Behandlungen;

- Konzentrationswirkungsbeziehung in tabellarischer oder graphischer Darstellung [z. B. Wachstumskurven (Logarithmus von mittlerer Zelldichte gegen die Zeit) für jeden Testansatz und die Kontrolle];

- den G-Wert auf Grundlage einer Verdünnungsreihe;

- die $EC_{x'}$ die die Konzentration der im Testmedium gelösten Prüfsubstanz (Chemikalie, Referenzsubstanz) angibt, die zu einer Reduzierung von x % (z. B. 10 % und 50 %) des Testparameters innerhalb einer festgelegten Zeitspanne der Exposition führt mit deren Vertrauensintervallen, einschließlich des Berechnungsverfahrens;

- die 95 %-Vertrauensbereiche der $EC_{x'}$ falls möglich;

- das statistische Bewertungsverfahren (z. B. Logit-, Probitanalyse, nichtlinearen Regression);

- Variationskoeffizient;

35 Anleitung zur Probenahme und Durchführung biologischer Testverfahren L 1

DIN EN ISO 5667-16:2019-03
EN ISO 5667-16:2017 (D)

- die Ergebnisse der Zwei-Stichproben-Vergleiche, sofern durchgeführt;
- einen Indikator der statistischen Stärke (Aussagekraft) des Testes (z. B. die signifikante Mindestdifferenz);
- andere beobachtete Wirkungen, z. B. Ausbleichen von Algenzellen oder Verhaltensstörung des Testorganismus;
- Daten, die die Erfüllung der Validitätskriterien belegen;

f) jede Abweichung von diesem Verfahren und Angabe der Umstände, die die Untersuchungsergebnisse möglicherweise beeinflusst haben könnten, z. B.

- Abweichungen vom Testprotokoll (z. B. Modifizierung der Art des Verdünnungswassers, Nährstofflösung, Belüftung, Temperatur, Anzahl der Organismen, Anzahl der Replikate und Kontrollen) und Angabe aller Randbedingungen von Bedeutung, die die Ergebnisse möglicherweise beeinflusst haben;
- alle Einzelheiten der vorgenommenen Arbeitsschritte, die nicht in der nationalen oder Internationalen Norm festgelegt sind, und der Ereignisse, die die Ergebnisse möglicherweise beeinflusst haben könnten;
- Kommentar zu den Testergebnissen, falls erforderlich;

g) Testorganismus, z. B.

- Art, wissenschaftlicher Name;
- Stamm, Stammnummer;
- Chargennummer;
- Herkunft;
- Verfahren der Kultivierung;
- Alter der Stammkultur;
- Futterorganismen (z. B. wissenschaftlicher Name, Stamm, Quelle);

h) Labor, z. B.

- Name und Anschrift des den Test durchführenden Labors;
- Name der Person(en), die den Test durchführt(en);
- Unterschrift der verantwortlichen durchführenden Person;
- Name und Unterschrift der Person(en), die den Bericht validiert/validieren;
- gegebenenfalls Name und Unterschrift des Qualitätssicherungsbeauftragten.

DEV – 109. Lieferung 2019

DIN EN ISO 5667-16:2019-03
EN ISO 5667-16:2017 (D)

Literaturhinweise

[1] ISO 5667-1:2006, *Water quality — Sampling — Part 1: Guidance on the design of sampling programmes and sampling techniques*

[2] ISO 5667-3:2012, *Water quality — Sampling — Part 3: Preservation and handling of water samples*

[3] ISO 5667-14:2014, *Water quality — Sampling — Part 14: Guidance on quality assurance and quality control of environmental water sampling and handling*

[4] ISO 5667-15:2009, *Water quality — Sampling — Part 15: Guidance on the preservation and handling of sludge and sediment samples*

[5] ISO 5667-19:2004, *Water quality — Sampling — Part 19: Guidance on sampling of marine sediments*

[6] ISO 10253:2016, *Water quality — Marine algal growth inhibition test with Skeletonema costatum and Phaeodactylum tricornutum*

[7] ISO 10872:2010, *Water quality — Determination of the toxic effect of sediment and soil samples on growth, fertility and reproduction of Caenorhabditis elegans (Nematoda)*

[8] ISO 10993-12:2012, *Biological evaluation of medical devices — Part 12: Tests for irritation and skin sensitization*

[9] ISO 11074:2015, *Soil quality — Vocabulary*

[10] ISO 11885:2007, *Water quality — Determination of selected elements by inductively coupled plasma optical emission spectrometry (ICP-OES)*

[11] ISO 13829:2000, *Water quality — Determination of the genotoxicity of water and waste water using the umu-test*

[12] ISO 14442:2006, *Water quality — Guidelines for algal growth inhibition tests with poorly soluble materials, volatile compounds, metals and waste water*

[13] ISO 15088:2007, *Water quality — Determination of the acute toxicity of waste water to zebrafish eggs (Danio rerio)*

[14] ISO 15473:2002, *Soil quality — Guidance on laboratory testing for biodegradation of organic chemicals in soil under anaerobic conditions*

[15] ISO 16133:2004, *Soil quality — Guidance on the establishment and maintenance of monitoring programmes*

[16] ISO 17126:2005, *Soil quality — Determination of the effects of pollutants on soil flora — Screening test for emergence of lettuce seedlings (Lactuca sativa L.)*

[17] ISO 19458:2006, *Water quality — Sampling for microbiological analysis*

[18] ISO 20079:2005, *Water quality — Determination of the toxic effect of water constituents and waste water on duckweed (Lemna minor) — Duckweed growth inhibition test*

[19] ISO/IEC 17025:2005, *General requirements for the competence of testing and calibration laboratories*

DIN EN ISO 5667-16:2019-03
EN ISO 5667-16:2017 (D)

[20] ISO/TS 20281:2006, *Water quality — Guidance on statistical interpretation of ecotoxicity data*

[21] ISO/TR 15462:2006, *Water quality — Selection of tests for biodegradability*

[22] OECD. *Guidance Document on Aquatic Toxicity Testing of Difficult Substances and Mixtures, OECD Series on Testing and Assessment*, No. **23**. OECD Publishing, 2002

[23] OECD. *OECD Principles on Good Laboratory Practice, OECD Series on Principles of Good Laboratory Practice and Compliance Monitoring*, No. **1**. OECD Publishing, 2003

[24] SOKAL R.R.; & ROHLF F.J. (1995) *Biometry: the principles and practice of statistics in biological research*. 3rd Edition. W.H. Freeman and Company, New York

[25] VAN DER HOEVEN N. Calculation of the minimum significant difference at the NOEC using a non-parametric test. Ecotoxicol. Environ. Saf. 2008, **70** pp. 61–66

[26] MACOVA M., ESCHER B.I., REUNGOAT J., CARSWELL S., CHUE K.L., KELLER J. et al. Monitoring the biological activity of micropollutants during advanced wastewater treatment with ozonation and activated carbon filtration. Water Res. 2010, **44** pp. 477–492

[27] ESCHER B.I., BRAMAZ N., MAURER M., RICHTER M., SUTTER D., VON KÄNEL C. et al. Screening test battery for pharmaceuticals in urine and wastewater. Environ. Toxicol. Chem. 2005, **24** pp. 750–758

[28] ESCHER B.I., BRAMAZ N., QUAYLE P., RUTISHAUSER S., VERMEIRSSEN E.L.M. Monitoring of the ecotoxicological hazard potential by polar organic micropollutants in sewage treatment plants and surface waters using a mode-of-action based test battery. J. Environ. Monit. 2008, **10** pp. 622–631

[29] Richtlinie 2004/10/EG des Europäischen Parlaments und des Rates vom 11. Februar 2004 zur Angleichung der Rechts- und Verwaltungsvorschriften für die Anwendung der Grundsätze der Guten Laborpraxis und zur Kontrolle ihrer Anwendung bei Versuchen mit chemischen Stoffen

Weiterführende Lektüre

[30] Weitere bibliographische Informationen über Probenahmen (allgemeine Verfahren, Vorbehandlung von Probenahmen, Leistung und Auswertung von biologischen Testverfahren) sind erhältlich beim ISO-Sekretariat ISO/TC 147/SC 6 "*Probenahme — Allgemeine Verfahren*"

[31] Weitere bibliographische Informationen über biologische Testverfahren sind erhältlich beim ISO-Sekretariat ISO/TC 147/SC 5 "*Biologische Verfahren*"

[32] OECD Test Guidelines for non-clinical environment and health safety testing of chemicals and chemical products [geprüft 2017-03-03], kann von der folgenden Internetseite abgerufen werden: http://www.oecd.org/env/ehs/

DEV

Deutsche Einheitsverfahren zur Wasser-, Abwasser- und Schlamm-Untersuchung

Physikalische, chemische, biologische und mikrobiologische Verfahren

Herausgegeben von der
Wasserchemischen Gesellschaft –
Fachgruppe in der Gesellschaft
Deutscher Chemiker
in Gemeinschaft mit dem
Normenausschuss Wasserwesen
(NAW) im DIN Deutsches Institut
für Normung e. V.

Band 9

109. Lieferung (2019)
ISSN 0932-1004
ISBN: 978-3-527-34700-1 (Wiley-VCH)
ISBN: 978-3-410-29097-1 (Beuth)

WILEY-VCH
Verlag GmbH & Co. KGaA

Beuth
Berlin · Wien · Zürich

Wasserchemische Gesellschaft –
Fachgruppe in der GDCh
IWW Zentrum Wasser
Moritzstraße 26
45476 Mülheim an der Ruhr

Normenausschuss Wasserwesen (NAW)
im DIN Deutsches Institut für
Normung e. V.
Saatwinkler Damm 42/43
13627 Berlin

Gemeinschaftlich verlegt durch:
WILEY-VCH Verlag GmbH & Co. KGaA
Beuth Verlag GmbH

Das vorliegende Werk wurde sorgfältig erarbeitet. Dennoch übernehmen Autoren, Herausgeber und Verlag für die Richtigkeit von Angaben, Hinweisen und Ratschlägen sowie für eventuelle Druckfehler keine Haftung.

© 2019 WILEY-VCH Verlag GmbH & Co. KGaA, Weinheim
Alle Rechte, insbesondere die der Übersetzung in andere Sprachen, vorbehalten. Kein Teil dieses Buches darf ohne schriftliche Genehmigung des Verlages in irgendeiner Form - durch Photokopie, Mikrofilm oder irgendein anderes Verfahren - reproduziert oder in eine von Maschinen, insbesondere von Datenverarbeitungsmaschinen, verwendbare Sprache übertragen oder übersetzt werden.
All rights reserved (including those of translation into other languages).
Die Wiedergabe von Warenbezeichnungen, Handelsnamen oder sonstigen Kennzeichen in diesem Buch berechtigt nicht zu der Annahme, daß diese von jedermann frei benutzt werden dürfen. Vielmehr kann es sich auch dann um eingetragene Warenzeichen oder sonstige gesetzlich geschützte Kennzeichen handeln, wenn sie als solche nicht eigens markiert sind.
No part of this book may be reproduced in any form - by photoprint, microfilm, or any other means - nor transmitted or translated into a machine language without written permission from the publishers. Registered names, trademarks, etc. used in this book, even when not specifically marked as such, are not to be considered unprotected by law.
Druck: betz-druck GmbH, Darmstadt.
Printed in the Federal Republic of Germany.

DEV

Deutsche Einheitsverfahren zur Wasser-, Abwasser- und Schlamm-Untersuchung

Physikalische, chemische, biologische und mikrobiologische Verfahren

Herausgegeben von der
Wasserchemischen Gesellschaft –
Fachgruppe in der Gesellschaft
Deutscher Chemiker
in Gemeinschaft mit dem
Normenausschuss Wasserwesen
(NAW) im DIN Deutsches Institut
für Normung e. V.

Band 10

109. Lieferung (2019)
ISSN 0932-1004
ISBN: 978-3-527-34700-1 (Wiley-VCH)
ISBN: 978-3-410-29097-1 (Beuth)

WILEY-VCH
Verlag GmbH & Co. KGaA

Beuth
Berlin · Wien · Zürich

Wasserchemische Gesellschaft –
Fachgruppe in der GDCh
IWW Zentrum Wasser
Moritzstraße 26
45476 Mülheim an der Ruhr

Normenausschuss Wasserwesen (NAW)
im DIN Deutsches Institut für
Normung e. V.
Saatwinkler Damm 42/43
13627 Berlin

Gemeinschaftlich verlegt durch:
WILEY-VCH Verlag GmbH & Co. KGaA
Beuth Verlag GmbH

> Das vorliegende Werk wurde sorgfältig erarbeitet. Dennoch übernehmen Autoren, Herausgeber und Verlag für die Richtigkeit von Angaben, Hinweisen und Ratschlägen sowie für eventuelle Druckfehler keine Haftung.

© 2019 WILEY-VCH Verlag GmbH & Co. KGaA, Weinheim
Alle Rechte, insbesondere die der Übersetzung in andere Sprachen, vorbehalten. Kein Teil dieses Buches darf ohne schriftliche Genehmigung des Verlages in irgendeiner Form - durch Photokopie, Mikrofilm oder irgendein anderes Verfahren - reproduziert oder in eine von Maschinen, insbesondere von Datenverarbeitungsmaschinen, verwendbare Sprache übertragen oder übersetzt werden.
All rights reserved (including those of translation into other languages).
Die Wiedergabe von Warenbezeichnungen, Handelsnamen oder sonstigen Kennzeichen in diesem Buch berechtigt nicht zu der Annahme, daß diese von jedermann frei benutzt werden dürfen. Vielmehr kann es sich auch dann um eingetragene Warenzeichen oder sonstige gesetzlich geschützte Kennzeichen handeln, wenn sie als solche nicht eigens markiert sind.
No part of this book may be reproduced in any form - by photoprint, microfilm, or any other means - nor transmitted or translated into a machine language without written permission from the publishers. Registered names, trademarks, etc. used in this book, even when not specifically marked as such, are not to be considered unprotected by law.
Druck: betz-druck GmbH, Darmstadt.
Printed in the Federal Republic of Germany.

	Bestimmung von adsorbierten, organisch gebundenen Halogenen in Schlamm und Sedimenten	**S 18**

DEUTSCHE NORM		Juni 2019
	DIN 38414-18	**DIN**

ICS 13.060.50   Ersatz für
DIN 38414-18:1989-11

**Deutsche Einheitsverfahren zur Wasser-, Abwasser- und Schlammuntersuchung –
Schlamm und Sedimente (Gruppe S) –
Teil 18: Bestimmung von adsorbierten, organisch gebundenen Halogenen in Schlamm und Sedimenten (AOX) (S18)**

German standard methods for the examination of water, waste water and sludge –
Sludge and sediments (group S) –
Part 18: Determination of adsorbed organically bound halogens in sludge and sediments (AOX) (S 18)

Méthodes normalisées allemandes pour l'analyse des eaux, des eaux résiduaires et des boues –
Boues et sédiments (groupe S) –
Partie 18: Dosage des composées organo-halogénés adsorbis dans les boues et les sédiments (AOX) (S 18)

Gesamtumfang 13 Seiten

DIN-Normenausschuss Wasserwesen (NAW)

DEV – 109. Lieferung 2019

S 18   Bestimmung von adsorbierten, organisch gebundenen Halogenen in Schlamm und Sedimenten

DIN 38414-18:2019-06

Inhalt

Seite

Vorwort		3
1	Anwendungsbereich	5
2	Normative Verweisungen	5
3	Begriffe	6
4	Grundlage des Verfahrens	6
5	Störungen	6
6	Bezeichnung	6
7	Reagenzien	7
8	Geräte	8
9	Durchführung	9
9.1	Probenvorbereitung	9
9.2	Elution des anorganischen Chlorids	9
9.3	Verbrennung und Bestimmung	9
10	Prüfung der Verbrennungsapparatur	10
11	Blindwertmessung	10
12	Auswertung	10
13	Angabe der Ergebnisse	10
14	Analysenbericht	11
15	Verfahrenskenndaten	11
Anhang A (informativ) Verfahrenskenndaten		12
Literaturhinweise		13

DIN 38414-18:2019-06

Vorwort

Dieses Dokument wurde vom Unterausschuss NA 119-01-03-04 UA „Schlamm und Sedimente" des Arbeitsausschusses NA 119-01-03 AA „Wasseruntersuchung" im DIN-Normenausschuss Wasserwesen (NAW) erarbeitet.

Es wird auf die Möglichkeit hingewiesen, dass einige Elemente dieses Dokuments Patentrechte berühren können. DIN ist nicht dafür verantwortlich, einige oder alle diesbezüglichen Patentrechte zu identifizieren.

Es ist erforderlich, bei den Untersuchungen nach dieser Norm Fachleute oder Facheinrichtungen einzuschalten und bestehende Sicherheitsvorschriften zu beachten.

Bei Anwendung der Norm ist im Einzelfall je nach Aufgabenstellung zu prüfen, ob und inwieweit die Festlegung von zusätzlichen Randbedingungen erforderlich ist.

Die vorliegende Norm enthält das vom DIN-Normenausschuss Wasserwesen (NAW) und von der Wasserchemischen Gesellschaft — Fachgruppe in der Gesellschaft Deutscher Chemiker (GDCh) — gemeinsam erarbeitete Deutsche Einheitsverfahren zur Wasser-, Abwasser- und Schlammuntersuchung:

> Bestimmung von adsorbierten, organisch gebundenen Halogenen
> in Schlamm und Sedimenten (AOX) (S 18).

Die als DIN-Normen veröffentlichten Deutschen Einheitsverfahren sind bei der Beuth Verlag GmbH einzeln oder zusammengefasst erhältlich. Außerdem werden die genormten Deutschen Einheitsverfahren in der Loseblattsammlung „Deutsche Einheitsverfahren zur Wasser-, Abwasser- und Schlammuntersuchung" gemeinsam von der Beuth Verlag GmbH und der Wiley-VCH Verlag GmbH & Co. KGaA publiziert.

Normen oder Norm-Entwürfe mit dem Gruppentitel *Deutsche Einheitsverfahren zur Wasser-, Abwasser- und Schlammuntersuchung* sind in folgende Gebiete (Haupttitel) aufgeteilt:

Allgemeine Angaben (Gruppe A)

Sensorische Verfahren (Gruppe B)

Physikalische und physikalisch-chemische Kenngrößen (Gruppe C)

Anionen (Gruppe D)

Kationen (Gruppe E)

Gemeinsam erfassbare Stoffgruppen (Gruppe F)

Gasförmige Bestandteile (Gruppe G)

Summarische Wirkungs- und Stoffkenngrößen (Gruppe H)

Mikrobiologische Verfahren (Gruppe K)

Testverfahren mit Wasserorganismen (Gruppe L)

Biologisch-ökologische Gewässeruntersuchung (Gruppe M)

Einzelkomponenten (Gruppe P)

Schlamm und Sedimente (Gruppe S)

Suborganismische Testverfahren (Gruppe T)

S 18 Bestimmung von adsorbierten, organisch gebundenen Halogenen in Schlamm und Sedimenten

DIN 38414-18:2019-06

Über die bisher erschienenen Teile dieser Normen gibt die Geschäftsstelle des Normenausschusses Wasserwesen (NAW) im DIN Deutsches Institut für Normung e.V., Telefon 030 2601-2448, oder die Beuth Verlag GmbH, 10772 Berlin (Hausanschrift: Am DIN-Platz, Burggrafenstr. 6, 10787 Berlin), Auskunft.

Änderungen

Gegenüber DIN 38414-18:1989-11 wurden folgende Änderungen vorgenommen:

a) Titel geändert;

b) Spezifizierung des Anwendungsbereichs für die Substanzen Chlor, Brom und Iod;

c) Aktualisierung der normativen Verweisungen;

d) Aufnahme einer Erläuterung zur Definition des AOX für Schlamm und Sedimente;

e) Aktualisierung des Abschnitts „Störungen";

f) Aufnahme der Standardsubstanz 2-Chlorbenzoesäure als Alternative zu 4-Chlorbenzol;

g) Ergänzung des Abschnittes „Geräte" um die Analysenwaage;

h) redaktionelle Überarbeitung der Norm.

Frühere Ausgaben

DIN 38414-18: 1989-11

WARNUNG — Anwender dieser Norm sollten mit der üblichen Laborpraxis vertraut sein. Diese Norm gibt nicht vor, alle unter Umständen mit der Anwendung des Verfahrens verbundenen Sicherheitsaspekte anzusprechen. Es liegt in der Verantwortung des Arbeitgebers, angemessene Sicherheits- und Schutzmaßnahmen zu treffen.

Bestimmung von adsorbierten, organisch gebundenen Halogenen in Schlamm und Sedimenten   S 18

DIN 38414-18:2019-06

1 Anwendungsbereich

Dieses Dokument legt ein Verfahren zur direkten Bestimmung von adsorbierten und eingeschlossenen, organisch gebundenen Halogenen (Chlor, Brom und Iod, angegeben als Chlorid) in Schlämmen und Sedimenten, mit mehr als 1 mg dieser Stoffe je kg Trockenmasse, fest. Sofern Schlämme und Sedimente nur geringe Massenanteile von leichtflüchtigen, organisch gebundenen Halogenen enthalten, wie dies z. B. in Klärschlämmen der Fall sein kann, wird mit diesem Verfahren der Gesamtgehalt an organisch gebundenen Halogenen annähernd erfasst.

2 Normative Verweisungen

Die folgenden Dokumente werden im Text in solcher Weise in Bezug genommen, dass einige Teile davon oder ihr gesamter Inhalt Anforderungen des vorliegenden Dokuments darstellen. Bei datierten Verweisungen gilt nur die in Bezug genommene Ausgabe. Bei undatierten Verweisungen gilt die letzte Ausgabe des in Bezug genommenen Dokuments (einschließlich aller Änderungen).

DIN 12252, *Laborgeräte aus Glas — Stopfen mit Kegelschliff*

DIN 12781, *Laborgeräte aus Glas — Labor-Stockthermometer*

DIN 12880, *Elektrische Laborgeräte — Wärme- und Brutschränke*

DIN 12903, *Laborgeräte aus Hartporzellan — Abdampfschalen mit Ausguß*

DIN 12905, *Laborgeräte aus Hartporzellan — Filternutschen und Filtertrichter*

DIN 19265, *pH-/Redox-Messung — pH-/Redox-Messumformer — Anforderungen*

DIN EN 15934:2012-11, *Schlamm, behandelter Bioabfall, Boden und Abfall — Berechnung des Trockenmassenanteils nach Bestimmung des Trockenrückstands oder des Wassergehalts; Deutsche Fassung EN 15934:2012*

DIN EN ISO 1042, *Laborgeräte aus Glas — Meßkolben*

DIN EN ISO 4797, *Laborgeräte aus Glas — Erlenmeyer-, Rund- und Stehkolben mit Kegelschliff*

DIN EN ISO 9562:2005-02, *Wasserbeschaffenheit — Bestimmung adsorbierbarer organisch gebundener Halogene (AOX) (ISO 9562:2004); Deutsche Fassung EN ISO 9562:2004*

DIN EN ISO 10304-1, *Wasserbeschaffenheit — Bestimmung von gelösten Anionen mittels Flüssigkeits-Ionenchromatographie — Teil 1: Bestimmung von Bromid, Chlorid, Fluorid, Nitrat, Nitrit, Phosphat und Sulfat*

DIN EN ISO 13130, *Laborgeräte aus Glas — Exsikkatoren*

DIN ISO 3696, *Wasser für analytische Zwecke — Anforderungen und Prüfungen*

S 18 Bestimmung von adsorbierten, organisch gebundenen Halogenen in Schlamm und Sedimenten

DIN 38414-18:2019-06

3 Begriffe

Für die Anwendung dieses Dokuments gelten die folgenden Begriffe.

DIN und DKE stellen terminologische Datenbanken für die Verwendung in der Normung unter den folgenden Adressen bereit:

— DIN-TERMinologieportal: verfügbar unter https://www.din.de/go/din-term

— DKE-IEV: verfügbar unter http://www.dke.de/DKE-IEV

3.1
adsorbierte, organische Halogenverbindungen
AOX
nach diesem Verfahren in Schlamm oder Sedimenten summarisch bestimmbare organisch gebundene Halogene Chlor, Brom und Iod

Anmerkung 1 zum Begriff: Der Parameter umfasst sowohl an Schlamm bzw. Sedimente adsorbierte Halogenverbindungen als auch wasserlösliche, an Aktivkohle adsorbierbare Halogenverbindungen in der getrockneten Probe.

4 Grundlage des Verfahrens

Durch Elution mit einer halogenidfreien, salpetersauren Lösung (pH-Wert 0,5) werden die anorganischen Halogenverbindungen aus dem Schlamm oder Sediment verdrängt. Anschließend wird der eluierte Schlamm zusammen mit Aktivkohle im Sauerstoffstrom verbrannt, wobei die organisch gebundenen Halogene zu Halogenwasserstoff umgesetzt werden; deren Massenanteil wird bestimmt.

5 Störungen

In der Probe enthaltenes Iodid wird bei der Elution nicht vollständig entfernt und kann zu Mehrbefunden führen.

Schwerlösliche anorganische Halogenide können zu Überbefunden führen.

Das Vermahlen von fett- oder ölhaltigen Schlämmen bzw. Sedimenten kann zu unbefriedigenden Mahlergebnissen führen.

Nichtflüchtige, organisch gebundene Halogene im Schlammwasser werden miterfasst. Bei Proben mit größeren Anteilen an ausblasbaren, organisch gebundenen Halogenen können Minderfunde auftreten. In diesem Fall wird die Probe mit Wasser aufgeschlämmt und bei 60 °C 30 min mit Sauerstoff (150 ml/min) in die Verbrennungsapparatur ausgeblasen. Der so ermittelte Anteil an organisch gebundenen Halogenen wird zum anschließend bestimmten AOX addiert.

6 Bezeichnung

Bezeichnung des Verfahrens

Bestimmung von adsorbierten, organisch gebundenen Halogenen in Schlamm und Sedimenten (AOX) (S 18):

Verfahren DIN 38414 — S 18

7 Reagenzien

7.1 Allgemeines

Als Reagenzien werden, wenn nicht anders angegeben, solche des Reinheitsgrades „zur Analyse" verwendet. Das Wasser, die Chemikalien und die verwendeten Betriebsgase sind auf ihre Reinheit zu prüfen, um sicherzustellen, dass ihr Gehalt an AOX im Vergleich zum niedrigsten zu bestimmenden AOX-Gehalt vernachlässigbar klein ist.

7.2 Wasser, der Qualität 1 nach DIN ISO 3696.

7.3 Salpetersäure, $\rho(HNO_3) \cong 1,30$ g/ml; $c(HNO_3) \cong 10$ mol/l.

7.4 Nitrat-Stammlösung, zur Elution des Schlammes.

In einem 1 000-ml-Messkolben 17 g Natriumnitrat, $NaNO_3$, in Wasser (7.2) lösen, 15 ml Salpetersäure (7.3) zufügen und mit Wasser (7.2) bis zur Marke auffüllen.

7.5 Nitrat-Waschlösung.

In einem 1 000-ml-Messkolben 50 ml der Nitrat-Stammlösung (7.4) mit Wasser (7.2) bis zur Marke auffüllen.

7.6 Sauerstoff, O_2.

7.7 Aktivkohle.

Der Blindwert der gewaschenen Aktivkohle muss kleiner als 15 µg Chlorid je Gramm Aktivkohle sein.

7.8 Salzsäure, $c(HCl) = 0,1$ mol/l.

7.9 4-Chlorphenol-Stammlösung, $\rho(Cl) = 200$ mg/l.

In einem 100-ml-Messkolben 72,5 mg 4-Chlorphenol (C_6H_5ClO) in Wasser (7.2) lösen und mit Wasser (7.2) bis zur Marke auffüllen.

Aus Sicherheitsgründen ist es empfehlenswert, handelsübliche Lösungen zu verwenden.

Die Stammlösung ist, bei 2 °C bis 8 °C aufbewahrt, einen Monat haltbar.

7.10 4-Chlorphenol-Arbeitslösung, $\rho(Cl) = 1$ mg/l.

In einen 1 000-ml-Messkolben 5 ml 4-Chlorphenol-Stammlösung (7.9) pipettieren und mit Wasser (7.2) bis zur Marke auffüllen.

Die Arbeitslösung ist, bei 2 °C bis 8 °C aufbewahrt, eine Woche haltbar.

7.11 2-Chlorbenzoesäure-Stammlösung, $\rho(Cl) = 250$ mg/l.

In einem 100-ml-Messkolben 110,4 mg 2-Chlorbenzoesäure (ClC_6H_4COOH) in Wasser (7.2) lösen und mit Wasser (7.2) bis zur Marke auffüllen.

2-Chlorbenzoesäure löst sich sehr langsam. Die Lösung sollte deshalb einen Tag vor ihrer Verwendung hergestellt werden.

Die Stammlösung ist, bei 2 °C bis 8 °C aufbewahrt, einen Monat haltbar.

DIN 38414-18:2019-06

7.12 2-Chlorbenzoesäure-Arbeitslösung, $\rho(\text{Cl}) = 1$ mg/l.

In einen 1 000-ml-Messkolben 4 ml 2-Chlorbenzoesäure-Stammlösung (7.11) pipettieren und mit Wasser (7.2) bis zur Marke auffüllen.

Die Arbeitslösung ist, in einer Glasflasche bei 2 °C bis 8 °C aufbewahrt, eine Woche haltbar.

7.13 Standardlösungen für die Prüfung

In fünf 100-ml-Messkolben z. B. 1 ml, 5 ml, 10 ml, 20 ml und 25 ml der Arbeitslösungen (7.10 oder 7.12) pipettieren und jeweils mit Wasser (7.2) bis zur Marke auffüllen.

Diese Lösungen enthalten 10 µg/l, 50 µg/l, 100 µg/l, 200 µg/l bzw. 250 µg/l organisch gebundenes Chlor.

8 Geräte

8.1 Abdampfschale aus Porzellan, z. B. Abdampfschale DIN 12903 — A 125.

8.2 Wärmeschrank mit zwangsläufiger oder natürlicher Durchlüftung durch verstellbare Durchlüftungsöffnungen, auf (105 ± 2) °C einstellbar, z. B. Wärmeschrank nach DIN 12880.

8.3 Thermometer zum Wärmeschrank, z. B. Stockthermometer DIN 12781 — 1/ —20/150 — 150.

8.4 Exsikkator, z. B. nach DIN EN ISO 13130, mit Trocknungsmittel.

8.5 Verbrennungsapparatur.

8.6 Halogeniddetektor, z. B. Mikrocoulometer oder Ionenchromatograph.

8.7 Filtrationseinrichtung, z. B. mit Filtertrichter, Fassungsvermögen, $V = 0{,}15$ l, Durchmesser mit Filterfläche 25 mm, z. B. Filtertrichter DIN 12905 — 25.

8.8 Filter, z. B. **Polycarbonat-Membranfilter**, chloridarm, z. B. Durchmesser 25 mm, Porendurchmesser 0,45 µm oder **vergleichbare Filter.**

ANMERKUNG   In Abhängigkeit von seinem Durchmesser beeinflusst das Filter den Blindwert stark.

8.9 Erlenmeyerkolben mit Kegelhülse, Nennvolumen 25 ml, z. B. Kolben nach ISO 4797, mit Stopfen DIN 12252 — C 14/23.

8.10 Messkolben, Nennvolumen 100 ml und 1 000 ml, z. B. Messkolben ISO 1042 — A100 — C.

8.11 Schüttelgerät mit Probentisch für die Erlenmeyerkolben (8.9).

8.12 pH-Messgerät, z. B. nach DIN 19265.

8.13 Analysenmühle, z. B. Kugelmühle mit Mahlbecher und -kugeln aus Zirkonoxid.

8.14 Analysenwaage.

DIN 38414-18:2019-06

9 Durchführung

9.1 Probenvorbereitung

— Die Bestimmung des Trockenrückstandes bzw. der Trockensubstanz nach DIN EN 15934:2012-11, Verfahren A durchführen.

— Den getrockneten Schlamm im Exsikkator (8.4) abkühlen lassen, in einer Analysenmühle (8.13) zerkleinern und homogenisieren, z. B. auf eine Korngröße von < 0,1 mm.

— Das Mahlgut im Exsikkator (8.4) aufbewahren.

9.2 Elution des anorganischen Chlorids

Das Filtrat enthält im Allgemeinen im Vergleich zum Schlamm vernachlässigbar kleine Anteile an organisch gebundenen Halogenen (Bestimmung als AOX nach DIN EN ISO 9562:2005-02), so dass sie bei der AOX-Bestimmung nicht berücksichtigt zu werden brauchen.

— 10 mg bis 100 mg des getrockneten Schlammes (nach 9.1; die Einwaage variiert in Abhängigkeit vom zu erwartenden AOX-Gehalt) in einem 25-ml-Erlenmeyerkolben mit 10 ml Nitrat-Stammlösung (7.4) versetzen.

— Etwa 20 mg Aktivkohle (7.7) zugeben.

— Die Probe mindestens 1 h schütteln.

— Die Probe über einen Filter (8.8) filtrieren.

Bei schlechten Filtrationseigenschaften ist ein vorheriges Zentrifugieren der Suspension zu empfehlen.

— Den Filterkuchen mit 25 ml Nitrat-Waschlösung (7.5) portionsweise auswaschen.

Gegebenenfalls die Behandlung des Filterkuchens mit Nitrat-Waschlösung wiederholen, bis die Probe halogenidfrei ist.

9.3 Verbrennung und Bestimmung

— Nach dem Filtrieren den feuchten Filterkuchen zusammen mit dem Filter nach den Angaben des Herstellers in die Verbrennungsapparatur (8.5) geben.

— Diese Probe in der Verbrennungsapparatur (8.5) im Sauerstoffstrom verbrennen.

Die Temperatur im Verbrennungsraum muss mindestens 950 °C betragen, die übrigen Betriebsdaten sind entsprechend den Angaben des Herstellers der Apparatur zu wählen.

Bei der coulometrischen Bestimmung passieren die Verbrennungsgase einen mit konzentrierter Schwefelsäure beschickten Absorber und werden anschließend in das Mikrocoulometer eingeleitet. Gleichwertige Detektionsverfahren, wie z. B. die Ionenchromatographie, sind zulässig; die Prüfung der Verbrennungsapparatur ist entsprechend anzupassen (siehe Abschnitt 10).

DIN 38414-18:2019-06

10 Prüfung der Verbrennungsapparatur

Es sind fünf Standardlösungen mit bekannten Massenkonzentrationen an AOX zu analysieren. Die Lösungen sind nach DIN EN ISO 9562:2005-02 zu analysieren, wobei anstelle der Schlammprobe die 4-Chlorphenol-Arbeitslösung (7.10) oder die 2-Chlorbenzoesäure-Arbeitslösung (7.12) einzusetzen sind.

Eine Wiederfindungsrate von 91 % bis 110 % muss erreicht werden.

Zur regelmäßigen Prüfung des Gesamtsystems genügt die Kontrolle von einem Kontrollstandard im mittleren Teil des Arbeitsbereiches.

11 Blindwertmessung

— Etwa 20 mg der unbeladenen Aktivkohle (nach 7.7) in 10 ml Nitrat-Stammlösung (nach 7.4) suspendieren und 1 h schütteln.

— Die Probe über einen Filter (8.8) filtrieren und in der Verbrennungsapparatur (8.5) im Sauerstoffstrom (siehe 9.3) verbrennen.

12 Auswertung

Der Massenanteil an adsorbierten, organisch gebundenen Halogenen in Schlamm und Sedimenten (AOX) wird bei Anwendung der mikrocoulometrischen Detektion nach Gleichung (1) berechnet:

$$w = \frac{(N_1 - N_0) \cdot M}{m_T \cdot F} \qquad (1)$$

Dabei ist

w der Massenanteil an AOX, ausgedrückt als Chlor, in mg/kg;

N_1 der Messwert für die adsorbierten, organisch gebundenen Halogene, in C;

N_0 der Blindwert, in C;

M die molare Masse von Chlor, $M = 35{,}45 \cdot 10^3$ mg/mol;

F Faraday-Konstante, $F = 96\,487$ C/mol;

m_T Schlamm- bzw. Sedimenttrockenmasse, in kg.

Wird eine ionenchromatographische Detektion durchgeführt, so wird die Auswertung nach DIN EN ISO 10304-1 vorgenommen.

13 Angabe der Ergebnisse

Die bei der Anwendung dieser Norm erhaltenen Analysenergebnisse sind mit einer Messunsicherheit behaftet, die bei der Interpretation der Ergebnisse zu berücksichtigen ist.

Das Ergebnis wird in Milligramm je Kilogramm Chlor mit zwei signifikanten Stellen angegeben.

BEISPIEL Massenanteil an adsorbierten, organisch gebundenen Halogenen (AOX) in der Trockenmasse von Schlamm bzw. Sediment, berechnet als Chlor: gerundet 420 mg/kg.

DIN 38414-18:2019-06

14 Analysenbericht

Der Analysenbericht muss mindestens die folgenden Angaben enthalten:

a) Angabe des verwendeten Analysenverfahrens mit einer Verweisung auf dieses Dokument, d. h. DIN 38414-18;

b) Identität der Probe;

c) Angabe der Ergebnisse nach Abschnitt 13;

d) alle Abweichungen von diesem Verfahren;

e) Angabe aller Umstände, die für die Auswertung der Ergebnisse relevant sind.

15 Verfahrenskenndaten

Die Verfahrenskenndaten wurden ermittelt, siehe Anhang A.

S 18

Bestimmung von adsorbierten, organisch gebundenen Halogenen in Schlamm und Sedimenten

DIN 38414-18:2019-06

Anhang A
(informativ)

Verfahrenskenndaten

Ein Ringversuch wurde im Mai 1989 durchgeführt.

Die Verfahrenskenndaten aus diesem Ringversuch sind in Tabelle A.1 enthalten.

Tabelle A.1 — Verfahrenskenndaten für die Bestimmung der adsorbierten, organisch gebundenen Halogene (AOX)

Proben-Nr.	Matrix	Ermittelte Größe	l	n	o %	$\bar{\bar{x}}$ mg/kg	s_R mg/kg	$C_{V,R}$ %	s_r mg/kg	$C_{V,r}$ %
1	Nass-klärschlamm	w(R-AOX)	11	43	0	449,9	64,36	14,3	28,81	6,4
2	Trocken-klärschlamm	w(AOX)	20	79	13,9	250,0	11,74	4,7	8,73	3,5
3	Trocken-klärschlamm	w(AOX)	20	79	0	2 691	250,6	9,3	101,0	3,8
Es bedeuten											
w(AOX)	Massenanteil an AOX, in mg/kg									
w(R-AOX)	Massenanteil an Rest-AOX (nach Ausblasen und Extraktion), in mg/kg									
l	Anzahl der nach Ausreißerelimierung verbleibenden Laboratorien									
n	Anzahl der nach Ausreißerelimierung verbleibenden Analysenwerte									
o	Anteil der Ausreißer									
$\bar{\bar{x}}$	Gesamtmittelwert									
s_R	Vergleichstandardabweichung									
$C_{V,R}$	Vergleichvariationskoeffizient									
s_r	Wiederholstandardabweichung									
$C_{V,r}$	Wiederholvariationskoeffizient									

DIN 38414-18:2019-06

Literaturhinweise

DIN ISO 11352, *Wasserbeschaffenheit — Abschätzung der Messunsicherheit beruhend auf Validierungs- und Kontrolldaten*

S 18
Bestimmung von adsorbierten, organisch gebundenen Halogenen in Schlamm und Sedimenten